人工智能与
人类未来丛书

ARTIFICIAL INTELLIGENCE
LARGE MODEL
FUNDAMENTALS OF MACHINE LEARNING

人工智能大模型
机器学习基础

段小手 著

北京大学出版社
PEKING UNIVERSITY PRESS

内 容 提 要

随着国际前沿的ChatGPT、LLaMA，以及国内自主研发的DeepSeek、文心一言等AI大模型的崛起，人工智能正以惊人的速度融入我们的工作和生活，重塑我们的工作和生活方式。它们能够通过学习和理解人类的语言来进行对话，并根据上下文进行互动；能够撰写邮件、论文、脚本，制定商业提案，创作诗歌、故事；甚至可以编写代码、检查程序错误等。

本书以大学生村官小L的故事为线索，深入浅出地探讨经典机器学习的基础知识、深度学习的基本原理，以及形形色色的生成式模型。通过本书的学习，读者不仅可以了解AI大模型的核心技术，还能深刻理解其在实际场景中的应用与价值，甚至可以自己动手设计和构建适用于特定场景的AI模型。衷心地希望本书能成为读者探索AI世界的钥匙，能引领大家走向更加广阔的未来。

图书在版编目(CIP)数据

人工智能大模型．机器学习基础 / 段小手著．北京：北京大学出版社，2025.5．－－ ISBN 978-7-301-30818-9

Ⅰ．TP18

中国国家版本馆CIP数据核字第2025YU9897号

书　　　名	人工智能大模型：机器学习基础
	RENGONG ZHINENG DAMOXING：JIQI XUEXI JICHU
著作责任者	段小手　著
责任编辑	孙金鑫　蒲玉茜
标准书号	ISBN 978-7-301-30818-9
出版发行	北京大学出版社
地　　　址	北京市海淀区成府路205号　100871
网　　　址	http://www.pup.cn　新浪微博：@北京大学出版社
电子邮箱	编辑部 pup7@ pup.cn　总编室 zpup@ pup.cn
电　　　话	邮购部 010-62752015　发行部 010-62750672　编辑部 010-62570390
印　刷　者	北京宏伟双华印刷有限公司
经　销　者	新华书店
	787毫米×1092毫米　16开本　20印张　440千字
	2025年5月第1版　2025年5月第1次印刷
印　　　数	1-4000册
定　　　价	129.00元

未经许可，不得以任何方式复制或抄袭本书之部分或全部内容。
版权所有，侵权必究
举报电话：010-62752024　电子邮箱：fd@pup.cn
图书如有印装质量问题，请与出版部联系，电话：010-62756370

夯实智能基石，共筑人类未来

推荐序

人工智能正在改变当今世界。从量子计算到基因编辑，从智慧城市到数字外交，人工智能不仅重塑着产业形态，还改变着人类文明的认知范式。在这场智能革命中，我们既要有仰望星空的战略眼光，也要具备脚踏实地的理论根基。北京大学出版社策划的"人工智能与人类未来丛书"，恰如及时春雨，无论是理论还是实践，都对这次社会变革有着深远影响。

该丛书最鲜明的特色在于其能"追本溯源"。当业界普遍沉迷于模型调参的即时效益时，《人工智能大模型数学基础》等基础著作系统梳理了线性代数、概率统计、微积分等人工智能相关的计算脉络，将卷积核的本质解构为张量空间变换，将损失函数还原为变分法的最优控制原理。这种将技术现象回归数学本质的阐释方式，不仅能让读者的认知框架更完整，还为未来的创新突破提供了可能。书中独创的"数学考古学"视角，能够带读者重走高斯、牛顿等先贤的思维轨迹，在微分流形中理解 Transformer 模型架构，在泛函空间里参悟大模型涌现的规律。

在实践维度，该丛书开创了"代码即理论"的创作范式。《人工智能大模型：动手训练大模型基础》等实战手册摒弃了概念堆砌，直接使用 PyTorch 框架下的 100 多个代码实例，将反向传播算法具象化为矩阵导数运算，使注意力机制可视化为概率图模型。在《DeepSeek 源码深度解析》中，作者团队细致剖析了国产大模型的核心架构设计，从分布式训练中的参数同步策略，到混合专家架构系统的动态路由机制，每个技术细节都配有工业级代码实现。这种"庖丁解牛"式的技术解密，使读者既能把握技术全貌，又能掌握关键模块的实现精髓。

该丛书着眼于中国乃至全世界人类的未来。当全球算力竞赛进入白热化阶段，《Python 大模型优化策略：理论与实践》系统地梳理了模型压缩、量化训练、稀疏计算等关键技术，为突破"算力围墙"提供了方法论支撑。《DeepSeek 图解：大模型是怎样构建的》则使用大量的可视化图表，将万亿参数模型的训练过程转化为可理解的动力学系统，这种知识传播方式极大地降低了技术准入门槛。这些创新不仅呼应了"十四五"规划中关于人工智能底层技术突破的战略部署，还为构建自主可控的技术生态提供了人才储备。

作为人工智能发展的见证者与参与者,我非常高兴看到该丛书的三重突破:在学术层面构建了贯通数学基础与技术前沿的知识体系;在产业层面铺设了从理论创新到工程实践的转化桥梁;在战略层面响应了新时代科技自立自强的国家需求。该丛书既可作为高校培养复合型人工智能人才的立体化教材,又可成为产业界克服人工智能技术瓶颈的参考宝典,此外,还可以作为现代公民了解人工智能的必备书目。

站在智能时代的关键路口,我们比任何时候都更需要这种兼具理论深度与实践智慧的启蒙之作。愿该丛书能点燃更多探索者的智慧火花,共同绘制人工智能赋能人类文明的美好蓝图。

于 剑

北京交通大学人工智能研究院院长
交通数据分析与挖掘北京市重点实验室主任
中国人工智能学会副秘书长兼常务理事
中国计算机学会人工智能与模式识别专委会荣誉主任

准备启程 — 前言

首先,感谢大家翻开本书。本书中,我们将会跟着主人公——大学生村官小 L 开启一次有趣的旅程。在本次的旅程中,小 L 将使用各种人工智能技术,包括经典的机器学习、深度学习、生成式模型、多模态模型等,帮助他所任职的地区完成一个又一个任务。跟随他的脚步,我们会学习到什么是机器学习、神经网络与卷积神经网络、变分自编码器、自回归模型、标准化流模型、Transformer 模型,以及如何用 Transformers 库调用不同的预训练模型等。

需要说明的是,本书的实操部分使用的是 Python 语言,因此需要读者有一定的 Python 编码能力。考虑到不是所有的读者都有图形处理器(GPU)算力环境,这里我们给大家推荐两个可以在云端进行实验的平台,分别是 Google 的 Colab 和数据科学竞赛平台 Kaggle。截至 2025 年 1 月,这两个平台都给用户提供了一定限额的免费 GPU 算力,可以让读者以最小的成本开始进行实验。

接下来,我们看一下如何使用这两个平台。

◆ Colab

登录 Colab 平台,在菜单栏中选择"文件"菜单中的"在云端硬盘中新建笔记本"命令,如图 1 所示。然后,就可以在新建的空白笔记本的单元格中运行代码了,如图 2 所示。

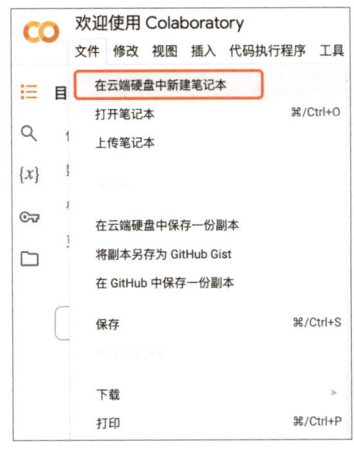

图 1 使用 Colab 新建笔记本

图 2 在 Colab 的笔记本中运行代码

在 Colab 的笔记本中编写和运行代码的方式与在本地计算机的 Jupyter Notebook 中操作大体是一样的。如果我们要把本地的数据上传到 Colab 上用于模型训练，只要单击左边菜单栏中的文件夹图标，并在展开的菜单中单击"上传到会话存储空间"按钮即可，如图 3 所示。

我们在自己的计算机上写好的代码，也可以上传到 Colab 平台，使用免费的 GPU 来进行模型训练。要上传编辑好的笔记本文件，只要在 Colab 的欢迎界面中，单击"文件"菜单中的"上传笔记本"命令即可，如图 4 所示。

图 3　上传本地数据到 Colab　　　图 4　上传编写好的笔记本文件到 Colab

在本书附赠的资源包中，如果看到 .ipynb 文件标有"run on colab"，就说明这个文件可以上传到 Colab 中进行实验。

◆ Kaggle

登录 Kaggle 平台之后，就可以单击左边菜单栏中的"Create"按钮新建一个笔记本文件，如图 5 所示。

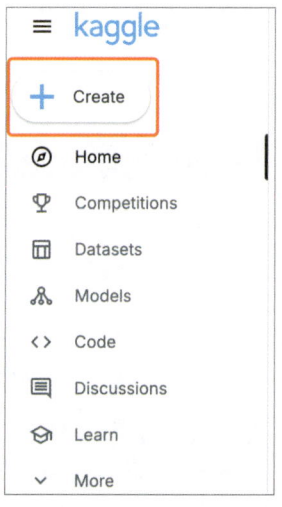

图 5　在 Kaggle 平台新建笔记本文件

单击"Create"按钮后,选择"New Notebook"命令,就可以看到我们新创建的笔记本文件。这个时候,我们仍然可以上传自己本地的笔记本文件。只需单击"File"菜单中的"Import Notebook"命令即可,如图6所示。

同样地,大家如果下载了随本书赠送的资源包,看到笔记本文件标有"run on kaggle"的字样,就说明这个文件可以在 Kaggle 平台中运行。当然,Kaggle 也支持我们上传自己的数据集和模型,只要在右侧菜单栏中单击"Upload"按钮就可以,如图7所示。

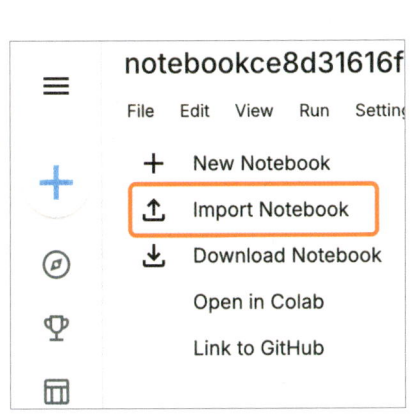 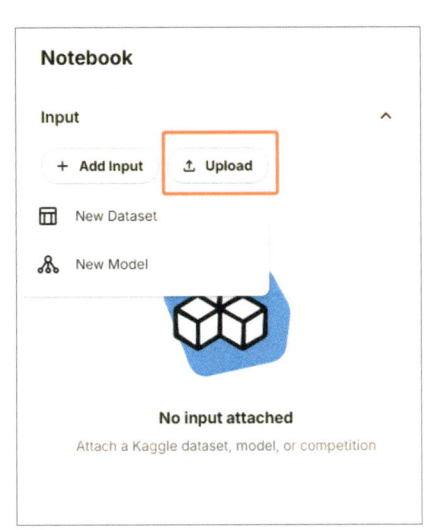

图6 将本地的笔记本文件导入 Kaggle 中　　图7 在 Kaggle 平台上传数据集或模型

除了以上基本操作,Colab 和 Kaggle 还有很多实用的功能,如选择不同的 GPU 加速等,这些留给读者朋友们自己探索。

还要跟大家强调一下,本书中涉及的人物、地名、事件以及用于说明原理的数据,均为虚构,仅仅是为了演示技术原理,与现实世界没有任何关联,请大家一定不要对号入座。

注意:如果读者在访问 Colab 时遇到障碍,请向你所在的学校或单位申请专用网络,确保自己在遵守相关法律法规的前提下进行实验。

到这里,相信大家已经做好了启程的准备,让我们出发吧!

温馨提示:

本书赠送资源已上传至百度网盘,供读者下载。读者可用微信"扫一扫"功能扫描封底二维码,关注微信公众号,输入本书 77 页资源下载码,根据提示获取下载地址及密码。

第 1 章
缘起——初识机器学习

1.1 机器学习是什么——从一个小任务说起 002

1.2 实践：数据可视化、模型训练与预测 003
    1.2.1 对数据进行可视化分析 004
    1.2.2 线性回归模型的训练 006
    1.2.3 查看模型参数并做出预测 008

1.3 模型怎么评估 008
    1.3.1 回归任务和分类任务 008
    1.3.2 怎么评估模型的性能 012

1.4 什么是模型的泛化能力 014
    1.4.1 训练集和测试集 015
    1.4.2 模型的过拟合和欠拟合 018
    1.4.3 什么是正则化 019

1.5 小结和练习 021

第 2 章
Z 书记的考验——一些经典机器学习算法

2.1 领导的雄心与 N 村的产业 024

2.2 水果种植基地的病虫害与逻辑回归 025
    2.2.1 土壤条件与病虫害数据集 025
    2.2.2 逻辑回归模型的训练与评估 027
    2.2.3 逻辑回归的原理是什么 029

2.3 银饰工坊与决策树 031
    2.3.1 银饰工坊销售数据集 031
    2.3.2 决策树模型的训练与可视化 033
    2.3.3 决策树模型的工作原理 034
    2.3.4 简单说一下随机森林 035

2.4 四季花海与支持向量机 036
    2.4.1 游客流量数据集 037
    2.4.2 训练支持向量机模型并可视化 038
    2.4.3 SVM 的基本原理 040

2.5 谁是优秀销售商——无监督学习算法 043
    2.5.1 没有标签的数据集 044
    2.5.2 使用 K-Means 算法完成聚类 045
    2.5.3 K-Means 是如何工作的 047

2.6 小结与练习 047

第 3 章
大赛在即——深度学习登场

3.1 比赛数据是非结构化数据 050

3.2 亮个相吧，深度学习 051
    3.2.1 什么是神经网络 051
    3.2.2 动手训练一个神经网络 052
    3.2.3 模型在测试集上的表现如何 055

3.3 掰开揉碎看模型 058
    3.3.1 模型的几个层和激活函数 058
    3.3.2 优化器与学习率 060
    3.3.3 模型的损失函数 061

3.4 卷积神经网络 062
    3.4.1 什么是卷积 063
    3.4.2 动手训练 CNN 064
    3.4.3 神经网络的关键参数和步骤 068

3.5 小结与练习 070

目 录

第 4 章
你听说过生成式模型吗

4.1 什么是生成式模型 072

4.2 玩一个生成式模型游戏 073
- 4.2.1 数据版"你画我猜" 074
- 4.2.2 生成式模型的核心思想 075
- 4.2.3 什么是表征学习 076

4.3 一点概率论知识 078
- 4.3.1 样本空间与概率密度函数 079
- 4.3.2 什么是似然性 081
- 4.3.3 最大似然估计 082

4.4 生成式模型家族来报到 084
- 4.4.1 两大家族都是谁 084
- 4.4.2 显式密度建模家族的两大分支 085
- 4.4.3 隐式密度建模家族的代表 086

4.5 小结与练习 087

第 5 章
教会机器"写"数字——变分自编码器

5.1 先介绍一下自编码器 089

5.2 动手搭建一个自编码器 090
- 5.2.1 MNIST 数据集 090
- 5.2.2 先定义一个编码器 092
- 5.2.3 接下来创建解码器 095
- 5.2.4 把编码器和解码器"串"起来 097
- 5.2.5 看看自编码器写的数字 099
- 5.2.6 瞧一瞧潜在空间 101

5.3 再试试变分自编码器 103
- 5.3.1 多变量正态分布 104
- 5.3.2 创建 VAE 的编码器 106
- 5.3.3 解码器与 KL 散度 108
- 5.3.4 看看 VAE 写的数字 113

5.4 小结与练习 114

第 6 章
又回银饰工坊——生成对抗网络

6.1 银饰工坊的烦恼 116

6.2 深度卷积生成对抗网络 117
- 6.2.1 数据加载与处理 117
- 6.2.2 创建生成器 120
- 6.2.3 创建判别器 123
- 6.2.4 训练我们的 DCGAN 模型 127

6.3 条件生成对抗网络 131
- 6.3.1 CGAN 模型的生成器 132
- 6.3.2 CGAN 的判别器 134
- 6.3.3 合并生成器与判别器并训练 136
- 6.3.4 让 CGAN "画"出我们想要的图样 139

6.4 小结与练习 140

第 7 章
驰援 T 市——自回归模型

7.1 T 市需要招聘外国人 142

7.2 自回归模型与长短期记忆网络 142
- 7.2.1 去哪里找训练数据 144
- 7.2.2 麻烦的文本数据——向量化 146
- 7.2.3 搭建 LSTM 网络模型 150
- 7.2.4 嵌入层和 LSTM 层 152
- 7.2.5 LSTM 模型的训练 154

7.3 像素的艺术——PixelCNN **159**

  7.3.1 像素风小英雄来帮忙 **160**

  7.3.2 创建掩码卷积层 **163**

  7.3.3 创建残差块 **166**

  7.3.4 训练 PixelCNN 模型 **168**

7.4 小结与练习 **172**

第 8 章

四季花海的泼天富贵——标准化流模型

8.1 暴涨的游客数量 **174**

8.2 什么是标准化流模型 **175**

  8.2.1 标准化流模型的两部分 **175**

  8.2.2 变量置换 **176**

  8.2.3 雅可比行列式是什么 **178**

8.3 RealNVP 模型 **180**

  8.3.1 什么是仿射耦合层 **180**

  8.3.2 仿射耦合层对数据的处理 **184**

  8.3.3 RealNVP 模型的训练方式 **186**

  8.3.4 RealNVP 模型的训练与评估 **190**

8.4 小结与练习 **195**

第 9 章

愿你一路生花——扩散模型

9.1 你看花儿开得多好 **197**

9.2 什么是扩散模型 **198**

  9.2.1 DDM 的前向扩散 **198**

  9.2.2 扩散计划 **200**

  9.2.3 DDM 的反向扩散 **204**

9.3 用于去噪的 U-Net **205**

  9.3.1 U-Net 的整体架构 **206**

  9.3.2 U-Net 中关键组件的实现 **207**

  9.3.3 U-Net 的"组装" **211**

9.4 DDM 的训练 **214**

  9.4.1 创建 DDM 的基本框架 **215**

  9.4.2 DDM 中的图像生成框架 **216**

  9.4.3 定义 DDM 的训练与测试步骤 **219**

  9.4.4 DDM 的训练与调用 **221**

9.5 小结与练习 **225**

第 10 章

酒香也怕巷子深——试试 Transformer 模型

10.1 葡萄美酒怎么推 **228**

10.2 Transformer 模型是什么 **230**

  10.2.1 Transformer 模型中的注意力 **231**

  10.2.2 注意力头中的查询、键和值 **232**

  10.2.3 因果掩码 **235**

  10.2.4 Transformer 模块 **236**

  10.2.5 位置编码 **237**

10.3 GPT 模型的搭建与训练 **238**

  10.3.1 先简单处理一下数据 **239**

  10.3.2 将文本转换为数值 **240**

  10.3.3 创建因果掩码 **244**

  10.3.4 创建 Transformer 模块 **245**

  10.3.5 位置编码嵌入 **247**

  10.3.6 建立 GPT 模型并训练 **249**

  10.3.7 调用 GPT 模型生成文本 **251**

10.4 小结与练习 **255**

第 11 章
高效解决方案——Hugging Face

11.1　Hugging Face 是什么 257

11.2　什么是 Pipeline 258

11.3　文本生成任务 260

11.4　文本情感分析 263

11.5　问答系统 264

11.6　文本预测 268

11.7　文本摘要 270

11.8　小结与练习 272

第 12 章
我说你画——多模态模型

12.1　E 县风景美如画 275

12.2　什么是多模态模型 276

12.3　来看看 Stable Diffusion 278

　　12.3.1　Stable Diffusion 的整体架构 278

　　12.3.2　Stable Diffusion 的文本编码器 279

　　12.3.3　什么是对比学习 281

12.4　开始实操吧 282

　　12.4.1　一些准备工作 282

　　12.4.2　创建 Pipeline 287

　　12.4.3　根据提示词生成图像 289

　　12.4.4　使用预训练 Pipeline 生成图像 293

12.5　小结与练习 295

第 13 章
大结局——各自前程似锦

13.1　往事值得回味 298

13.2　他们都去哪儿了 299

13.3　未来已来——DeepSeek 与智能体 300

　　13.3.1　Cherry Studio 的下载与安装 301

　　13.3.2　将 DeepSeek 作为模型服务 302

　　13.3.3　创建一个简单智能体 304

　　13.3.4　与智能体交互 306

13.4　会不会重逢 308

第 1 章 缘起——初识机器学习

在本章的开头,我们先来认识一下故事的主人公——小 L。小 L 是一名人工智能专业的应届毕业生。为了实现自己的生涯规划目标,他毕业后主动申请去 N 村做了一名大学生村官。N 村虽然风景秀丽,但基础设施相对落后,信息化程度不高。小 L 的到来,给这个村庄带来了新的希望和活力。随着逐步了解村民的生活需求和村庄的发展实际,他发现许多领域都可以利用人工智能技术进行优化和提升。于是,他开始着手制订计划,并逐步将人工智能引入村庄的各个方面。

千里之行始于足下,再宏大的目标,也需要逐步实现。在本章中,小 L 将从最基础的机器学习技术开始,先帮助身边的人解决一些小问题。

本章的主要内容有:

- ◆ 通过一个小任务理解机器学习的概念
- ◆ 完整体验一个简单机器学习任务的流程
- ◆ 了解基本的模型评估指标
- ◆ 模型的泛化能力

1.1 机器学习是什么——从一个小任务说起

这一天,小 L 像往常一样走进办公室,准备开始工作。没想到工位对面的 S 师姐面色凝重,对着计算机屏幕愁眉不展。S 师姐比小 L 早一年进入 N 村村委会工作,平日里倒是活泼开朗,很少见她像现在这么严肃,想必是遇到了什么难题。原来 S 师姐接到了一个任务——根据 N 村夏季降水量与秋季咖啡豆产量的历史数据,预测今年秋季的咖啡豆总产量。这个任务对于毕业于文科专业的 S 师姐来说,确实有些"超纲"了。但对于掌握机器学习技术的小 L 来说,倒不是什么难事。于是小 L 主动请缨,要帮助 S 师姐完成这个任务。但在正式开始之前,我们还需要让 S 师姐理解小 L 要怎么做。

在这个任务中,小 L 需要利用 N 村夏季降水量与秋季咖啡豆产量的历史数据来预测今年秋季的咖啡豆总产量。这是一个典型的回归问题,可以通过机器学习中的回归模型来解决。而说到回归模型,就不得不提到线性回归模型,它是一种简单而强大的工具,用于描述两个变量之间的线性关系。

现在假设我们有两个数据点。

数据点 1: 当夏季降水量为 100mm 时,秋季咖啡豆产量为 200kg,即 (X_1=100, y_1=200)。

数据点 2: 当夏季降水量为 150mm 时,秋季咖啡豆产量为 250kg,即 (X_2=150, y_2=250)。

根据这两个数据点,我们可以确定一条直线,如图 1-1 所示。

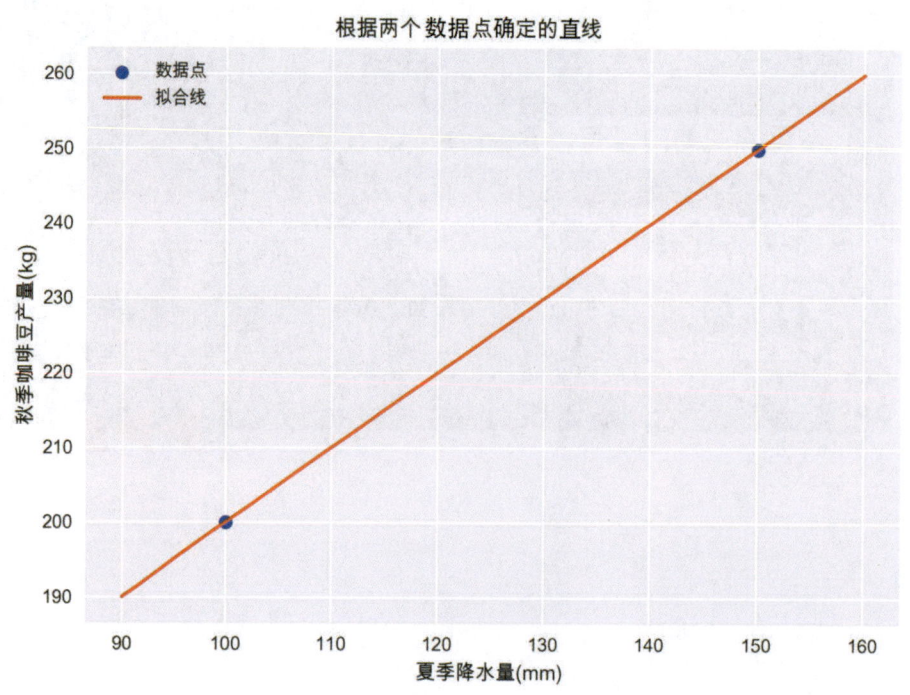

图 1-1 根据两个数据点确定的一条直线

有了图 1-1，小 L 可以更好地向 S 师姐解释模型的原理了——图中的这两个数据点，一个表示降水量为 100mm 时咖啡豆产量为 200kg，另一个表示降水量为 150mm 时咖啡豆产量为 250kg。现在，我们假设这两个数据点之间存在一个线性关系，并尝试找到一条直线来拟合它们，这条直线就是我们的线性回归模型。

那么这条直线的斜率和截距是怎么得到的呢？S 师姐追问道。

通常我们会使用一种称为最小二乘法的数学方法来计算斜率和截距。但在这个简单的例子中，我们可以直接通过这两个数据点来估算。这条直线的斜率表示夏季降水量对秋季咖啡豆产量的影响程度，而截距则表示当夏季降水量为 0mm 时（虽然这不太可能）的秋季咖啡豆产量预测值。

用数学公式来表达的话，有两个变量：X（夏季降水量）和 y（秋季咖啡豆产量）。线性回归假设这两个变量之间存在一个线性关系，可以表示为

$$y=aX+b$$

其中，a 是斜率，b 是截距。一旦有了这条拟合直线，我们就可以用它来预测其他夏季降水量下的秋季咖啡豆产量。例如，如果想知道夏季降水量为 120mm 时的秋季咖啡豆产量，我们可以在直线上找到对应的点，并读取其纵坐标值。

当然，这是数据样本只有一个特征的时候，如果有多个特征（如 n 个），公式就变成了

$$y=a_1X_1+a_2X_2+\ldots+a_nX_n+b$$

此时模型也不再是一条直线，而是一个高维空间的超平面了。听到这里，S 师姐恍然大悟——原来这就是线性回归模型的作用啊。

当然，线性回归只是一种简单的机器学习算法，它通过建立自变量（如夏季降水量）和因变量（如秋季咖啡豆产量）之间的线性关系模型，来预测因变量的值。在这个例子中，我们可以使用历史数据来训练线性回归模型，并通过调整模型的参数来优化预测的准确性。换句话说，模型可以自己"学习"数据点的特征，找到其中的规律并做出预测。

除了线性回归，在机器学习领域还有很多更加复杂和高级的算法模型，如决策树、随机森林、神经网络（Neural Network）等。不过眼下，小 L 只需要让 S 师姐理解一个知识点就可以——**机器学习就是研究计算机怎样模拟或实现人类的学习行为，以获取新的知识或技能，并重新组织已有的知识结构，使其能够不断改善自身的性能。**

1.2 实践：数据可视化、模型训练与预测

在小 L 看来，领导交给 S 师姐的数据并不复杂——只是 1 个 Excel 表格，包含 3 列数据，其中第 1 列是数据对应的年份，第 2 列是过去 20 年 N 村夏季的降水量，第 3 列是对应年份的秋季咖啡

豆产量，如表 1-1 所示。

表1-1　N 村夏季降水量与秋季咖啡豆产量历史数据

年份	夏季降水量（mm）	秋季咖啡豆产量（t）
2004	1569	269.4514145
2005	1270	282.628653
2006	1332	268.614256
2007	1247	255.0278436
2008	1523	268.0141832
2009	1109	270.8060147

为了便于展示，表 1-1 中只包含了 2004 年—2009 年的数据。读者可以在随书资源包中下载这个名为"表 1-1.xlsx"的 Excel 文件，并查看完整的数据。接下来，小 L 会如何对数据进行分析并做出预测？我们继续往下看。

1.2.1　对数据进行可视化分析

小 L 知道，如果要决定使用哪种方法来进行预测，就要了解数据的整体分布情况。而要做到这一点，最直观的方式就是对数据进行可视化分析。下面是小 L 用来绘制图形的 Python 代码。

```python
# 导入 pandas
import pandas as pd
# 导入 NumPy 库
import numpy as np
# 导入可视化库
import matplotlib.pyplot as plt
# 设置可视化样式
plt.style.use('seaborn-v0_8')
# 指定字体，防止出现中文乱码
plt.rcParams['font.sans-serif'] = ['Arial Unicode MS']
# 这行代码让中文的负号"-"可以正常显示
plt.rcParams["axes.unicode_minus"]=False
# 读取 Excel 文件
data = pd.read_excel('data/表1-1.xlsx')

# 绘制散点图
plt.figure(dpi=300)   # 设置图形大小
```

```
plt.scatter(data['夏季降水量 (mm)'], data['秋季咖啡豆产量 (t)'],
            marker='o', edgecolors='k')

# 添加标题和轴标签
plt.title('夏季降水量对比秋季咖啡豆产量')
plt.xlabel('夏季降水量 (mm)')
plt.ylabel('秋季咖啡豆产量 (t)')
plt.savefig('插图 / 图 1-1.png', dpi=300)
# 显示图形
plt.show()
```

可能有些读者朋友和 S 师姐一样，不太明白小 L 的代码都做了什么。不过不要担心，随着剧情的推进，相信各位就会越来越熟悉。这里，小 L 首先使用 pandas 的 read_excel() 函数读取存储数据的 Excel 文件；然后使用了 matplotlib.pyplot 的 scatter() 函数来绘制散点图，其中横轴是夏季降水量 (mm)，纵轴是秋季咖啡豆产量 (t)；最后添加了标题和轴标签，并使用 show() 函数显示图形。

运行上面的代码，可以得到如图 1-2 所示的结果。

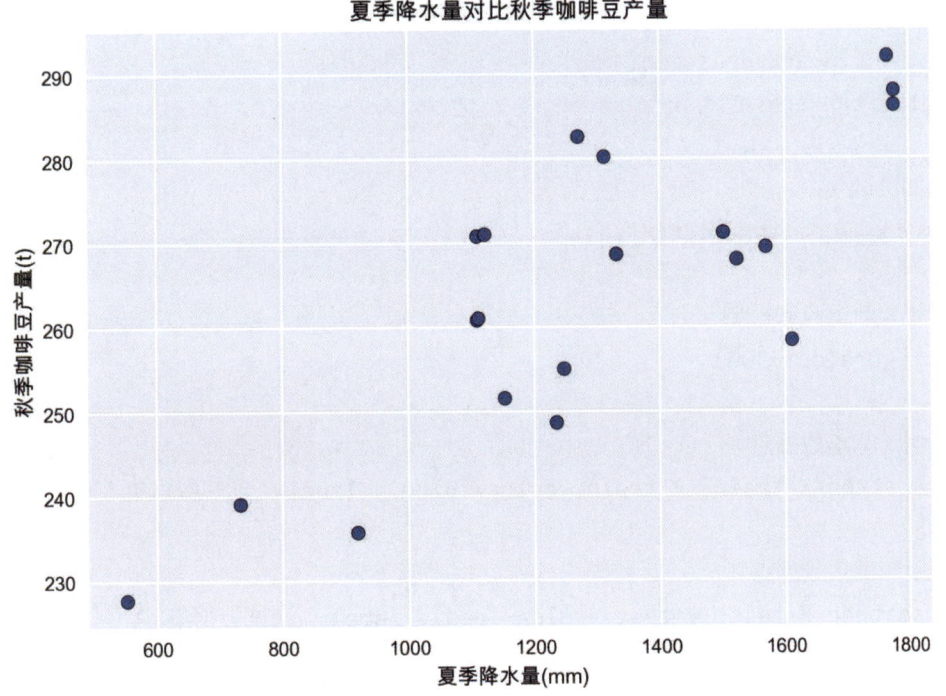

图 1-2　夏季降水量与秋季咖啡豆产量数据的可视化

在小 L 看来，从图 1-2 整体来看，N 村秋季咖啡豆产量和夏季降水量之间存在一定的线性关系，即随着夏季降水量的增加，秋季咖啡豆产量总体也有一定增长。既然如此，小 L 想，干脆就训练一个最简单的线性回归模型，来完成领导交办的任务。

1.2.2 线性回归模型的训练

接下来，小L决定写代码来训练这个线性回归模型。这里用到的代码如下。

```python
# 导入数据集拆分工具
from sklearn.model_selection import train_test_split
# 导入线性回归模型
from sklearn.linear_model import LinearRegression
# 分离特征和目标变量
X = data['夏季降水量(mm)'].values.reshape(-1, 1)   # 需要是二维数组
y = data['秋季咖啡豆产量(t)'].values

# 划分训练集和测试集（20%为测试集）
X_train, X_test, y_train, y_test=train_test_split(X, y,
                                                  test_size=0.2,
                                                  random_state=42)

# 训练线性回归模型
model = LinearRegression()
model.fit(X_train, y_train)

# 预测测试集
y_pred = model.predict(X_test)

# 可视化数据点和模型
plt.figure(dpi=300)

# 绘制训练集数据点
plt.scatter(X_train, y_train, color='blue', label='训练数据集')

# 绘制测试集数据点
plt.scatter(X_test, y_test, color='red', label='测试数据集')

# 绘制模型
plt.plot(X, model.predict(X), color='green', label='线性回归模型')

# 添加标题和轴标签
plt.title('线性回归模型')
plt.xlabel('夏季降水量(mm)')
```

```
plt.ylabel(' 秋季咖啡豆产量 (t)')

# 显示图例
plt.legend()
plt.savefig(' 插图 / 图 1-2.png', dpi=300)
# 显示图形
plt.show()
```

在上面的代码中，小 L 首先将数据分为特征（X，即夏季降水量）和目标变量（y，即秋季咖啡豆产量）。然后使用 Scikit-learn（简称 sklearn）中的 train_test_split 函数将数据集（Dataset）划分为训练集（Training Set）和测试集（Test Set）。Scikit-learn 是一个针对 Python 编程语言的免费机器学习库，它涵盖了很多主流机器学习算法的实现。接着，小 L 使用 Scikit-learn 中的 LinearRegression 类训练模型，并使用训练好的模型对测试集进行预测。

运行上面的代码，得到如图 1-3 所示的结果。

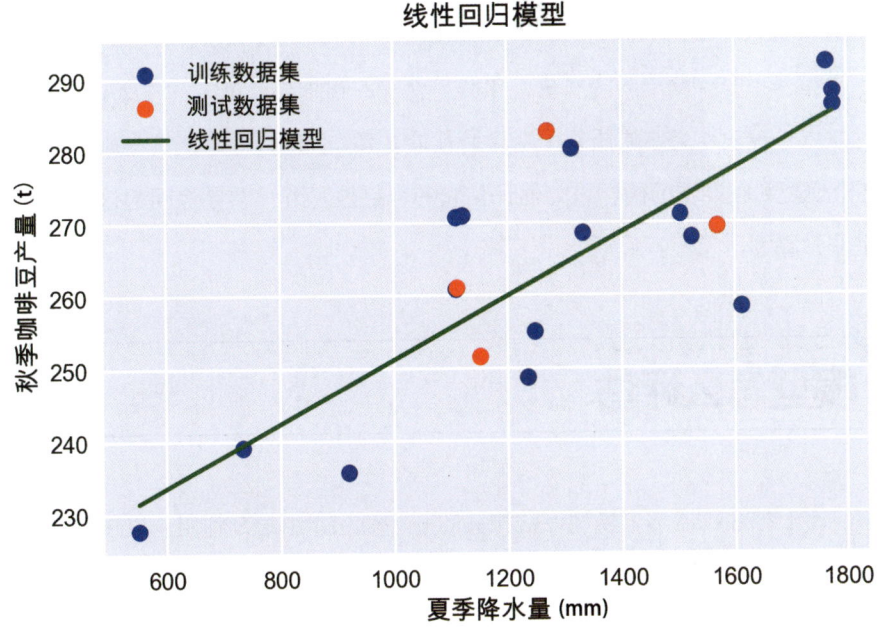

图 1-3 小 L 训练的线性回归模型

可以看到，图 1-3 是一个散点图，用于可视化夏季降水量与秋季咖啡豆产量之间的关系，并展示了线性回归模型对数据的拟合效果。直观来看，模型基本上较好地覆盖了整个数据范围，具备一定的预测能力。

注意：为了便于展示，我们这里使用的训练数据是偏少的。在实际应用中，我们往往不会使用这么少的数据训练模型。

1.2.3 查看模型参数并做出预测

现在,小 L 已经帮助 S 师姐训练好了一个线性回归模型,或者说,找到了一条可以较好拟合数据的直线。既然是一条直线,就会有截距和斜率,也就是模型的参数。只要有了这两个参数,小 L 就可以帮助 S 师姐预测出今年秋季的咖啡豆产量了。要查看模型的截距和斜率,只需使用下面这两行代码。

```
print(' 斜率 :', model.coef_)
print(' 截距 :', model.intercept_)
```

运行这两行代码,得到结果如下。

```
斜率: [0.04389572]
截距: 207.2861363043953
```

根据领导给的数据,今年夏季的降水量是 1450mm,计算出秋季咖啡豆产量为

$$1450 \times 0.04389572 + 207.2861363043953 \approx 270.93(t)$$

也就是说,模型基于今年夏季的降水量,预测出秋季的咖啡豆产量大约为 270.93t。到这里,S 师姐也长出了一口气——领导交办的任务,总算是有了着落。但随即而来的,是她脑海里的一大堆问题。比如,这个模型到底准不准确?该如何评估它的可靠性?万一领导追问起这些问题,要是答不出来,也真是非常尴尬。

1.3 模型怎么评估

帮人帮到底,小 L 把和机器学习模型评估相关的一些概念介绍给 S 师姐,以便 S 师姐能应对领导的询问。但是对于不同的任务,模型的评估方法又不尽相同。所以,小 L 需要先让 S 师姐知道有哪些任务类型。

1.3.1 回归任务和分类任务

在 1.2 节中,小 L 帮助 S 师姐完成的实际上是一个回归任务。除了回归任务,还有一种常见的机器学习任务——分类任务。现在我们就简单介绍一下这两种任务的不同。

首先,回归任务的目标是预测一个连续的数值。这些数值可以是任何实数范围内的值,如价格、温度、评分等。所以回归任务的输出是一个具体的数值,如预测秋季咖啡豆产量为 270.93t,预测明

天的气温为 25.3℃等。

而分类任务的目标是将输入的数据分配到不同的类别或标签中。这些类别通常是离散的，如"是/否""类别 A/ 类别 B/ 类别 C"等。分类任务的输出是一个类别标签。例如，我们可以设计一个分类器，用来把 N 村的咖啡豆标记为"特优级"或"优级"。

在秋季咖啡豆产量预测的任务中，S 师姐对回归模型已经有了直观的理解。现在为了让 S 师姐看到分类模型"长什么样子"，小 L 仍然采取可视化的方式进行展示。假设我们有一些咖啡豆分类数据，如表 1-2 所示。

表 1-2 咖啡豆分类数据

序号	甜度	酸度	等级
0	5.939322	6.066899	0
1	7.436704	3.620048	1
2	6.424870	6.411164	0
3	5.903949	7.773131	0
4	4.812893	3.492519	0

在表 1-2 中可以看到，每个样本有两个特征（甜度和酸度）和一个分类标签（1 代表特优级，0 代表优级）。为了便于展示，这里只显示了前 5 条数据。读者朋友们可以在随书资源包中下载"表 1-2.xlsx"文件来查看全部数据。为了让 S 师姐直观地看到数据的分布情况，小 L 对数据进行了可视化，用到的代码如下。

```python
# 读取 Excel 文件中的数据，路径换成自己的
data = pd.read_excel('data/ 表 1-2.xlsx')

# 提取特征和标签
sweetness = data[' 甜度 ']
acidity = data[' 酸度 ']
grade = data[' 等级 ']

plt.figure(dpi=300)
# 绘制散点图，其中颜色根据"等级"列的值（0 或 1）来区分
plt.scatter(sweetness, acidity, c=grade,
            cmap='coolwarm',edgecolor='black', s=50,
            alpha=0.8)

# 设置图例
legend_elements = [plt.Line2D([0], [0], marker='o', color='w',
```

```
                        label='特优级',
                        markerfacecolor='r', alpha=0.6,
                        markersize=10),
          plt.Line2D([0], [0], marker='o', color='w',
                        label='优级',
                        markerfacecolor='b', alpha=0.6,
                        markersize=10)]
plt.legend(handles=legend_elements,loc='upper right')

# 设置坐标轴标签
plt.xlabel('甜度')
plt.ylabel('酸度')

# 设置标题
plt.title('咖啡豆分类散点图')
plt.savefig('插图/图1-4.png')
# 显示图形
plt.show()
```

运行上面这段代码，会得到如图1-4所示的结果。

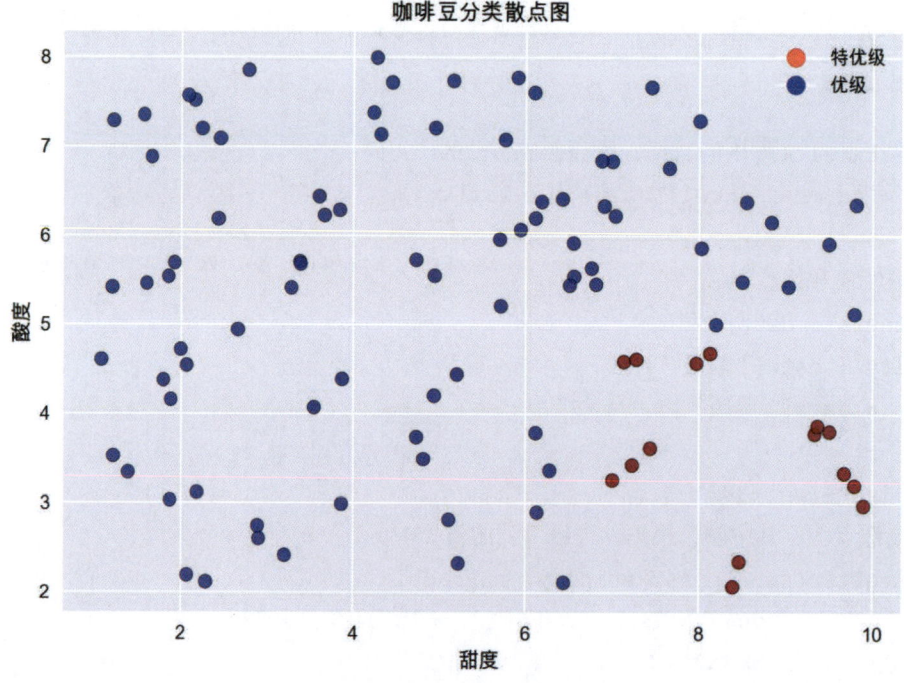

图1-4 咖啡豆分类散点图

可以看到，在图1-4中，横轴代表的是咖啡豆的甜度特征，纵轴代表的是咖啡豆的酸度特征；而不同的分类则使用不同颜色的散点进行体现。总体来说，在这个**数据集**中，优级咖啡豆的数量要多于特优级咖啡豆的数量。

同样地，小 L 可以训练一个分类模型并进行可视化，让 S 师姐理解它的工作原理。这里用到的代码如下。

```python
from sklearn.model_selection import train_test_split
from sklearn.tree import DecisionTreeClassifier, plot_tree

# 提取特征与目标变量
X = data[['甜度','酸度']]
y = data['等级']

# 划分训练集和测试集
X_train, X_test, y_train, y_test = train_test_split(
    X, y, test_size=0.2, random_state=42)

# 训练决策树模型
clf = DecisionTreeClassifier(random_state=42)
clf.fit(X_train, y_train)
# 绘制样本点和决策边界
x_min, x_max = X.iloc[:, 0].min() - 1, X.iloc[:, 0].max() + 1
y_min, y_max = X.iloc[:, 1].min() - 1, X.iloc[:, 1].max() + 1
xx, yy = np.meshgrid(np.arange(x_min, x_max, 0.02),
                     np.arange(y_min, y_max, 0.02))
Z = clf.predict(np.c_[xx.ravel(), yy.ravel()])
Z = Z.reshape(xx.shape)
plt.figure(dpi=300)
plt.contourf(xx, yy, Z, alpha=0.4)
plt.scatter(X.iloc[:, 0], X.iloc[:, 1], c=y,cmap='coolwarm',
            edgecolor='black', s=50, alpha=0.8)
plt.xlabel('甜度')
plt.ylabel('酸度')
plt.xlim(xx.min(), xx.max())
plt.ylim(yy.min(), yy.max())
plt.title('模型决策边界')
plt.savefig('插图/图1-5.png', dpi=300)
plt.show()
```

运行这段代码，会得到如图 1-5 所示的结果。

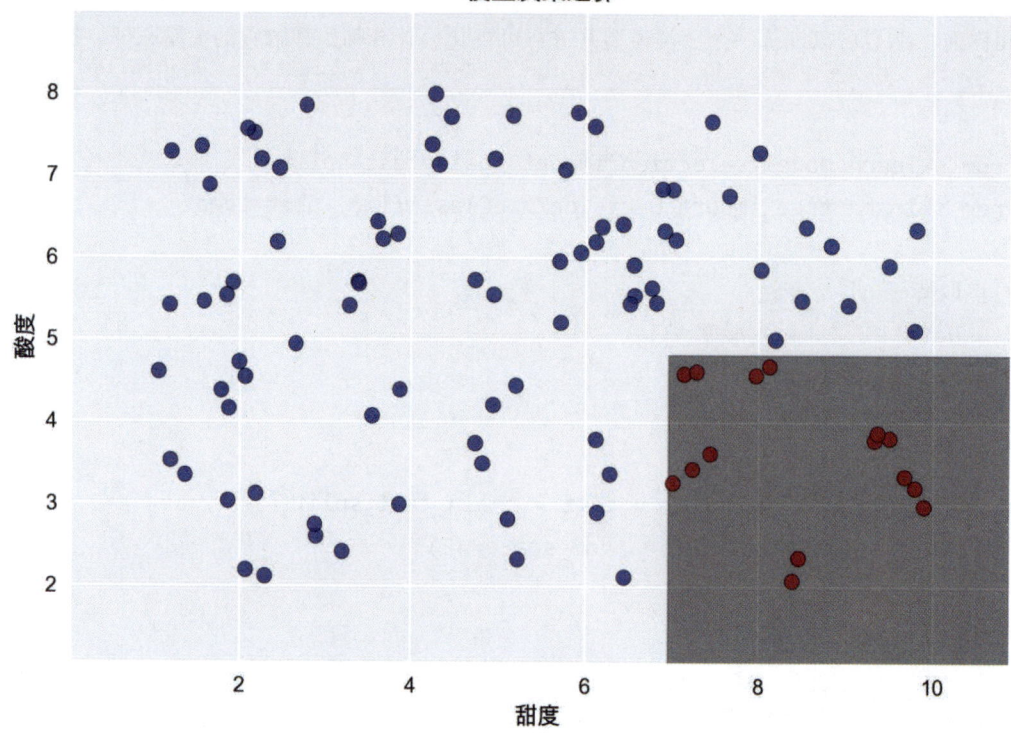

图 1-5 咖啡豆分类散点图（带决策边界）

从图 1-5 中，S 师姐可以看到，小 L 的分类模型在图中划分出了一个灰色的区域（右下角），这个区域的边称为**"决策边界"**。这个决策边界对不同等级的咖啡豆进行了区分。假设我们得到了一种新的咖啡豆，如果它的甜度和酸度特征落在这个灰色区域中，就会被归入特优级的类别（即标签为 1），反之，则归入优级的类别（即标签为 0）。

现在 S 师姐已经大致明白了机器学习中回归任务和分类任务的区别。接下来，小 L 就可以让她知道如何评估模型的性能，以便判断训练出的模型是否可以应用在实际项目中。

1.3.2 怎么评估模型的性能

了解如何评估模型的性能是机器学习项目中至关重要的一步。但对于回归任务和分类任务，评估的方法又不尽相同。下面我们就让小 L 逐一给 S 师姐进行讲解。

1. 回归任务的模型评估指标

对于回归任务来说，常见的评估指标有均方误差（Mean Squared Error，MSE）、均方根误差（Root Mean Squared Error，RMSE）以及决定系数（R-squared，R^2）等。

先来看一下 MSE。MSE 是估计量与被估计量之间差异的平方的期望值，用数学公式表达，就是

$$MSE = \frac{1}{n}\sum_{i=1}^{n}(y_i - \hat{y}_i)^2$$

其中，y_i 是真实值，$\hat{y}_i$ 是模型给出的预测值。为了让 S 师姐更好地理解这个公式，我们回到咖啡豆产量预测的例子。假设有两个年份咖啡豆的实际产量分别是 200t 和 210t，而模型预测的产量是 202t 和 208t，那么模型的 MSE 为

$$\frac{1}{2} \times [(200-202)^2 + (210-208)^2] = 4$$

对于回归任务而言，模型的 MSE 越低越好，在上面这个简单的示例中，4 是一个非常不错的数值了。

弄明白 MSE 的概念之后，再理解 RMSE 就简单多了。RMSE 就是把 MSE 开方。刚才的示例中，我们得到的 MSE 是 4，则 RMSE 就是 2。同样地，这个指标的值越低，说明模型的性能越好。

说完了 MSE 和 RMSE，小 L 再给 S 师姐介绍另一个常用的回归模型评估指标——R^2。它的计算公式为

$$R^2 = 1 - \frac{\sum(y - \hat{y})^2}{\sum(y - \overline{y})^2}$$

继续用咖啡豆产量的例子来解释，真实值依旧是 200t 和 210t（均值是 205t），预测值也依旧是 202t 和 208t，则模型的 R^2 为

$$1 - \frac{(200-202)^2 + (210-208)^2}{(200-205)^2 + (210-205)^2} = 0.84$$

这里需要了解的是，R^2 的值，一般在 0～1，它的值越接近 1，说明模型的性能越好。

2. 分类任务的模型评估指标

同样地，对于分类任务而言，常用的模型评估指标就包括准确率（Accuracy）、精确率（Precision）、召回率（Recall）和 F1 分数（F1 score）等。其中 S 师姐最容易理解的就是准确率了，它的计算非常简单，计算公式为

$$准确率 = \frac{正确分类的样本数}{总样本数} \times 100\%$$

如果我们用咖啡豆等级分类的例子来说，可以假设 S 师姐一共有 100 种咖啡豆，其中 50 种是特优级（标签为 1），另外 50 种是优级（标签为 0），而模型把这 100 种咖啡豆中的 95 种都判定对了，则该模型的准确率就是 95% 了。

在评估分类模型时，准确率确实是常用的指标。但是，如果我们更关心**正样本的实例中真正为正样本的比例**，或者说——在被模型归入特优级的咖啡豆中，究竟有多少是真的特优级咖啡豆，就应该更关注精确率这个指标。它的计算公式为

$$精确率 = \frac{真正例}{真正例 + 假正例} \times 100\%$$

回到咖啡豆的例子，假设模型预测出的所有样本中，有 50 种属于特优级。但实际上，真正属于特优级的只有 48 种，剩下的 2 种是模型错把优级归入了特优级。那么它的精确率就是 $\frac{48}{50} \times 100\% = 96\%$。这个指标数值越高，说明模型越不会出现"错报"的现象。

而如果 S 师姐更关心所有真正例中被预测为正例的比例，或者说，想知道在所有的特优级咖啡豆中，有多少被模型正确地"挑出来"了，就要关注召回率这个指标。它的计算公式为

$$召回率 = \frac{真正例}{真正例 + 假负例} \times 100\%$$

还是用咖啡豆来解释，假设所有的咖啡豆样本中，属于特优级的有 60 种，但模型只把 57 种归入了特优级，也就是"漏掉"了 3 种，则模型的召回率是 $\frac{57}{60} \times 100\% = 95\%$。这个指标数值越高，说明模型越不会出现"漏报"的现象。

说到这里，S 师姐又有了新的问题：如果我们既关心精确率，又关心召回率，有没有一个指标可以综合评估模型呢？答案是有的，那就是模型的 F1 分数。它是精确率和召回率的调和平均数，用于平衡两者的重要性。其计算公式为

$$F1分数 = \frac{2 \times 精确率 \times 召回率}{精确率 + 召回率}$$

在上面的示例中，模型的精确率是 96%，召回率是 95%，那么，它的 F1 分数是

$$\frac{2 \times 96\% \times 95\%}{96\% + 95\%} \approx 95.5\%$$

看到这里，S 师姐也明白了：模型的 F1 分数越高，说明它"错报"或"漏报"的可能性越低，性能也就越好。

当然，除了准确率、精确率、召回率、F1 分数，还有一些指标可以用来衡量分类模型的性能，如 AUC-ROC、交叉熵（Cross-Entropy）损失等。但考虑到 S 师姐的"消化能力"，小 L 在这里就先不介绍了。

1.4 什么是模型的泛化能力

S 师姐已经理解了一些常见的模型评估方法，但她发现了新的问题：训练模型所使用的数据都是已有的数据，尽管模型对现有数据拟合很好，但不代表它对新的数据也具备良好的预测能力。不得不说，S 师姐不愧是有工作经验的人，她考虑问题还是很周全的。说到这里，就得引入一个新的

知识点——模型的泛化能力（Generalization）。

在训练机器学习模型时，我们往往会把数据集分为训练集和测试集 2 个部分，测试集是不参与模型的训练的。也就是说，对于模型而言，测试集是从未见过的数据。这样一来，我们就可以大致评估出模型的泛化能力怎么样了。下面我们就让小 L 给 S 师姐展示一下具体如何操作。

注意：在某些情况下，我们还会将数据集拆分为 3 个部分，分别是训练集、验证集（Validation Set）和测试集。当然，这需要数据集的样本量足够多才行。

1.4.1 训练集和测试集

在 1.2.2 小节中，小 L 的代码中就有把咖啡豆产量数据拆分成训练集和测试集的部分。不过，由于那个数据集的样本数量实在有限，拆分的意义不大。为了让 S 师姐有更深的体会，这次小 L 会多生成一些数据来展示。下面的代码可以帮助我们完成这个任务。

```python
# 使用 Scikit-learn 库中的 make_regression 函数生成数据
from sklearn.datasets import make_regression

# 生成数据
X, y = make_regression(n_samples=500,
                       n_features=1,
                       noise=20,
                       random_state=42)

# 注意：X 是一个二维数组，即使我们只有一个特征
# 我们需要使用 [:, 0] 来获取一维特征数组
X_feature = X[:, 0]
# 可视化数据
plt.figure(dpi=300)
plt.scatter(X_feature, y, c='blue', label='Data',
            alpha=0.6, edgecolor='k')
plt.xlabel(' 特征值 ')
plt.ylabel(' 目标值 ')
plt.title(' 演示数据 ')
plt.legend()
plt.savefig(' 插图 / 图 1-6.png', dpi=300)
plt.show()
```

运行这段代码，会得到如图 1-6 所示的结果。

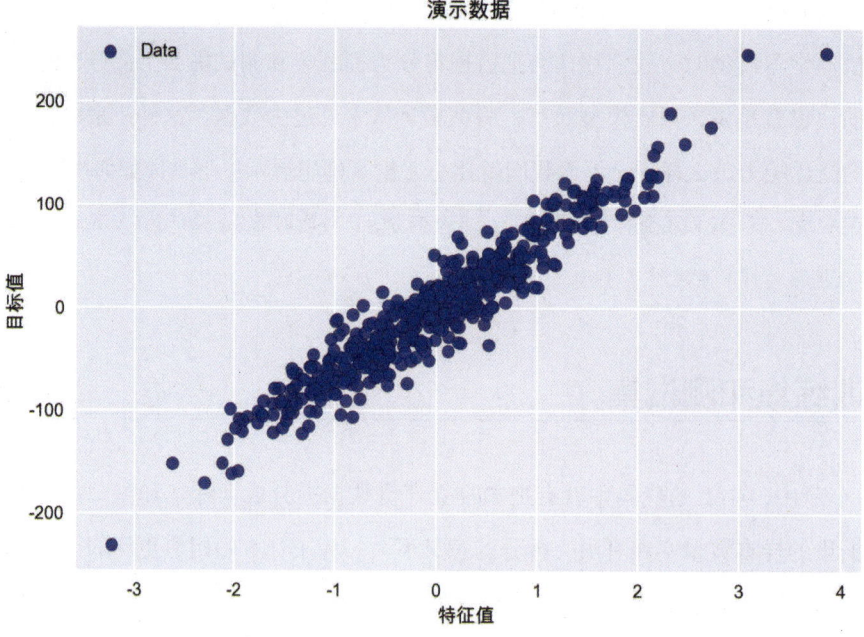

图 1-6 使用代码生成的演示数据

在上面的代码中,小 L 使用了 Scikit-learn 库生成回归数据。这里小 L 用的是 make_regression 函数,在这个函数中,指定了参数 n_samples=500,即生成 500 个样本;为了方便可视化,指定了参数 n_features=1,即让样本只有一个特征值;此外,指定了参数 noise=20,这是为了给数据添加一些噪声,让它不要过于简单。从图 1-6 中可以看到,这些数据点的分布接近一条直线,但因为添加了噪声,所以数据点又不完全位于一条直线上。

接下来,小 L 就要给 S 师姐演示一下如何将这些数据拆分成训练集和测试集,代码如下。

```
# 拆分数据为训练集和测试集
X_train, X_test, y_train, y_test = train_test_split(X, y,
                                                    test_size=0.2,
                                                    random_state=42)

# 提取一维特征值
X_train_feature = X_train[:, 0]
X_test_feature = X_test[:, 0]
# 可视化数据
plt.figure(dpi=300)
plt.scatter(X_train_feature, y_train, c='blue',
            label=' 训练集 ', marker='o',
            alpha=0.6, edgecolor='k')

plt.scatter(X_test_feature, y_test, c='red',
```

```
                label=' 测试集 ', marker='^',
                alpha=0.6, edgecolor='k')

plt.xlabel(' 特征值 ')
plt.ylabel(' 目标值 ')
plt.title(' 拆分后的数据 ')
plt.legend()
plt.savefig(' 插图 / 图 1-7.png', dpi=300)
plt.show()
```

运行这段代码，得到结果如图 1-7 所示。

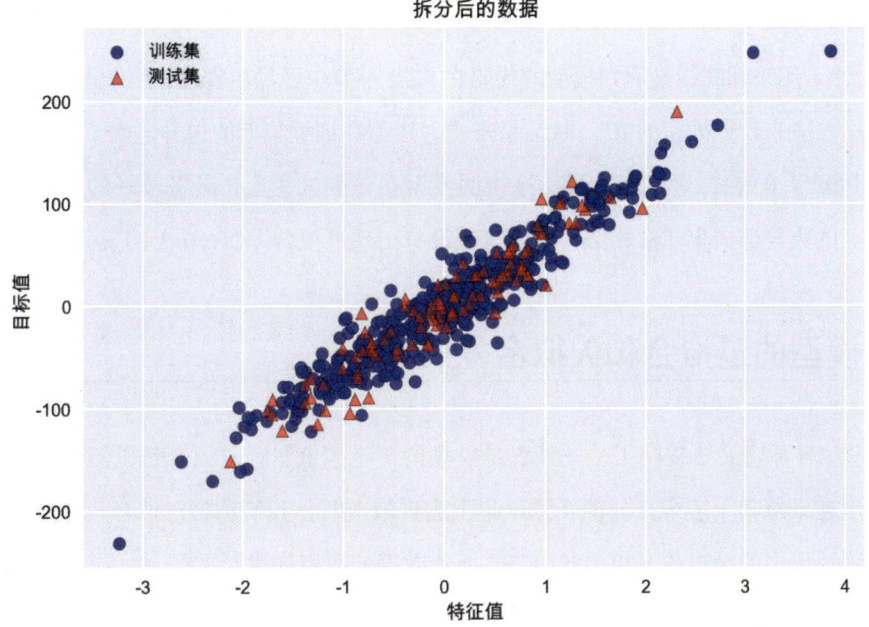

图 1-7　拆分成训练集和测试集的数据

在小 L 的代码中，使用了 Scikit-learn 库中的 train_test_split 函数将数据拆分为训练集（80%）和测试集（20%）。然后用 plt.scatter 函数来绘制散点图，并为训练集和测试集分别设置了不同的颜色和形状（"o" 代表圆形用于训练集，"^" 代表三角形用于测试集）。现在需要让 S 师姐理解的是，在训练模型的时候，只用到了训练集中的数据，而测试集中的数据是用来评估模型的泛化性能的。

那么具体怎么做呢？我们继续看小 L 的代码。

```
# 创建线性回归模型实例
reg = LinearRegression()

# 训练模型
reg.fit(X_train, y_train)
```

```
# 计算训练集上的得分
train_score = reg.score(X_train, y_train)
print(f" 训练集上的得分 (R²): {train_score:.2f}")

# 计算测试集上的得分
test_score = reg.score(X_test, y_test)
print(f" 测试集上的得分 (R²): {test_score:.2f}")
```

运行这段代码，会得到如下所示的结果。

```
训练集上的得分 (R²): 0.91
测试集上的得分 (R²): 0.90
```

实际上，小 L 用来训练线性回归模型的代码在 1.2.2 小节中已经出现过，但这里多了一步工作——使用 reg.score 方法来计算模型的 R^2。从结果来看，模型在训练集上的得分达到了 0.91，而在测试集上的得分也达到了 0.9，二者相当接近。这说明模型在该测试集上，具备较好的泛化能力。当然，这也是因为测试集与训练集非常相似，所以模型没有出现过拟合（Overfit）的现象。

1.4.2 模型的过拟合和欠拟合

说到这里，S 师姐又要提问了——什么是模型的"过拟合"？过拟合是机器学习中的一个常见问题，当模型在训练集上表现良好但在测试集上表现较差时，我们称为过拟合。这通常意味着模型学习到了训练数据中的噪声或不相关的细节，而非数据的通用规律。

举例来说，假如模型在训练集上的得分是 0.91，但是在测试集上的得分是 0.5，那就说明模型可能出现了过拟合的问题。出现过拟合现象的原因可能有以下几点。

模型复杂度高： 当模型复杂度过高时，它可能会过分拟合训练数据中的噪声和不相关的细节，导致在测试集上表现不佳。

训练样本数量较少： 当训练样本数量较少时，模型可能无法充分学习到数据的整体分布，而只是记住了训练集中的特定样本。

训练时间过长： 长时间的训练可能使模型过度关注训练集数据中的特定模式，而忽略了对更广泛数据分布的适应。

要避免过拟合现象的出现，我们可以采取如下措施。

数据集扩增： 增加更多的训练集数据，可以减少过拟合的风险。

正则化（Regularization）： 通过添加正则化项，如 L1 正则化或 L2 正则化，来惩罚模型参数的大小，使模型更简单。

特征选择： 选择最重要的特征，降低模型的复杂度。

交叉验证： 使用交叉验证来评估模型的性能，选择最佳的模型参数。

当然，除了过拟合，小 L 还要让 S 师姐记住另外一个概念——欠拟合（Underfitting）。欠拟合也是机器学习中的一个重要问题。欠拟合指的是模型在训练集数据上的表现就很差，更不用说在测试集或其他未见过的数据上了。这通常是因为模型过于简单，无法捕捉到数据的复杂模式或特征。比如，模型在训练集上的得分只有 0.5，说明模型可能出现了欠拟合的问题。

要避免欠拟合现象的出现，可以尝试采取以下措施。

增加模型复杂度： 尝试使用更复杂的模型，如使用更高阶的多项式回归。

添加更多特征： 为模型提供更多相关的特征，帮助模型学习到数据的更多信息。

减少正则化： 如果使用了正则化技术（如 L1 正则化或 L2 正则化），可以尝试减少正则化项的权重，让模型更多地拟合训练集数据。

增加训练集数据量： 如果可能的话，获取更多的训练集数据可以帮助模型学习到更多的模式和结构。

检查数据质量： 确保训练集数据是准确和有用的，没有错误或噪声。

选择合适的模型： 不同的数据集和问题类型可能需要不同的模型。选择最合适的模型可以提高模型的性能。

1.4.3 什么是正则化

在解释过拟合和欠拟合的过程中，S 师姐又听到了一个新名词——正则化。这又是什么意思呢？正则化是机器学习和深度学习中的一种重要技术，用于防止模型过拟合，提高模型的泛化能力。

具体怎么操作呢？其实原理并不复杂，通过向损失函数（Loss Function）中添加一个惩罚项（或称为正则项）来限制模型的复杂度。这个惩罚项通常与模型的参数大小（如权重）有关，目的是使模型在训练集数据上表现良好的同时，也能对未见过的数据有较好的预测能力。

小 L 用咖啡豆产量预测的任务来举例。假设在数据集中，有几个年份的数据出现了问题（如记录错误，或者是因为当年有病虫害导致产量过低）。如果我们直接使用不带正则化的线性回归模型来拟合这些数据，模型可能会尝试去拟合那些异常值，导致模型的复杂度过高，出现过拟合的现象。这意味着模型在训练集上表现良好，但在测试集或新数据上表现较差，因为它过度关注了训练数据中的噪声和异常值。

但是，如果我们尝试使用带有正则化的线性回归模型（如岭回归）来拟合这些数据，正则化项会惩罚模型参数的大小，使模型在拟合数据的同时尽量简化模型，减少对异常值的过度关注。那么，即使数据集中存在异常值，正则化后的模型也能更好地找到数据的真实关系，提高模型的泛化能力。

为了直观地给 S 师姐展示正则化的效果，我们可以让小 L 绘制不带正则化和带正则化的模型的拟合曲线。使用的代码如下。

```python
# 这里我们使用带正则化的岭回归模型
from sklearn.linear_model import Ridge
# 生成模拟数据
np.random.seed(0)    # 为了结果的可复现性
X = 2 * np.random.rand(100, 1)    # 特征矩阵 X, 大小为 100 × 1
y = 4 + 3 * X + np.random.randn(100, 1)
# 真实关系为 y = 4 + 3x, 并添加一些噪声

# 划分训练集和测试集
X_train, X_test, y_train, y_test = train_test_split(
    X, y, test_size=0.2, random_state=42)

# 不带正则化的线性回归
lr = LinearRegression()
lr.fit(X_train, y_train)
y_pred_lr = lr.predict(X_test)

# 带有 L2 正则化的线性回归（Ridge Regression）
ridge = Ridge(alpha=10.0)    # alpha 是正则化强度系数
ridge.fit(X_train, y_train)
y_pred_ridge = ridge.predict(X_test)
plt.figure(dpi=300)
# 绘制结果
plt.scatter(X_test, y_test, color='black', label='数据')
plt.plot(X_test, y_pred_lr, color='blue', linewidth=2, label='一般线性回归')
plt.plot(X_test, y_pred_ridge, color='red', linewidth=2,
         ls='-', label='带正则化的岭回归')

plt.xlabel('X')
plt.ylabel('y')
plt.title('正则化的效果')
plt.legend()
plt.savefig('插图/图 1-8.png', dpi=300)
plt.show()
```

运行这段代码，得到结果如图 1-8 所示。

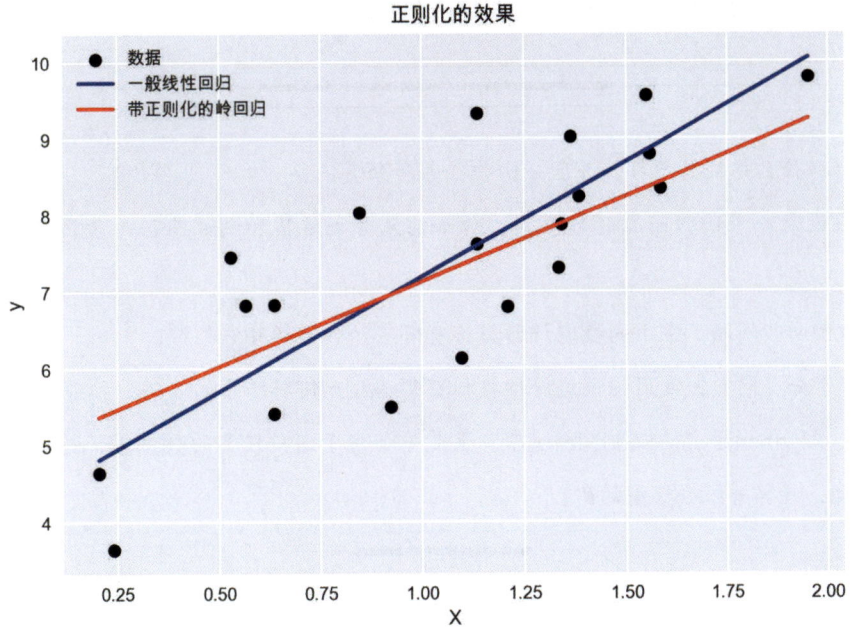

图 1-8 带正则化和不带正则化的模型对比

在图 1-8 中可以看到，带正则化的模型的拟合曲线更加"平坦"，能够更好地描述数据的整体趋势，而不是被异常值所影响。这是因为它被设计为在拟合数据的同时尽可能简化模型（减少权重的大小，在这里对应的就是直线的斜率）。

看到这里，S 师姐明白了，在机器学习的实际应用中，正则化的好处是显而易见的。通过使用正则化技术，我们可以得到一个更加稳健和可靠的模型，它能够更好地应对数据中的噪声和异常值，提高预测的准确性。这对于咖啡豆产量预测任务来说是非常重要的，因为 N 村需要根据预测结果来制订生产计划和采购策略。

最后，小 L 还需要让 S 师姐简单了解一个知识点：正则化项通常有两种形式，即 L1 正则化和 L2 正则化。其中，L1 正则化的惩罚项是模型参数绝对值，即 $|w|$（其中，w 是模型参数）的和。L1 正则化鼓励模型使用较少的参数，并且**倾向于产生稀疏解（即某些参数为 0）**；而 L2 正则化的惩罚项是模型参数平方，即 w^2（其中，w 是模型参数）的和。L2 正则化使模型参数趋向于较小的值，但**不会像 L1 正则化那样产生稀疏解（即不会把参数变成 0）**。

1.5 小结和练习

到此，小 L 已经给 S 师姐讲解了很多关于机器学习的知识，包括机器学习是什么、怎么用一个简单的模型预测 N 村咖啡豆的产量、如何对一个模型进行评估，以及模型的泛化能力是什么。为了加强 S 师姐的印象，小 L 给 S 师姐安排了一些作业，供她复习。

习题1： 解释什么是机器学习，并区分回归任务和分类任务。

习题2： 假设有一个回归问题的数据集，你如何划分训练集和测试集？（请用Python语言实现）

习题3： 对于回归问题，常用的性能评估指标有哪些？如何解释它们？

习题4： 对于分类问题，常用的性能评估指标有哪些？如何解释它们？

习题5： 使用Python语言的Scikit-learn库，生成一个用于回归任务的数据集，并训练一个线性回归模型，计算并报告模型的 R^2。

第 2 章

Z 书记的考验——一些经典机器学习算法

经过了第 1 章中小 L "快速入门"式的培训，S 师姐对机器学习技术中的一些基础知识有了大致的了解。于是，她信心满满地去找领导汇报工作了。只见她进了领导办公室半个多小时，就喜笑颜开地跑了出来。就在小 L 还在琢磨 S 师姐为什么如此高兴之时，S 师姐已经来到了他的身边，轻拍了一下他的肩膀，笑嘻嘻地传达了一个好消息——领导有一些新的工作要交给小 L 去处理。这到底是怎么回事呢？且看本章慢慢道来。

本章的主要内容有：

- 用于分类任务的线性模型——逻辑回归
- 决策树模型的训练与结构可视化
- 支持向量机及不同的核函数
- 无监督学习与 K-Means 聚类

2.1 领导的雄心与N村的产业

S师姐口中的领导，其实是N村党支部书记Z书记。Z书记原本在某一线城市从事互联网行业的研发工作，后来通过"高端人才引进"的通道加入了Y省的科技主管部门，主要任务是研究人工智能技术如何用于促进Y省的产业发展。因为想要更深入地了解基层工作，Z书记申请先到N村挂职——他想利用AI大模型技术在N村做出一些成绩，提高村里的经济收入。这样既可以造福一方百姓，也是自己职业生涯中的一个亮点。

眼下，Z书记只有组建一支有研发能力的团队，才能将他的计划执行下去。这次S师姐的汇报让他颇感意外，没想到这个小村子里还有懂机器学习技术的人。当然，S师姐也没有把功劳都揽在自己头上，而是将小L给她提供帮助的事情一五一十地向Z书记做了汇报。于是，小L这个人才进入了Z书记的视野。

不过，仅凭一个简单的线性回归模型，还远远达不到Z书记的期待。他计划再用一些小任务考察一下小L，看看这个年轻的大学生村官到底有几斤几两。

Z书记手里有不少产业发展项目，他想优先发展以下3项。

1. 生态农业与特色种植

除了第1章中提到的咖啡豆种植产业，N村还有一个水果种植基地，主要的作物包括柑橘、蓝莓、猕猴桃等。该基地采用有机种植技术，确保产品绿色健康，同时与多家水果销售商合作，实现了订单式种植与销售。

2. 银饰工艺

N村传承了精湛的银饰制作工艺，建立了银饰工坊，还邀请了当地的银匠入驻，展示和销售精美的银饰作品。同时，开展银饰制作体验课程，吸引游客参与，体验传统文化的魅力。

3. 四季花海与观光农业

N村还有一个四季花海景观，里面种植了不同的花卉，形成了色彩斑斓的田园风光。同时，结合观光农业，设置采摘园、农耕体验区等，让游客能够亲近自然，体验农耕乐趣。

于是，Z书记让S师姐把小L叫到他的办公室，并把一些和上述产业相关的数据交给了小L，让他使用不同的算法解决其中的问题。对于小L而言，能把他掌握的技术用在促进N村的产业发展中，当然是义不容辞。而S师姐好像对机器学习也产生了莫大的兴趣，因此她主动申请，和小L一起完成Z书记交办的任务。

2.2 水果种植基地的病虫害与逻辑回归

在 Z 书记交办的任务中,第一个任务和 N 村的水果种植基地有关——基地中的果树常常面临病虫害的威胁,这些病虫害会严重影响水果的产量和质量。果树的生长状况通常会影响其抗病虫害的能力。健壮的果树自我补偿能力强,一般可以抵御一些病虫害的侵扰危害;而生长缓慢、树势衰弱的果树则更容易受到病虫害的侵袭。土壤中的营养元素、微量元素和水分都是果树生长所必需的。如果土壤中的营养元素不足或过量,都会导致果树生长不良,降低其抗病虫害的能力。所以,这个任务就是——根据土壤的状况预测是否有大规模病虫害的风险。

2.2.1 土壤条件与病虫害数据集

小 L 使用如下代码读取"表 2-1.xlsx"文件并进行检查。

```python
# 导入一些必要的库并设置
# 在第 1 章中也用到过
# 导入 pandas
import pandas as pd
# 导入 NumPy 库
import numpy as np
# 导入可视化库
import matplotlib.pyplot as plt
# 设置可视化样式
plt.style.use('seaborn-v0_8')
# 指定字体,防止出现中文乱码
plt.rcParams['font.sans-serif'] = ['Arial Unicode MS']
# 这行代码让中文的负号 "-" 可以正常显示
plt.rcParams["axes.unicode_minus"]=False

# 读取 Excel 文件
# 路径换成自己保存文件的位置
df = pd.read_excel('data/表 2-1.xlsx')

# 检查数据前 5 行
df.head()
```

运行这段代码,会看到如表 2-1 所示的结果。

表 2-1 土壤条件与病虫害数据集

土壤pH值	土壤湿度	病虫害风险
2.233945	83.666494	0
2.079617	78.553664	0
2.013415	74.261600	0
4.709102	57.909210	1
4.987647	115.524896	1

从表 2-1 中可以看到，该数据集只有 3 列。第一列是水果种植基地土壤的 pH 值，第二列是土壤的湿度，而第三列是一个二元目标变量，用于表示病虫害的风险。其中，0 代表没有出现大规模病虫害，1 代表发生了大规模病虫害。这个变量是模型预测的目标，即模型将根据前两列土壤特征来预测大规模病虫害是否可能发生。

接下来的步骤，S 师姐也很熟悉了，即通过数据可视化，来直观地观察样本的分布情况，用到的代码如下。

```
# 假设我们想要根据两个土壤特征来可视化病虫害风险（通过颜色区分）
# 这里我们可以使用散点图，其中颜色表示病虫害风险（0 或 1）

# 创建一个散点图
plt.figure(dpi=300)   # 设置图形大小
plt.scatter(df['土壤pH值'], df['土壤湿度'], c=df['病虫害风险'],
            cmap='viridis', edgecolors='k', s=50)
plt.colorbar(label='病虫害风险 (0: No, 1: Yes)')   # 添加颜色条并设置标签
plt.xlabel('土壤pH值')
plt.ylabel('土壤湿度')
plt.title('土壤条件与病虫害风险')
plt.savefig('插图/2-1.png', dpi=300)
plt.show()
```

运行这段代码，得到如图 2-1 所示的结果。

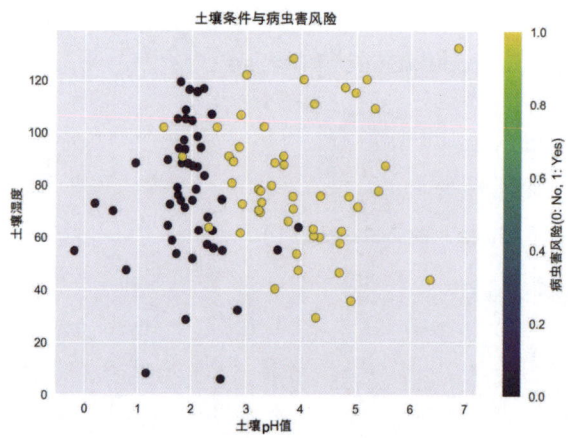

图 2-1 土壤条件与病虫害风险可视化

在上面的代码中，小 L 使用 plt.scatter 函数创建了一个散点图，其中的土壤 pH 值和土壤湿度分别作为 x 轴和 y 轴的数据，病虫害风险作为颜色映射的数据，以区分不同的病虫害风险级别（0 或 1）。并且通过 cmap='viridis' 选择了一个颜色映射表。而 plt.colorbar 函数用于添加颜色条，并设置其标签为 '病虫害风险 (0: No, 1: Yes)'，以便理解颜色所代表的含义。

仔细观察图 2-1，小 L 发现标签为 1 的样本和标签为 0 的样本，大致可以使用一条直线分隔开。说到直线，S 师姐又想到了第 1 章中使用过的线性回归和带正则化的岭回归。但是这两种都是用于回归任务的算法，并不能用于分类任务。那是不是就没有用于分类任务的线性模型了呢？答案是否定的。在机器学习中，也存在用于分类任务的线性模型，其中最著名的是逻辑回归（Logistic Regression），尽管名字中含有"回归"，但它实际上是一种分类算法，和现在手上的这个任务，还是比较匹配的。

2.2.2 逻辑回归模型的训练与评估

还没等 S 师姐反应过来，小 L 就噼里啪啦地敲上了代码。S 师姐见他神情专注，只好把快到嘴边的问题都憋了回去。计算机屏幕上的代码如下。

```python
# 导入逻辑回归
from sklearn.linear_model import LogisticRegression
# 导入数据集拆分工具
from sklearn.model_selection import train_test_split

# 确定样本特征与目标值
X, y = df[['土壤pH', '土壤湿度']], df['病虫害风险']

# 划分训练集和测试集
X_train, X_test, y_train, y_test = train_test_split(X, y,
                                                    test_size=0.2,
                                                    random_state=42)

# 使用逻辑回归模型进行拟合
model = LogisticRegression(max_iter=200)   # 增加迭代次数以确保收敛
model.fit(X_train, y_train)
# 创建网格用于绘制决策边界
xx, yy = np.meshgrid(np.linspace(X.iloc[:, 0].min() - 1,
                                 X.iloc[:, 0].max() + 1, 500),
                     np.linspace(X.iloc[:, 1].min() - 1,
                                 X.iloc[:, 1].max() + 1, 500))
```

```
Z = model.predict(np.c_[xx.ravel(), yy.ravel()])
Z = Z.reshape(xx.shape)

# 绘制决策边界
plt.figure(dpi=300)
plt.contourf(xx, yy, Z, alpha=0.4, cmap='coolwarm')
plt.scatter(X.iloc[:, 0], X.iloc[:, 1], c=y,
            cmap='coolwarm', marker='o', edgecolors='k')
plt.xlabel(' 土壤 pH 值 ')
plt.ylabel(' 土壤湿度 ')
plt.title(' 逻辑回归决策边界 ')
plt.savefig(' 插图 / 图 2-2.png')
plt.show()
```

小 L 运行了这段代码，得到了如图 2-2 所示的结果。

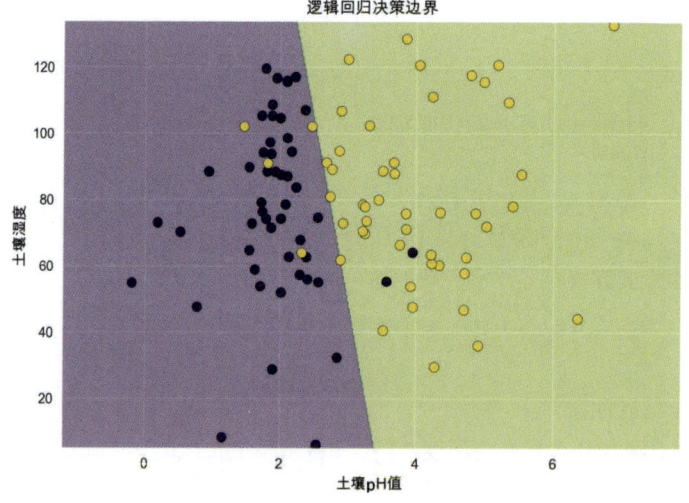

图 2-2 逻辑回归模型的决策边界

在小 L 的代码中，先使用逻辑回归模型对数据进行拟合，通过在特征空间上创建一个网格并使用模型预测该网格上每个点的类别来绘制决策边界，再将原始数据和决策边界一起可视化出来。由于逻辑回归模型是线性的，实际上是在特征空间中绘制了一条直线（在高维空间中绘制了一个超平面）来分隔不同类别的数据点。通过 plt.contourf 函数，小 L 可以对这条直线周围的区域着色，更直观地给 S 师姐展示模型的分类效果。从图 2-2 中可以看到，中间的一条直线把特征空间分成了两个区域，大部分样本都被划入了正确的分类中（即数据点与所在区域的颜色相同）。

虽然感觉上模型整体的效果还不错，但 S 师姐还是想用第 1 章中提到的方法来评估一下模型的表现。于是小 L 用下面的代码查看了模型的准确率。

```
# 分别打印模型在训练集和测试集中的准确率
```

```
print(' 模型在训练集中的准确率: ', model.score(X_train, y_train))
print(' 模型在测试集中的准确率: ', model.score(X_test, y_test))
```

运行这段代码，S 师姐看到如下所示的结果。

```
模型在训练集中的准确率： 0.925
模型在测试集中的准确率： 1.0
```

从上面的结果可以看到，逻辑回归模型在训练集中的准确率为 0.925（即 92.5%），而在测试集中的准确率为 1.0（即 100%）。整体来说，模型的性能还是不错的。但是，S 师姐有一点不明白，模型在训练集上的表现不是一般会优于在测试集上的表现吗？为什么现在测试集上的准确率比训练集还要高呢？这是因为演示数据的样本数量不多，恰好测试集中的样本是高度可分的（即不同类别的数据点之间有明显的分隔），所以得到这样的结果也并不奇怪。

2.2.3 逻辑回归的原理是什么

现在到了向 S 师姐解释逻辑回归的原理的时候了。其实，逻辑回归的原理一点也不复杂——它在线性回归的基础上引入了一个 Sigmoid 函数，把线性模型的输出映射到 (0,1) 区间，这个输出可以被解释为属于某一类的概率。这个 Sigmoid 函数的公式为

$$\text{Sigmoid}(x) = \frac{1}{1 + e^{-x}}$$

其中，x 是线性模型的输出值；而 e 代表自然对数的底数，又称欧拉数（Euler's Number），其值约等于 2.71828。

由于 Sigmoid 函数的性质，当 x 趋于正无穷时，$\text{Sigmoid}(x)$ 趋于 1，这里可以理解成是该数据点属于分类 1 的概率趋于 100%；当 x 趋于负无穷时，$\text{Sigmoid}(x)$ 趋于 0，可以理解成是该数据点属于分类 1 的概率几乎为 0。

小 L 决定用可视化的方法，让 S 师姐直观地看到 Sigmoid 函数的作用，使用的代码如下。

```
# 这里定义一个 Sigmoid 函数
def sigmoid(x):
    return 1 / (1 + np.exp(-x))

# 创建一个包含 -10~10 之间 100 个点的数组
x = np.linspace(-10, 10, 100)
# 计算这些点的 Sigmoid 值
y = sigmoid(x)
```

```
# 使用 Matplotlib 绘制 Sigmoid 函数
plt.figure(dpi=300)
plt.plot(x, y, label='Sigmoid 函数 ')
plt.title('Sigmoid 函数可视化 ')
plt.xlabel('x')
plt.ylabel('Sigmoid(x)')
plt.legend()
plt.savefig(' 插图 / 图 2-3.png')
plt.show()
```

运行这段代码，会得到如图 2-3 所示的结果。

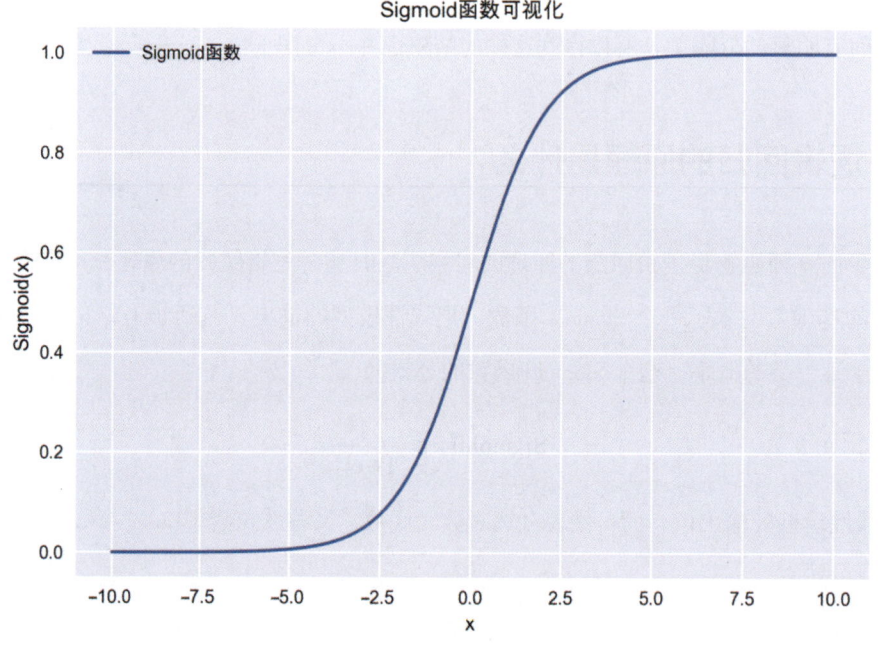

图 2-3　Sigmoid 函数可视化

这段代码首先定义了一个 Sigmoid 函数，它接收一个输入参数 x 并返回其 Sigmoid 值。然后，它使用 NumPy 的 linspace 函数生成了一个从 –10～10 包含 100 个点的数组 x。接下来，它计算了这些点的 Sigmoid 值，并将它们存储在数组 y 中。最后使用 matplotlib.pyplot 的 plot 函数绘制了 x 和 y 的图形，并通过 show 函数显示了图形。

从图 2-3 中 S 师姐可以看到 Sigmoid 函数如何将输入值平滑地映射到 (0, 1) 区间。回到病虫害预测的例子——如果逻辑回归模型对某个样本的预测值大于 0.5，则说明这个样本有较高的概率发生大规模病虫害，就会将其归入标签为 1 的类别中；反之，如果预测值小于 0.5，则说明这个样本发生大规模病虫害的概率较低，可以归入标签为 0 的类别中。

到此，小 L 已经训练好了用于病虫害预测的模型，S 师姐也大概理解了逻辑回归的基本原理。现在他们可以一起开始研究下一个任务了。

2.3 银饰工坊与决策树

在 2.1 节中我们提到，N 村有一个银饰工坊，以其精湛的工艺和独特的设计吸引了众多游客和本地客户。然而，随着市场竞争的加剧，银饰工坊需要更加精准地了解客户需求，优化营销策略，以提高销售量和客户满意度。而为了能实现这个目标，Z 书记提前做了布局，让银饰工坊在销售产品的同时，通过销售记录、客户档案、市场调研等渠道收集数据。这份数据，现在也已经到了小 L 手上，即随书资源包中的 Excel 文件"表 2-2.xlsx"。

2.3.1 银饰工坊销售数据集

载入数据的代码，S 师姐已经很熟悉了。小 L 也不用过多解释，直接输入如下代码。

```
# 读取 Excel 文件
# 路径换成自己保存文件的位置
data = pd.read_excel('data/ 表 2-2.xlsx')

# 检查数据前 5 行
data.head()
```

运行这段代码，会得到如表 2-2 所示的结果。

表 2-2　银饰工坊销售数据集

年龄	购买频率	标签
62	4	1
65	3	1
18	10	0
21	7	0
21	5	0

从表 2-2 中可以看到，该银饰工坊的销售数据不算复杂——数据集的前两列是客户的年龄和购买频率数据。最后一列是这些客户的分类标签。要说明一下的是，这个数据集的标签包含 3 个不同的值：0、1 和 2。其中标签为 2 的样本代表"钻石"客户，可以分配最多的营销资源；标签为 1 的样本代表"黄金"客户，可以分配较多的营销资源；标签为 0 的样本代表"青铜"客户，可以分配最少的营销资源。

按照惯例，还是把数据进行可视化，让 S 师姐有个直观的感受，代码如下。

```
# 创建一个散点图
plt.figure(dpi=300)    # 设置图形大小
plt.scatter(data['年龄'], data['购买频率'],
            c=data['标签'],cmap='coolwarm',
            edgecolor='k', s=50)
plt.colorbar(label='客户标签(0: 青铜，1: 黄金，2: 钻石)')
# 添加颜色条并设置标签
plt.xlabel('年龄')
plt.ylabel('购买频率')
plt.title('银饰工坊销售记录数据集')
plt.savefig('插图/图2-4.png', dpi=300)
plt.show()
```

运行这段代码，得到结果如图 2-4 所示。

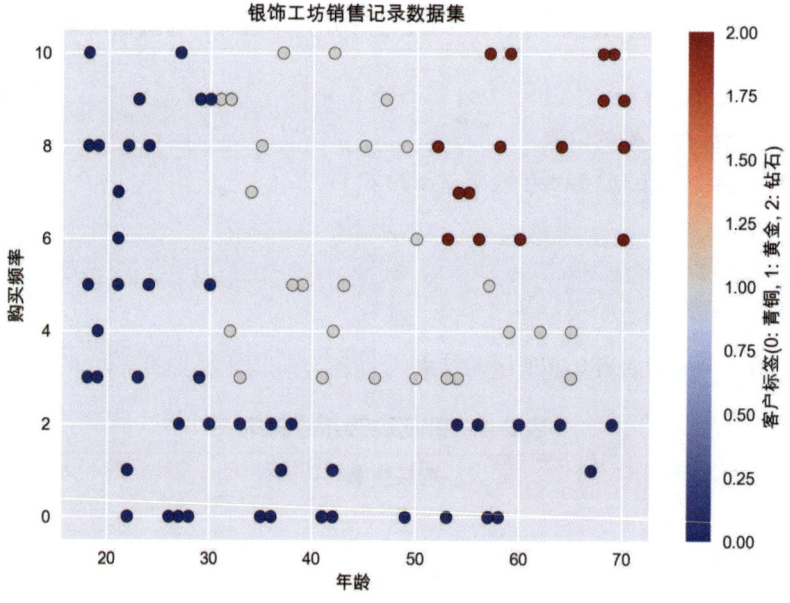

图 2-4　银饰工坊销售记录数据集可视化

这里小 L 依旧是利用散点图对包含年龄和购买频率两个特征的数据集进行了可视化。在图 2-4 中，每个点代表一个客户，其横轴表示客户的年龄，纵轴表示客户的购买频率，不同的颜色或标记则用于区分客户的分类标签（"青铜""黄金"和"钻石"）。看到这里，S 师姐不淡定了。直观来看，这个数据集完全没有办法用一条直线把三个类别的客户区分出来，这可怎么办？

小 L 顾不上安抚 S 师姐的焦虑情绪，而是在脑海中迅速搜索他所掌握的算法，看哪一个适合用来处理这个任务。

注意：实际上，线性的逻辑回归也是可以用于多元分类任务的。但这里让剧情这样发展，是为了给读者介绍新的算法。

2.3.2 决策树模型的训练与可视化

在第 1 章中，小 L 使用过决策树算法给 S 师姐演示什么是机器学习中的分类任务。只不过当时是用于二元分类任务中（即把咖啡豆分成优级和特优级），那么用于多元分类任务中，表现会怎么样呢？直接看代码。

```python
# 导入决策树分类器
from sklearn.tree import DecisionTreeClassifier

# 划分数据集
X = data[['年龄', '购买频率']]
y = data['标签']
X_train, X_test, y_train, y_test = train_test_split(X, y,
                                                    test_size=0.2,
                                                    random_state=42)

# 训练决策树模型
clf = DecisionTreeClassifier(max_depth=3, # 设置最大深度以简化树结构
                             random_state=42)
clf.fit(X_train, y_train)
# 绘制数据和决策边界
def plot_decision_boundary(clf, X, y, h=0.02):
    x_min, x_max = X.iloc[:, 0].min() - 1, X.iloc[:, 0].max() + 1
    y_min, y_max = X.iloc[:, 1].min() - 1, X.iloc[:, 1].max() + 1
    xx, yy = np.meshgrid(np.arange(x_min, x_max, h),
                         np.arange(y_min, y_max, h))
    Z = clf.predict(np.c_[xx.ravel(), yy.ravel()])
    Z = np.array(Z).reshape(xx.shape)

    plt.figure(dpi=300)
    plt.contourf(xx, yy, Z, alpha=0.4, cmap='coolwarm')
    scatter = plt.scatter(data['年龄'], data['购买频率'], c=data['标签'],
                          cmap='coolwarm', edgecolor='k')
    plt.title("银饰工坊客户分类决策边界")
    plt.xlabel("年龄")
    plt.ylabel("购买频率")
    plt.colorbar(scatter)
    plt.savefig('插图/图 2-5.png', dpi=300)
    plt.show()
```

```
plot_decision_boundary(clf, X, y_train)
```

运行这段代码,会得到如图2-5所示的结果。

上面的代码依然使用了contourf函数绘制不同的颜色区域,这些区域近似表示决策树模型的决策边界。由于决策树是基于特征空间中的轴平行划分来做出决策的,其决策边界通常是由多个矩形(在二维情况下)组成的。看了图2-5,S师姐大呼模型有问题。虽然"青铜"客户和"钻石"客户基本被归入了正确的分类,但有一小部分"黄金"客户被错误地放入了"钻石"客户中(即一部分灰色的点被放入了红色区域)。

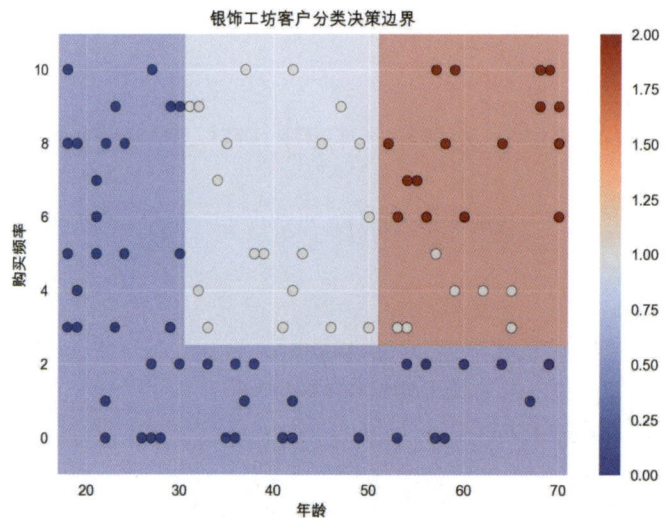

图2-5 决策树模型给出的银饰工坊客户分类决策边界

这是怎么回事呢?原来是小L为了能够简化模型的可视化,设置了决策树的最大深度(Max_depth)为3。这会限制模型的复杂度,从而影响决策边界的形状和数量。而要给S师姐解释清楚这一点,就需要从头说一下决策树模型的工作原理了。

2.3.3 决策树模型的工作原理

要想清晰直观地介绍决策树模型的工作原理,用代码画一个图是最简单的了。于是小L运行了下面这几行代码。

```
# 导入决策树模型绘制工具
from sklearn.tree import plot_tree
# 绘制决策树模型本身(不是决策边界,但可以了解模型结构)
fig, axes = plt.subplots(nrows=1, ncols=1, figsize=(10,10),dpi=300)
plot_tree(clf, ax=axes, filled=True)
```

```
plt.title(' 决策树结构 ')
plt.savefig(' 插图 / 图 2-6.png', dpi=300)
plt.show()
```

运行后的结果如图 2-6 所示。

在图 2-6 中，S 师姐能够看到一个直观的树状结构图。这个图形展示了决策树模型是如何通过一系列的节点（Nodes）和边（Edges）来做出分类或回归决策的。图形中的每个节点代表决策树模型中的一个判断或问题，这些问题通常基于数据的一个特征。节点被边连接，每条边代表一个可能的判断结果（即特征值的一个范围或类别）。从根节点（位于图形顶部的节点）开始，数据实例根据特征值沿着边向下移动到子节点，直到到达一个叶子节点（没有子节点的节点），该叶子节点代表了最终的决策结果（即分类标签或回归值）。

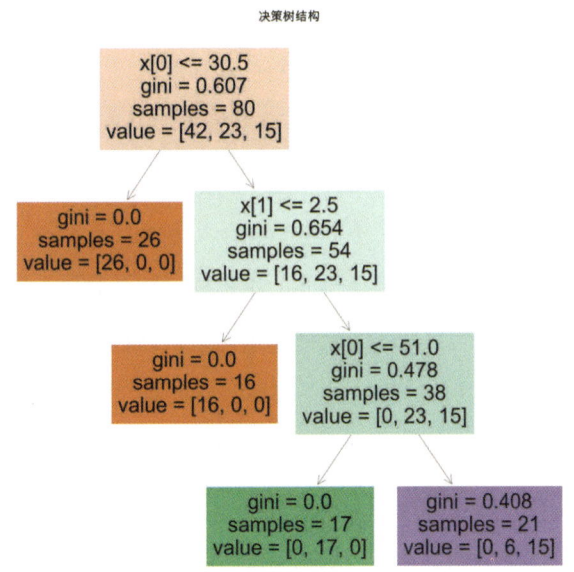

图 2-6　决策树模型的结构可视化

因此，决策树模型的复杂度通常与其深度和分支数相关——较深的树意味着更多的分割和更精细的类别划分，但同时也可能导致过拟合。此外，较深的树也更难以理解和解释。这里小 L 设置了模型的最大深度为 3，使得模型更加简单和易于理解。然而，它也可能导致模型无法完全捕捉到数据中的复杂关系，因为较浅的树无法进行太多的分割。

那么如果增加模型的最大深度参数，模型的表现会发生什么变化呢？不如这个问题就作为本章的练习，留给 S 师姐和读者朋友们来动手实验吧。

2.3.4　简单说一下随机森林

正常情况下，说完决策树是应该再介绍一下随机森林的，但是因为这部分和本书后面的内容关系不大，就让小 L 给 S 师姐简单讲一下吧。

随机森林是一种集成学习方法，它通过构建多个决策树并将它们的预测结果进行汇总来提高整体模型的准确性和稳定性。这里的"随机"体现在 2 个方面。

数据随机性： 在构建每棵决策树时，随机森林算法会从原始数据集中有放回地随机抽取一部分样本作为该决策树的训练集。这种抽样方式称为自助采样（Bootstrap Sampling），它允许每棵决策树的训练集都是不同的，从而增加了模型的多样性。

特征随机性： 在决策树的每个节点分裂时，随机森林会随机选择一个特征子集，并从中找到最优的分裂特征。这个特征子集的大小通常是一个固定的数，如总特征数的一个较小比例，常见为总特征数的平方根。这种特征选择方式进一步增加了模型的多样性，因为不同的决策树可能会基于不同的特征集进行分裂。

虽然这部分内容与本书后续内容的直接关联可能不大，但了解随机森林这样的强大工具对于拓宽 S 师姐的机器学习视野仍然是非常有帮助的，随机森林之所以强大，很大程度上归功于它将多个决策树的预测结果进行汇总的思想。这种思想体现了集成学习（Ensemble Learning）的精髓，即通过结合多个模型的预测来提高整体模型的准确性和稳定性。

在随机森林中，每个决策树都是基于不同的数据子集和特征子集独立训练的，因此它们之间存在一定的差异性和多样性。这种差异性使得不同的决策树可能会做出不同的预测，尤其是在面对复杂或模糊的数据时。然而，当我们将这些决策树的预测结果进行汇总时，那些由于数据噪声或模型偏差而产生的错误预测往往会被其他决策树的正确预测所抵消，从而提高了整体预测的准确性。

此外，随机森林中的每棵决策树都可以看作一个独立的"专家"，它们各自擅长从数据的不同角度或特征组合中提取信息。当我们将这些"专家"的意见综合起来时，就相当于利用了更全面的信息来做出决策，这通常能够得到比单个"专家"更可靠的结果。

因此，随机森林不仅是一个强大的机器学习模型，更是一个展示集成学习思想的重要例子。通过了解随机森林，S 师姐可以更加深入地理解集成学习的原理和应用，进而能够在后续机器学习的学习和研究中，更加灵活地运用这一思想来解决实际问题。

2.4 四季花海与支持向量机

在使用决策树模型解决了银饰工坊客户分类任务之后，小 L 和 S 师姐就开始投入下一项工作当中了。2.1 节中提到，N 村还有一个四季花海景观，这个景观不仅是 N 村的一张亮丽名片，也是吸引游客、促进当地经济发展的重要因素。然而，要充分发挥其旅游潜力，还需要解决一系列的问题和挑战，比如，如何合理规划和引导游客流量，避免在旅游高峰期出现人满为患、影响游客体验的情况。

Z 书记交给小 L 的第三个 Excel 文件，就是一个游客流量数据集。下面我们一起来研究一下这个任务。

2.4.1 游客流量数据集

该数据集存储在名为"表 2-3.xlsx"的 Excel 文件中，可使用下面的代码读取。

```
# 读取 Excel 文件，路径换成自己的
data = pd.read_excel('data/表 2-3.xlsx')

# 检查数据前 5 行
data.head()
```

这段代码的运行结果如表 2-3 所示。

表 2-3 游客流量数据集

天气舒适指数	社交媒体热度	标签
3.582023	1.554185	1
2.066045	2.439207	1
2.736631	1.601037	1
0.943072	2.242456	0
1.197838	2.202718	0

从表 2-3 来看，这个数据集平平无奇，好像没有什么难度。但事实是这样的吗？小 L 给 S 师姐做了一个可视化展示，代码如下。

```
# 创建一个散点图
plt.figure(dpi=300)   # 设置图形大小
plt.scatter(data['天气舒适指数'], data['社交媒体热度'],
            c=data['标签'], cmap='coolwarm_r',
            edgecolor='k', s=50)
plt.colorbar(label='管控标签 (0: 需要管控 , 1: 不需要管控 )')
plt.xlabel('天气舒适指数')
plt.ylabel('社交媒体热度')
plt.title('游客流量数据集')
plt.savefig('插图 / 图 2-7.png', dpi=300)
plt.show()
```

运行这段代码，得到结果如图 2-7 所示。

图 2-7 记录了不同时间四季花海景观游客流量管控的情况。数据集的样本同样只有两个特征——

"天气舒适指数"和"社交媒体热度"。"天气舒适指数"综合了温度、湿度、风速、降水等多个气象因素,用来评估当天天气是否适合外出游玩。较高的值表示天气更加舒适,可能吸引更多的游客。"社交媒体热度"是一个衡量网络上关于该旅游景点讨论热度的指标,是基于社交媒体上的提及次数、点赞数、分享数等数据计算得出。较高的值表示该景点在网络上更受欢迎,可能吸引更多的游客前来参观。而样本的标签用0代表需要进行流量管控(红色的数据点),1代表不需要进行流量管控(蓝色的数据点)。

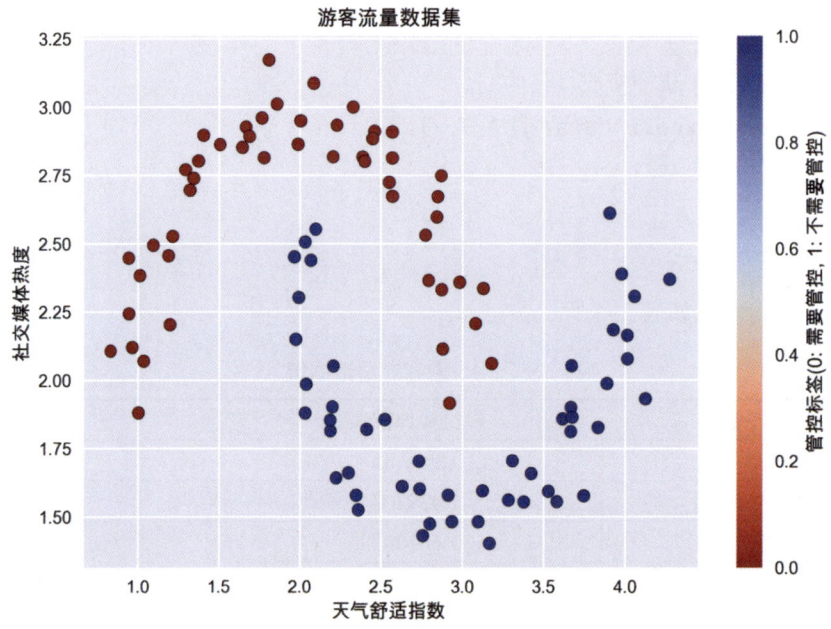

图 2-7　四季花海景观游客流量数据可视化

这个数据集明显无法用一条直线分隔开不同标签的数据点,而如果用决策树模型的话,看起来也需要复杂度相当高才能完成分类。那么,有没有更加适合这个任务的算法呢?S 师姐也有同样的困惑。让我们看看小 L 有什么解决方案。

注意:这个数据集仅仅是出于教学和理解的目的而虚构的,实际应用中的数据特征不会这么简单,分布一般也不会这么诡异。

2.4.2　训练支持向量机模型并可视化

对于这种线性不可分的数据集,小 L 第一时间想到的是径向基函数(Radial Basis Function,RBF)内核的支持向量机(Support Vector Machine,SVM)模型。SVM 的原理后面再给 S 师姐介绍,现在还是先看看如何用代码来实现。

```
# 导入支持向量机
from sklearn import svm
```

```python
# 生成数据集
X = data[['天气舒适指数','社交媒体热度']]
y = data['标签']
# 划分训练集和测试集
X_train, X_test, y_train, y_test = train_test_split(
    X, y, test_size=0.2, random_state=42)

# 使用 RBF 内核的 SVM 分类器
clf = svm.SVC(kernel='rbf', gamma='auto')
clf.fit(X_train, y_train)
# 可视化结果
plt.figure(dpi=300)
plt.scatter(X.iloc[:, 0], X.iloc[:, 1], c=y, s=30,
            cmap='coolwarm_r', edgecolors='k')

# 绘制决策边界
ax = plt.gca()
xlim = ax.get_xlim()
ylim = ax.get_ylim()

# 创建一个网格来评估模型
xx = np.linspace(xlim[0], xlim[1], 30)
yy = np.linspace(ylim[0], ylim[1], 30)
YY, XX = np.meshgrid(yy, xx)
xy = np.vstack([XX.ravel(), YY.ravel()]).T
Z = clf.decision_function(xy).reshape(XX.shape)

# 绘制等高线和决策边界
ax.contourf(XX, YY, Z, alpha=0.4,
            levels=[-1, 0, 1], colors='k')
ax.contour(XX, YY, Z, colors='k',
           linestyles=['-', '--', '-'], linewidths=[1, 2, 1])
plt.savefig('插图/图 2-8.png', dpi=300)
plt.show()
```

运行这段代码，得到结果如图 2-8 所示。

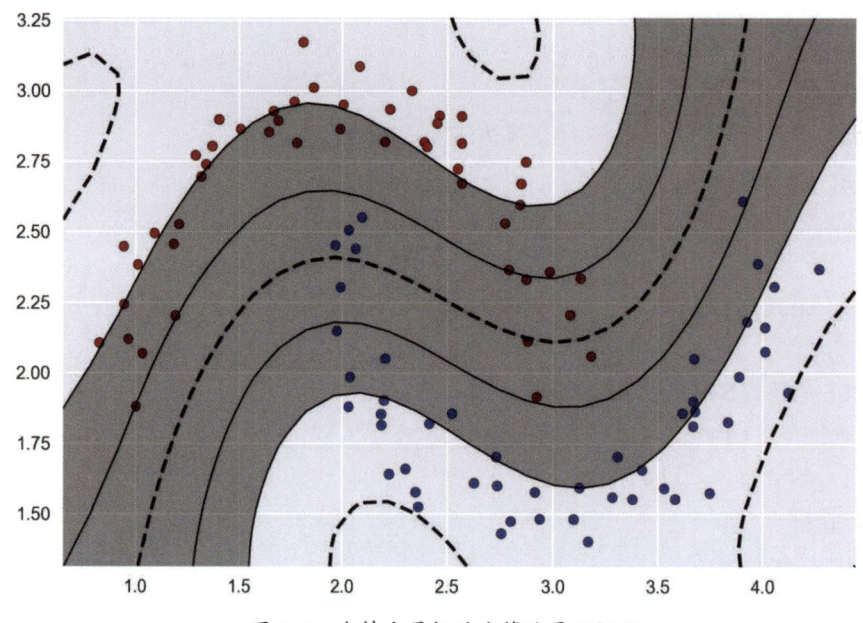

图 2-8 支持向量机的决策边界可视化

从图 2-8 中可以看到，小 L 的代码在原始的数据点上叠加了 SVM 分类器学习到的决策边界（图中较粗的黑色虚线）。它将数据集分为两个区域，每个区域对应一个类别。而在图中深灰色区域中，有两条黑色实线，这两条线上的点我们称为"支持向量"——支持向量机分类器做出这样的分类的向量。直观来看，大部分数据点都被决策边界正确地分隔开了。

如果想要把训练好的模型保存下来，可以使用一个名为 Joblib 的库，保存模型的代码如下。

```
# 导入 joblib
import joblib

# 保存模型，路径可以替换成自己的
joblib.dump(clf, 'model/svm_model.joblib')
```

运行这段代码之后，就会发现对应的文件夹中多了一个名为 svm_model.joblib 的文件。而要把这个模型从文件中载入，同样可以使用 Joblib 库，代码如下。

```
# 加载模型，路径替换成自己的
clf_loaded = joblib.load('model/svm_model.joblib')
```

当然，除了这里的支持向量机模型，前面训练好的逻辑回归模型和决策树模型，也都可以使用同样的方法进行保存和加载。

2.4.3 SVM 的基本原理

在小 L 保存了训练好的模型之后，扭头看到了眼神涣散的 S 师姐——确实，在这么短的时间内，让她快速体验了逻辑回归、决策树、SVM 这三个模型，放在谁身上都会觉得有点儿脑力透支。不过既然是领导交办的任务，也只能靠"填鸭式"教学"喂"给 S 师姐了。所以现在，小 L 再简单介绍一下支持向量机的原理。

SVM 的基本原理是通过在特征空间中寻找一个最优超平面，使得不同类别的样本点能够被正确分开，并且这个超平面与两类样本点之间的间隔最大化。这种间隔最大化的思想有助于提高分类器的鲁棒性和泛化能力。

这样单调乏味地讲，恐怕 S 师姐要睡着了，不妨还是画个图，如图 2-9 所示。

在图 2-9 中，S 师姐可以看到两种不同颜色的数据点。在数据点之间，还能看到一条黑色实线（也就是 SVM 的决策边界），它将不同类别的数据点分开。这是由 SVM 模型根据支持向量找到的最优决策边界。在决策边界的两侧，还有两条虚线，它们表示决策边界的"边距"，而这个"边距"就是由被"圆圈"标识出来的 3 个数据点——它们距离决策边界最近，即支持向量。因为 SVM 的优化目标是最大化决策边界到支持向量的距离（即间隔），所以支持向量的位置直接决定了决策边界的位置。

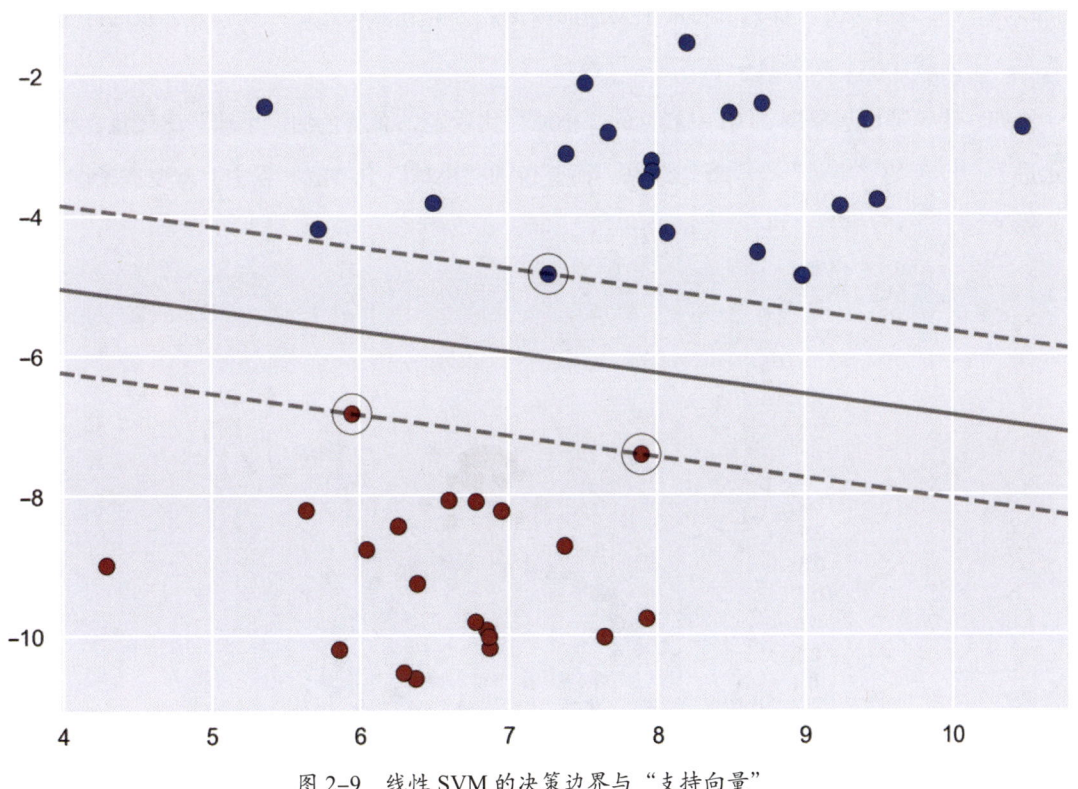

图 2-9　线性 SVM 的决策边界与"支持向量"

看到这，S 师姐就想问了，那这个模型的作用和逻辑回归不是差不多吗？别急，SVM 可不只有线性核函数。它还有其他核函数，让我们继续了解。

假设有如图 2-10 所示的让线性 SVM 束手无策的数据集。

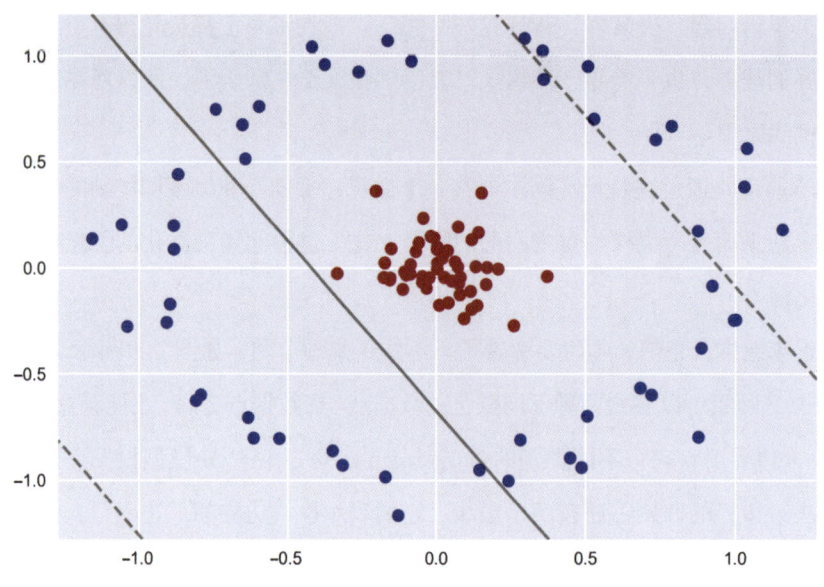

图 2-10　让线性 SVM 束手无策的数据集

从图 2-10 中可以看到，蓝色的数据点把红色的数据点"包围"了起来。很显然，在这种情况下，无论线性 SVM 如何努力，都无法将两个类别的数据点分隔开。那怎么办呢？S 师姐的好奇心被勾了起来。下面就让小 L 来表演一个"高级"技巧。

比如，让 S 师姐想象图 2-10 中红色的"小球"比较轻，而蓝色的"小球"比较重，然后我们倒水进去，红色的"小球"会"浮"起来，而蓝色的"小球"会"沉"下去，就变成了图 2-11 所示的样子。

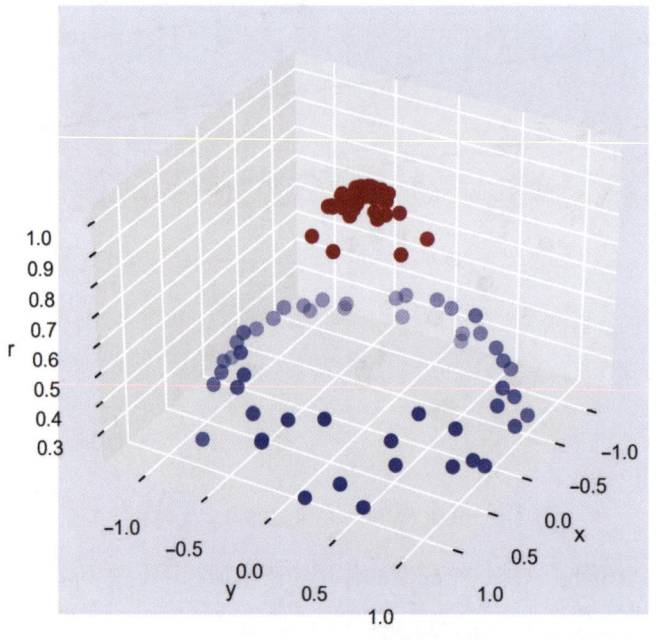

图 2-11　升维后的数据

在图 2-11 中可以看到，通过小 L 的操作，让红色数据点和蓝色数据点变得很容易分隔开了——

想象我们拿一块平板，插在红色数据点和蓝色数据点之间就可以完成分隔了。仔细观察图2-11，可以看到，除了原始的 x 轴和 y 轴，还多出了一个 r 轴。这个 r 轴上的值就是通过RBF计算出来的。

所以使用了RBF作为核函数的SVM模型，就像是我们把这些数据点放进水里，再用一个平板把它们区分开的过程。如果我们用俯视角观察，就会看到如图2-12所示的模型。

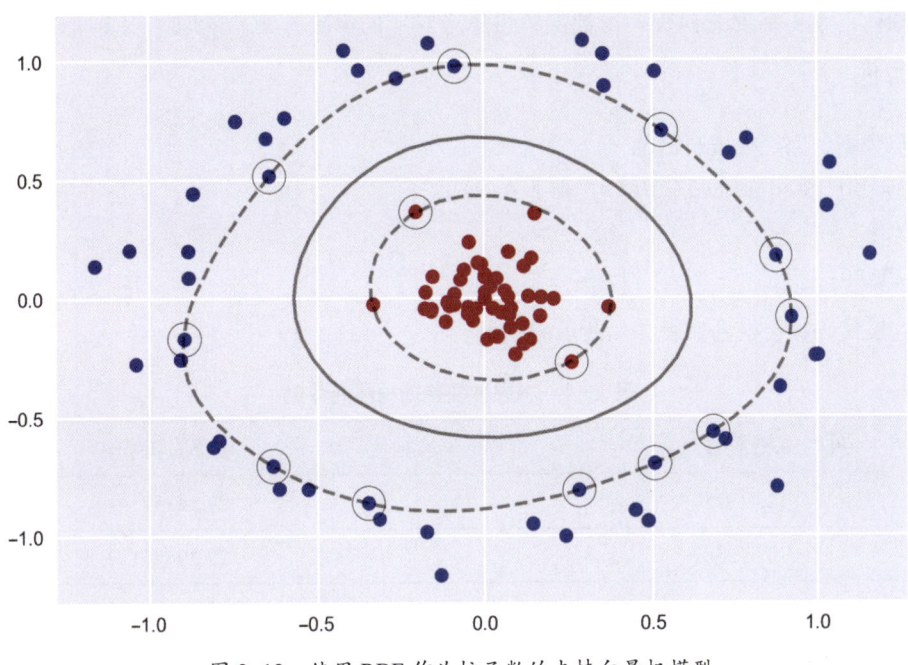

图2-12 使用RBF作为核函数的支持向量机模型

看到这里，S师姐感觉自己大概明白了使用线性核函数和RBF核函数的SVM模型有什么区别。在上面四季花海景观的例子中，小L就是使用了RBF核函数完成了分类任务。当然，除了上述两种核函数之外，SVM还有多项式（Poly）核函数、sigmoid核函数等。这里限于篇幅，就不展开介绍了。

就在小L和S师姐以为他们已经完成了领导交办的全部工作时，突然发现Z书记又通过内部办公系统发过来一个Excel文件。而打开这个文件之后，小L和S师姐愣住了。究竟是什么数据，让他们如此惊讶呢？我们继续往下看。

2.5 谁是优秀销售商——无监督学习算法

2.1节中我们提到过，N村的水果种植基地与多家销售商合作，实现订单式种植与销售。Z书记希望了解这些销售商之间的潜在联系和差异，以便更好地规划市场布局、优化资源配置，并促进销售商之间的合作与竞争。所以这个Excel文件中，包含了不同销售商的销售额，以及他们的库存周转率。

但是,与之前的数据不同,这次的数据不包含任何标签。这也是小 L 和 S 师姐惊讶的原因。

2.5.1 没有标签的数据集

无论如何,小 L 都要先检查一下数据,再思考对应的解决方案。读取"表 2-4.xlsx"文件中数据的代码如下。

```
# 读取数据,路径换成自己的
data = pd.read_excel('data/ 表 2-4.xlsx')
# 检查前 5 行
data.head()
```

运行这段代码,会得到如表 2-4 所示的结果。

表 2-4 水果种植基地销售商数据

销售额	库存周转率
12.419150	27.143573
10.812367	23.395861
8.682357	6.874491
23.412251	17.322325
9.150443	9.147462

从表 2-4 中可以看到,Z 书记提供的数据包含两列。第一列是销售商的销售额,记录的是他们每月的总销售额,反映了销售商的市场表现;第二列是销售商的库存周转率,记录的是他们每月库存周转的次数,衡量了销售商的经营效率和资金利用率。

小 L 对数据进行可视化,代码如下。

```
# 可视化数据
plt.figure(dpi=300)
plt.scatter(data[' 销售额 '], data[' 库存周转率 '],
            alpha=0.7, edgecolor='k')
plt.xlabel(' 销售额 ')
plt.ylabel(' 库存周转率 ')
plt.title(' 销售商销售额与库存周转率 ')
plt.savefig(' 插图 / 图 2-13.png', dpi=300)
plt.show()
```

运行这段代码,会得到如图 2-13 所示的结果。

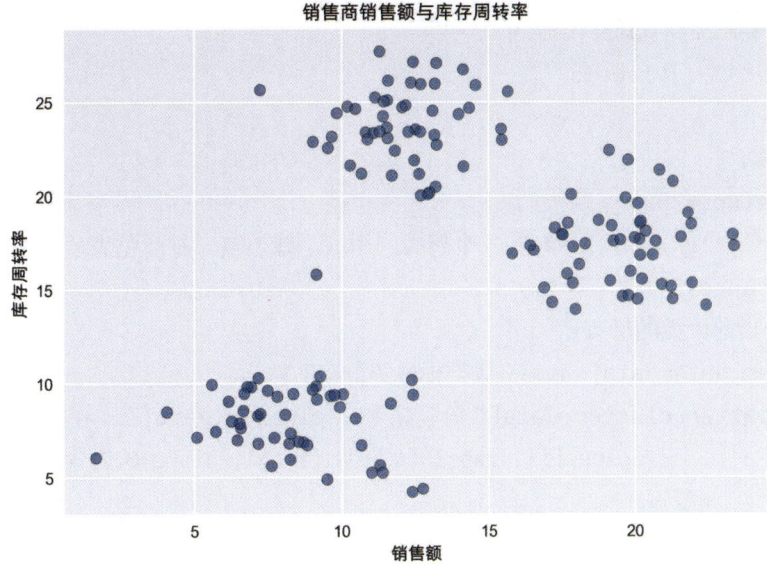

图 2-13　销售商销售额与库存周转率数据可视化

从图 2-13 中可以看到，由于没有任何标签，因此所有数据点的颜色都是相同的。但即便如此，小 L 和 S 师姐还是可以明显地看出，图中明显有 3 簇数据。每一簇数据代表一种类型的销售商，同一簇销售商在销售额和库存周转率上表现出相似的特征。

看到这里，小 L 有了主意——前面使用有标签的数据训练模型的方式我们称为监督学习（Supervised Learning）；而现在数据没有标签，不妨就用无监督学习（Unsupervised Learning）中的聚类（Clustering）算法来完成任务。至于什么是聚类，相信随着任务的推进，S 师姐自然会有清楚的认知。

2.5.2　使用K-Means算法完成聚类

因为从视觉上就可以看出，销售商的数据明显分成 3 簇，所以选择聚类算法中的 K-Means 就可以解决问题了。K-Means 是一种广泛使用的聚类算法，它基于数据点之间的相似性（通常是通过距离度量来评估的）将数据分成预定义的 k 簇。接下来先看代码的实现：

```python
# 导入 K-Means
from sklearn.cluster import KMeans

# 使用 K-Means 算法进行聚类
kmeans=KMeans(n_clusters=3, n_init='auto',
              random_state=42)
kmeans.fit(data)
labels=kmeans.labels_    # 获取聚类标签
```

```python
# 将聚类标签添加到 DataFrame 中
data['聚类标签']=labels

# 可视化数据
plt.figure(dpi=300)
colors=['r', 'g', 'b']  # 有三个聚类，用红、绿、蓝三种颜色表示
for i in range(3):
    # 选择当前聚类的所有点
    cluster_data=data[data['聚类标签']==i]
    plt.scatter(cluster_data['销售额'], cluster_data['库存周转率'],
                c=colors[i], label=f'聚类 {i+1}', alpha=0.7, edgecolor='k')
plt.xlabel('销售额')
plt.ylabel('库存周转率')
plt.title('销售商销售额与库存周转率的 K-Means 聚类')
plt.legend()
plt.savefig('插图 / 图 2-14.png', dpi=300)
plt.show()
```

运行这段代码，会得到如图 2-14 所示的结果。

在这段代码中，小 L 使用 sklearn.cluster 模块中的 KMeans 类对数据进行了聚类，并指定了聚类中心的数量 n_clusters=3。聚类后，就获得了每个数据点的聚类标签，并将这些标签添加到了原始的 DataFrame 中。然后，小 L 使用了 matplotlib 库来可视化聚类结果。这里为每个聚类选择了不同的颜色，并在散点图中绘制了这些数据点。图例 legend 显示了每个聚类的颜色和标签，便于区分不同的聚类。

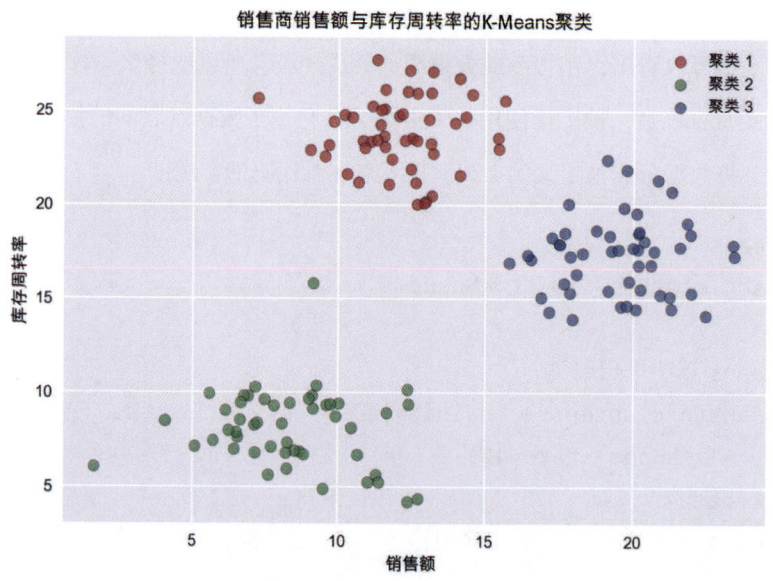

图 2-14　使用 K-Means 聚类的结果

S师姐盯着图2-14看了一会,就发现了端倪——虽然Z书记的原始数据中没有标签,但是K-Means识别出了3种不同的销售商,并给出了不同的聚类标签。很明显,图中红色的数据点代表的是销售额最高但库存周转中等的销售商;而蓝色数据点代表的是库存周转很快但销售额中等的销售商;最后,绿色数据点代表的是销售额较低且库存周转也最慢的销售商。这样的话,Z书记就可以进一步制订与不同销售商之间的合作计划了。

2.5.3 K-Means是如何工作的

现在又该给S师姐简单介绍一下K-Means的工作原理了。K-Means算法的思想非常直观——它将数据点分配给最近的聚类中心,然后更新聚类中心以最小化簇内方差。重复进行这个过程,直到聚类中心不再显著变化或达到预设的迭代次数。由于其简单性,因此K-Means易于理解和实现。

结合销售商的案例来说,K-Means算法首先随机在空间中找到3个点,作为每一簇的中心点。然后计算每一个数据点到这个中心的距离。接着反复迭代这个过程,直到这3个中心点使簇内数据点到中心点的距离之和最小,且不同簇之间的数据点距离之和最大。这时得到的就是聚类结果。

由于K-Means算法产生的聚类结果是基于数据点之间的相似性的,因此聚类结果通常比较直观且易于解释。这使得K-Means成为许多领域(如市场细分、图像分割等)中首选的聚类算法之一。

然而,我们也需要让S师姐注意K-Means算法的一些局限性。例如,它对初始聚类中心的选择敏感,可能导致算法陷入局部最优解而不是全局最优解。此外,K-Means算法需要预先指定聚类数k,这在实际应用中可能是一个挑战。当然,通过采用一些启发式方法(如肘部法则、轮廓系数等)来估计最佳聚类数,也可以在一定程度上缓解这个问题。

多说几句,除了K-Means聚类算法,还有许多其他常见的聚类算法,如层次聚类、DBSCAN等。这些算法各有特点,适用于不同的数据分布和聚类需求。此外,除了聚类,无监督学习还可以用于数据降维等任务。不过这些暂时没有向S师姐解释的必要,就先不展开讲了。

2.6 小结与练习

到这里,小L分别使用了逻辑回归、决策树、支持向量机、K-Means这些算法解决了Z书记交办的一个个任务。S师姐在这个过程中,也对机器学习有了更深入的了解。两人把这次的研究成果生成了报告,提交给了Z书记。Z书记看了报告之后,很是高兴。他又把报告上报到了市科技局。没想到,几天之后市科技局发来一个红头文件,指派N村参加省科技厅主办的人工智能大赛。这又是怎么回事呢?且看我们下一章分解。

为了巩固本章所涉及的知识，S 师姐主动向小 L 要了一些练习题，想要自己回去练练手。对于这种要求，小 L 自然是愿意满足，于是就有了下面这些练习题。

习题1：使用水果种植基地的土壤条件与病虫害数据集，训练一个逻辑回归模型，并查看模型在训练集和测试集中的准确率。

习题2：使用银饰工坊数据集，训练不同最大深度的决策树模型，查看它们的决策边界以及准确率。

习题3：使用四季花海景观的游客流量数据集，尝试训练多项式核函数的支持向量机，查看它的准确率，并对它的决策边界进行可视化。

习题4：用plot_tree函数对你的决策树结构进行可视化。

习题5：使用水果种植基地水果销售商数据集，尝试用不同n_clusters参数的K-Means进行聚类，并对结果进行可视化，观察它们的区别。

第 3 章 大赛在即——深度学习登场

在第 2 章中，小 L 分别使用逻辑回归、决策树、支持向量机和 K-Means 算法完成了多个与 N 村产业相关的任务，被 Z 书记上报。上级看到 N 村具备一定的技术能力，决定让他们参加 Y 省科技厅举办的人工智能大赛。赛制并不复杂——使用省科技厅提供的数据训练模型，准确率最高的参赛队伍获胜。但是，这次的数据和第 2 章用到的数据不太一样。具体是怎么回事呢？我们继续往下看。

本章的主要内容有：

- 结构化数据与非结构化数据
- 深度学习与神经网络
- 多层感知机的搭建与训练
- 激活函数、优化器、损失函数
- 卷积神经网络

3.1 比赛数据是非结构化数据

为了便于各个队伍备赛，省科技厅提前开放了比赛数据的下载。小 L 把数据下载下来，并进行检查，比赛数据如图 3-1 所示。

图 3-1　省科技厅给的比赛数据

注意：这里展示的实际上是 CIFAR-10 数据集。

看到这里，S 师姐就有点儿纳闷儿了——为什么这些数据不再像之前 Z 书记给的 Excel 文件中的数据一样，而是一些图像，而且图像还都有些模糊呢？

小 L 解释说，之前 Z 书记给的数据是结构化数据（Structured Data），而这次大赛要用的数据，是非结构化数据（Unstructured Data）。

所谓结构化数据是指具有明确格式或预定义模式的数据，这些数据通常可以存储在关系型数据库（如 MySQL、Oracle 等）中。结构化数据的特点是数据项之间有着清晰、固定的关系，可以通过表格的形式进行表达，其中每一列都代表了数据的某种属性，每一行则是一条数据记录。这种数据的优点是易于查询、检索和分析。

而非结构化数据是指那些没有固定格式或模式的数据，它们通常无法直接存储在关系型数据库中。非结构化数据可以是文本文件、图像、音频、视频、社交媒体上的帖子、电子邮件、网页内容等。这些数据通常包含大量的信息，但由于其格式多样、内容复杂，因此难以通过传统的关系型数据库系统进行管理和查询。非结构化数据的处理通常需要借助特定的工具和技术，如文本挖掘、自然语言处理、图像识别等。

至于为什么省科技厅提供的图像看起来这么模糊，是因为它们都被裁剪并重新缩放成了 32×32 像素，这有助于统一处理并减少计算复杂度。但是放大之后看起来就有点"像素风"了。此外，这个数据集中包含了 60000 张彩色图像，这些图像被分为 10 个类别，每个类别包含 6000 张图像。这 10 个类别分别是飞机（Airplane）、汽车（Automobile）、鸟类（Bird）、猫（Cat）、鹿（Deer）、狗（Dog）、蛙类（Frog）、马（Horse）、船（Ship）和卡车（Truck）。其中 50000 张图像被用作训练集，而剩下的 10000 张图像则作为测试集。

对于这样的数据集，小 L 清楚，用传统的机器学习算法，如第 2 章中提到的逻辑回归、决策树等，可能并不是最优的选择。因为图像中单独的一个像素、音频中单独的一个频率、文本中单独的一个文字其实提供不了太多的信息。只有在它们组合在一起的时候，才能够承载更高层次的信息特征。举个例子，"师姐你真好看"和"看看你做的好事"，这两句话中都有"好"和"看"这两个字，但因为它们的位置不一样，两句话表达的意思也完全不同。这种空间依赖性（Spatial Dependency）就决定了我们无法将单个像素或字符视为信息的直接载体来训练模型。

那现在该怎么办呢？S 师姐好不容易掌握了一些机器学习算法，现在却发现难以应用，难免有点焦虑。不过不用怕，小 L 还有秘密武器——深度学习。

3.2 亮个相吧，深度学习

其实 S 师姐在网上冲浪的时候，也刷到过深度学习这个词。但它具体是什么意思，S 师姐并不清楚。这里还是让小 L 花一点时间，给 S 师姐做个科普。实际上，目前主流的深度学习，就是以具有多层结构的神经网络为基础的机器学习技术。因此当我们讨论深度学习这个概念的时候，绝大部分时间说的都是深度神经网络（因为层很多，所以说它深）。那么神经网络又是什么呢？

3.2.1 什么是神经网络

要给 S 师姐解释清楚什么是神经网络，可以让她先看一下图 3-2。

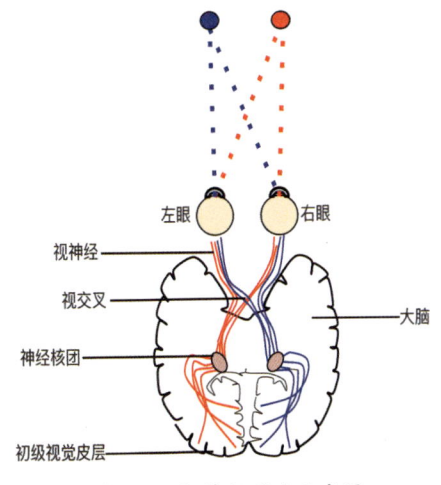

图 3-2 视神经通路示意图

图 3-2 是一个简单的视神经通路示意图。在神经通路中，信息的传递是通过电信号和化学信号

的结合来实现的。当神经元受到刺激时，它会产生电信号，该信号沿着神经元的轴突传播到突触。在突触处，电信号被转化为化学信号（神经递质），通过突触间隙传递到下一个神经元的树突或细胞体上，再转化为电信号继续传播。这种过程使得信息能够在神经系统内快速、准确地传递。图3-2中的视神经连接了眼睛（视觉信息的输入端）和大脑（尤其是视觉皮层，即处理视觉信息的区域）。比如，我们看到一只猫，那么这只猫的信息就通过视神经通路达到我们的大脑，然后通过大脑已有的经验，我们就能判断出眼前的物体是一只猫。

深度学习中的神经网络模拟了这种连接模式，通过人工神经元（或称节点）和它们之间的连接（权重）来构建模型。这些连接在训练过程中不断调整和优化，以学习数据的特征和模式。图3-3展示的就是一个最简单的神经网络结构。

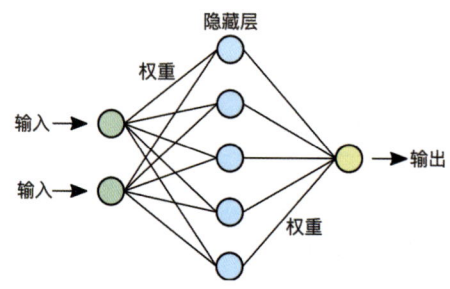

图3-3　一个最简单的神经网络结构

从图3-3中可以看出，深度学习的神经网络在结构和功能上受到生物神经通路的启发，通过模拟神经元的连接和信息传递方式，实现了对复杂数据的学习和表示。然而，这里还是要强调一下——二者在具体实现和应用上还是存在很大差异的，千万不能简单地认为现在的神经网络已经达到了人脑的水平。

3.2.2　动手训练一个神经网络

S师姐大致了解了基本原理。小L决定还是先动手搭个神经网络，看看模型的表现怎么样。使用的代码如下。

```python
# 导入要用的库
import numpy as np
import matplotlib.pyplot as plt
# 设置可视化样式
plt.style.use('seaborn-v0_8')
# 指定字体，防止出现中文乱码
plt.rcParams['font.sans-serif'] = ['Arial Unicode MS']
# 这行代码让中文的负号 "-" 可以正常显示
plt.rcParams["axes.unicode_minus"]=False
```

```python
from tensorflow.keras import layers, models, optimizers, utils, datasets
# 已知数据集中的样本包含 10 个分类
NUM_CLASSES = 10
# 载入 CIFAR-10 数据集,并分配为训练集和测试集
(x_train, y_train), (x_test, y_test) = datasets.cifar10.load_data()
# 把图像每个通道的数值缩放到 0~1 之间
x_train = x_train.astype("float32") / 255.0
x_test = x_test.astype("float32") / 255.0
# 用独热编码把标签进行转换
y_train = utils.to_categorical(y_train, NUM_CLASSES)
y_test = utils.to_categorical(y_test, NUM_CLASSES)
# 每张图像都是 32 像素宽、32 像素高
# 因为这是 RGB 图像,有三个颜色通道:红色(R)、绿色(G)和蓝色(B)
# 所以定义神经网络的输入层为(32,32,3)
input_layer = layers.Input((32, 32, 3))
# 因为全连接层需要一维的输入
# 所以使用展平层(Flatten)将输入层(input_layer)展平
x = layers.Flatten()(input_layer)
# 添加一个全连接层(Dense Layer),包含 200 个神经元,并使用 ReLU 激活函数
x = layers.Dense(200, activation="relu")(x)
# 再添加一个全连接层,包含 150 个神经元,同样使用 ReLU 激活函数
# 这一层进一步提取和转换特征,为最终的任务(如分类、回归等)做准备
x = layers.Dense(150, activation="relu")(x)
# 添加输出层
# 这是一个全连接层,其神经元数量等于类别数(NUM_CLASSES)
# 使用 Softmax 激活函数,该函数将输出转换为概率分布,即每个类别的预测概率
output_layer = layers.Dense(NUM_CLASSES, activation="softmax")(x)
# 使用 Keras 的 Model 类创建一个新的模型实例,该模型将 input_layer 作为输入层
# 将 output_layer 作为输出层。这样,就定义了一个从输入到输出的完整网络结构
model = models.Model(input_layer, output_layer)
# 显示模型的概要
model.summary()
```

运行这段代码,得到结果如下。

```
Model: "model"
_____
 Layer (type)                Output Shape              Param #
=================================================================
 input_1 (InputLayer)        [(None, 32, 32, 3)]       0
```

```
flatten (Flatten)            (None, 3072)              0

dense (Dense)                (None, 200)               614600

dense_1 (Dense)              (None, 150)               30150

dense_2 (Dense)              (None, 10)                1510

=========================================================
Total params: 646260 (2.47 MB)
Trainable params: 646260 (2.47 MB)
Non-trainable params: 0 (0.00 Byte)
```

这个结果是通过调用 model.summary() 方法获得的,它提供了我们构建的深度学习模型的概览。首先从 input_1 (InputLayer) 开始,Output Shape 标识输入层接收形状为 (32, 32, 3) 的图像,其中 None 代表批量大小(Batch Size),它是可变的;然后是展平层 flatten (Flatten),它将输入图像($32 \times 32 \times 3$)展平成一维数组(3072 个元素);再后面是三个全连接层(Dense Layer),它们分别具有 200、150 和 10 个神经元(因为是 10 分类问题,所以最后一个输出层需要有 10 个神经元);最后 Tatal params 表示全部参数为 646260 个,且全部都是可训练的。

现在小 L 搭建好了这个神经网络,然后就是编译它并进行训练。使用的代码如下。

```
# 导入 Adam 优化器,并设置学习率为 0.0005
# Adam 是一种基于梯度下降的优化算法,广泛用于深度学习
opt = optimizers.Adam(learning_rate=0.0005)
# 编译模型。这里指定了损失函数为 categorical_crossentropy(适用于多分类问题)
# 优化器为之前定义的 Adam 优化器,评估指标为 accuracy(准确率)
model.compile(
    loss="categorical_crossentropy", optimizer=opt, metrics=["accuracy"]
)
# 训练模型,使用 x_train 和 y_train 作为训练数据和标签
# batch_size=32 表示每次梯度更新使用 32 个样本
# epochs=10 表示整个数据集将被遍历 10 次
# shuffle=True 表示在每个 epoch 开始时随机打乱训练数据
model.fit(x_train, y_train, batch_size=32, epochs=10, shuffle=True)
```

运行这段代码,会得到以下结果:

```
Epoch 10/10
1563/1563 [==============] - 19s 12ms/step - loss: 1.3756 - accuracy: 0.5094
```

这段代码运行后输出训练深度学习模型的最终状态。到这里，模型已经完成了 10 个 epoch 的训练，即整个训练集数据被完整地遍历了 10 次。最后的 accuracy: 0.5094 表示这是在当前 epoch 结束时，模型在整个训练集上的准确率。这里的 0.5094（即 50.94%）意味着模型在训练集上大约有一半的预测是正确的。这样的模型表现，显然谈不上优秀。

3.2.3 模型在测试集上的表现如何

虽然从准确率来看，模型在整个训练集上的表现乏善可陈，但是 S 师姐还是想知道它在测试集上的表现如何。小 L 可以使用如下代码进行查看。

```
# 评估模型在测试集上的表现
model.evaluate(x_test, y_test)
```

运行这行代码，得到结果如下所示。

```
313/313 [==================] - 1s 3ms/step - loss: 1.4069 - accuracy: 0.5022
```

从上面的代码运行结果可以看到，模型在测试集上的准确率为 0.5022，也就是 50.22%。这个评估结果表明小 L 的模型在测试集上的性能不佳，还得进一步优化。

小 L 也可以用模型对测试集数据进行预测，并将预测结果与实际的标签进行比较，使用的代码如下。

```
# 定义一个包含 10 个类别的 NumPy 数组，这些类别对应于样本的类别
CLASSES = np.array(
    [
        "airplane",
        "automobile",
        "bird",
        "cat",
        "deer",
        "dog",
        "frog",
        "horse",
        "ship",
        "truck",
    ]
)

# 使用模型对测试数据 x_test 进行预测，preds 是一个包含预测概率的 NumPy 数组
```

```python
# preds 的形状为 (num_samples, num_classes)
# 其中 num_samples 是测试样本的数量，num_classes 是类别数
preds = model.predict(x_test)


# 对于 preds 中的每一个样本，找到概率最高的类别索引
# np.argmax(preds, axis=-1) 会沿着最后一个轴（即类别轴）找到最大值的索引
# 结果是一个 NumPy 数组，每个元素对应一个测试样本预测为最高概率的类别索引
preds_indices = np.argmax(preds, axis=-1)


# 使用找到的索引从 CLASSES 数组中检索出对应的类别标签
# preds_single 是一个 NumPy 数组，包含了每个测试样本预测的类别标签
preds_single = CLASSES[preds_indices]


# 同样的过程，不过这次是对于实际的测试标签 y_test
# 因为 y_test 是独热编码的
actual_indices = np.argmax(y_test, axis=-1)


# 使用找到的索引从 CLASSES 数组中检索出每个测试样本的实际类别标签
# actual_single 是一个 NumPy 数组，包含了每个测试样本的实际类别标签
actual_single = CLASSES[actual_indices]
# 下面可以用可视化的方式进行观察
# 设置要显示的测试图像数量
n_to_show = 4
# 从测试数据集中随机选择 n_to_show 个图像的索引
indices = np.random.choice(range(len(x_test)), n_to_show)


# 创建一个图形对象，设置图形的大小
fig = plt.figure(figsize=(15, 3))
# 调整子图之间的水平和垂直间距
fig.subplots_adjust(hspace=0.4, wspace=0.4)


# 遍历随机选择的索引
for i, idx in enumerate(indices):
    # 获取当前索引对应的测试图像
    img = x_test[idx]
    # 在图形中添加一个子图，1 行 n_to_show 列，当前是第 i+1 个子图
    ax = fig.add_subplot(1, n_to_show, i + 1)
    # 关闭坐标轴
    ax.axis("off")
    # 在子图下方添加预测类别的文本
```

```
    ax.text(
        0.5,    # 文本的水平位置（0~1 之间，相对于子图宽度）
        -0.35,  # 文本的垂直位置（负值表示在子图下方）
        "pred = " + str(preds_single[idx]),  # 预测类别的文本
        fontsize=10,  # 字体大小
        ha="center",  # 水平居中对齐
        transform=ax.transAxes  # 使用子图的坐标系
    )
# 在子图更下方添加实际类别的文本
    ax.text(
        0.5,   # 同上
        -0.7,  # 相对于 -0.35 更下方
        "act = " + str(actual_single[idx]),  # 实际类别的文本
        fontsize=10,  # 字体大小
        ha="center",  # 水平居中对齐
        transform=ax.transAxes  # 使用子图的坐标系
    )
# 显示图像
ax.imshow(img)
```

运行上面的代码，会得到如图 3-4 所示的结果。

图 3-4　将模型预测结果与实际的标签进行比较

上面的代码执行后，会生成一个包含 4 个子图的图像。在每个子图的下方显示 2 个文本标签，分别标明模型对该图像的预测类别（pred）和该图像的实际类别（act）。其中，实际类别在预测类别的下方。可以看到，模型在第 1、2、4 张图片上，都做出了正确的分类，但对于第 3 张图片，模型给出了错误的分类——这张图片的实际分类是 automobile，但模型给出的预测是 ship。

这样看起来，在 4 张图片中，模型预测对了 3 个。S 师姐觉得模型的表现似乎也没有那么差。但小 L 知道，这样的模型表现不一定能在比赛中获得较好的成绩。他还想分析一下模型，看是否能够优化它的性能。

3.3 掰开揉碎看模型

现在可以给 S 师姐详细展开解释一下了——小 L 刚刚搭建的是一个**多层感知机**（Multilayer Perceptron，MLP）模型，它是深度学习中的基础模型之一，其基本结构包括输入层、输出层和至少一层或多层的隐藏层。每个隐藏层与前一层**全连接**，每个神经元先对输入值进行加权求和，再通过**激活函数**生成输出。

而小 L 用来搭建这个模型的工具，称为 Keras。这是一个高层神经网络 API，其设计初衷是便于快速实验——它支持快速的原型设计、高级抽象，具有易用性的特点。自从被 Google 收购并成为 TensorFlow 的一部分后，Keras 已经成为 TensorFlow 的官方高级 API。正是因为 Keras 对用户非常友好，所以这次参赛，小 L 决定主要使用 Keras 来完成模型的搭建与训练。

在这次搭建模型的过程中，又出现了很多 S 师姐不了解的知识点。小 L 一边分析模型，一边向 S 师姐讲解这些知识点。

3.3.1 模型的几个层和激活函数

S 师姐还记得，在创建模型的主要结构时，小 L 先用 layers.Input 创建了一个 MLP 的输入层，输入层可以看成模型的"入口"。它的参数一般是一个元组（Tuple），在上面的例子中，就是（32, 32, 3）。通过这个参数，我们定义了每个数据元素的形状（Shape）。

在输入层之后，紧跟着一个展平层。它的作用是将多维的输入数据转换成一维向量（因为后续的全连接层需要接收一维的输入，而不是多维数组）。这里小 L 创建的展平层将形状为 32×32×3（32×32 像素的图像，每个像素有红、绿、蓝 3 个颜色通道）的图像数据展平为长度为 32×32×3=3072 的向量。这样就可以传递给后面的全连接层了。

而全连接层是神经网络中最基本的构建块之一。每个全连接层包含一定数量的神经元，这些神经元与前一层的每一个神经元都通过带权重的连接相连。这种连接方式称为密集连接（Dense Connection）。这也是全连接层的英文名字是 Dense Layer 的原因。每个神经元的输出是其从前一层接收到的加权输入之和，通过激活函数处理后再传递给下一层。

说到这里，S 师姐打断一下，她想知道什么是激活函数。

激活函数在神经网络中可是个重要的角色，它确保模型能够学习复杂的函数，而不仅仅是其输入的线性组合。在我们创建神经网络模型时，最常见的激活函数有 3 种，包括 ReLU、Sigmoid 和 Softmax。让小 L 逐个给 S 师姐解释一下它们的原理。

ReLU 的英文全称是 Rectified Linear Unit，翻译成中文是"修正线性单元"。ReLU 函数是一种

非常流行的激活函数,它的数学表达式是

$$f(x) = \max(0, x)$$

当输入 x 大于 0 时,输出就是 x 本身;当输入 x 小于或等于 0 时,输出就是 0。如果用图像来表示的话,如图 3-5 所示。

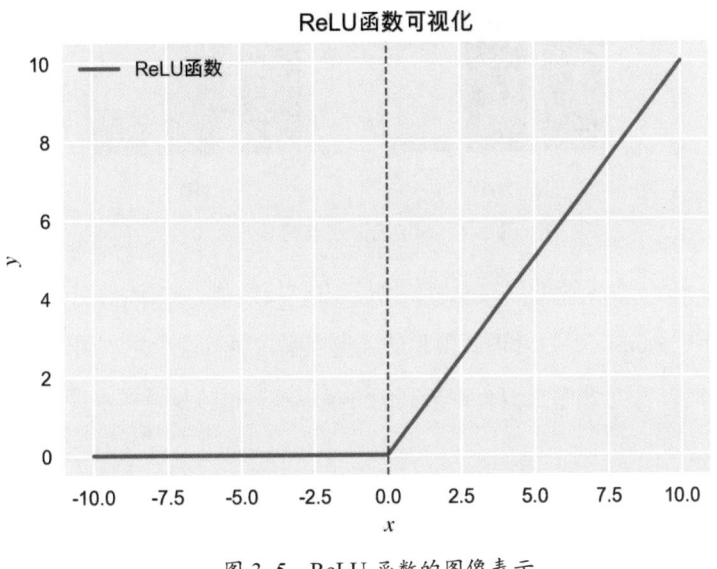

图 3-5　ReLU 函数的图像表示

通过图 3-5,S 师姐就能清楚地看到 ReLU 函数是如何工作的。ReLU 函数的主要优点是它不会同时激活所有的神经元,这有助于解决梯度消失问题,并加速模型训练的过程。

在第 2 章中小 L 已经介绍过 Sigmoid 函数,S 师姐还记得它的功能是将任意实数值压缩到(0,1)区间。这里要告诉 S 师姐的是,除了用在逻辑回归中,Sigmoid 函数还可以用在处理二分类问题的神经网络的输出层中。而它的原理,这里就不再重复讲解了。

Softmax 函数是一种在神经网络中广泛使用的函数,特别是在处理多分类问题时。如果你想让神经网络输出层的所有输出值之和等于 1,并且每个输出值都在 [0, 1] 区间,Softmax 函数就显得非常有用。这种特性使得 Softmax 函数的输出可以被解释为概率分布,即每个类别的预测概率。它的数学表达式是

$$y_i = \frac{e^{x_i}}{\sum_{j=1}^{J} e^{x_j}} \quad (i = 1, 2, \cdots, n)$$

其中,J 是输出层中神经元的总数。上面小 L 搭建的模型中,输出层中就有 10 个神经元。Softmax 激活函数应用于这个最终层的输出上,目的就是将每个单元的原始输出转换为概率。这些概率之和为 1,且每个概率都在 [0, 1] 区间,表示图像属于对应类别的可能性。最后模型选择概率最高的类别作为预测结果。

我们依然可以用图像来帮助 S 师姐理解 Softmax 函数的作用,如图 3-6 所示。

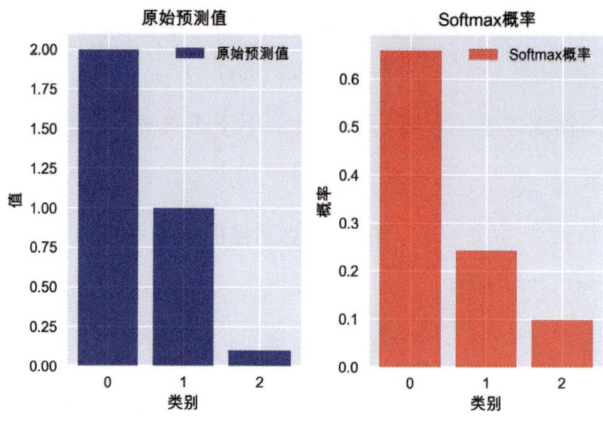

图 3-6　Softmax 函数的作用

在图 3-6 中，左图是一个未经处理的原始预测值，可以看到模型给出的对应 3 个类别的值分别是 2、1、0.1；右图是经过 Softmax 函数处理后得到的分类概率，表示这个样本属于 3 个类别的概率分别是约 66%、24% 和 9.8%。最后模型选择概率最高的分类标签，也就是该样本最可能的分类标签是 0。

3.3.2　优化器与学习率

在大致搞清楚模型的基本结构和激活函数之后，S 师姐又发现了一个她没搞清楚的地方——在代码中有一行：opt = optimizers.Adam(learning_rate=0.0005)，这又是起什么作用的呢？简单来说，这行代码是用来指定优化器的，这里使用的是自适应估计（Adaptive Moment Estimation, Adam）优化算法，并设置初始学习率为 0.0005。优化器是神经网络训练过程中用于更新模型参数（如权重和偏置），以最小化**损失函数**（Loss Function）的工具。

那么，Adam 优化器是如何工作的呢？小 L 知道 S 师姐在业余时间很喜欢自驾游，于是他打算用 S 师姐熟悉的场景来给她解释——假如 S 师姐周末开车到郊外的一座山上野餐，结束之后，她就要开车下山了。这时候，她的目标是快速开到山脚（代表损失函数的全局最小值）。

可是山路崎岖不平，有的地方陡峭，有的地方平缓，还有的地方可能有急转弯或障碍物。Adam 优化器就像是 S 师姐车上的智能辅助驾驶系统，在陡峭的山坡上，汽车会自动减小油门（可理解为减小学习率），以避免冲下山坡或失控；而在平缓的路段，汽车会加大油门（可理解为增加学习率），以更快地前进。Adam 优化器正是通过计算梯度的一阶矩和二阶矩来动态地调整每个参数的学习率，实现这种自适应效果。

除此之外，Adam 优化器还会记录 S 师姐之前行驶的方向和速度，并在当前决策中考虑这些因素。这样，即使遇到小上坡或急转弯，汽车也能保持一定的速度和方向稳定性，继续朝着目标前进。Adam 优化器中的动量机制也是类似的，它通过引入一个动量项来加速收敛，使模型能够更快地收敛到最优解。

说到这里，S 师姐似乎明白了——原来我们训练模型的过程，就是要把损失函数降到最低。而 Adam 优化器就像是她车里的辅助驾驶系统，能够根据路况（可理解为数据分布和梯度信息）自动调整油门大小（可理解为**学习率**）、利用惯性导航系统保持方向稳定性（可理解为动量机制），并在行驶过程中不断学习和修正初始误差（可理解为偏置校正机制）。这样，汽车就能够更加高效、稳定地找到山路上的最低点（可理解为损失函数的全局最小值），从而完成模型的训练任务。

但是现在 S 师姐又有一个问题——既然 Adam 优化器可以自动调整学习率，为什么还要指定参数 learning_rate=0.0005 呢？这是因为 Adam 优化器中的自动调整是基于初始学习率的一个相对调整。它不会将学习率完全从 0 开始调整，而是根据初始学习率以及梯度的一阶矩和二阶矩来动态地缩放这个学习率。因此，初始学习率提供了一个"起点"或"基准"，优化器会在这个基础上进行调整。

当然，小 L 还可以用图像帮助 S 师姐理解整个过程，如图 3-7 所示。

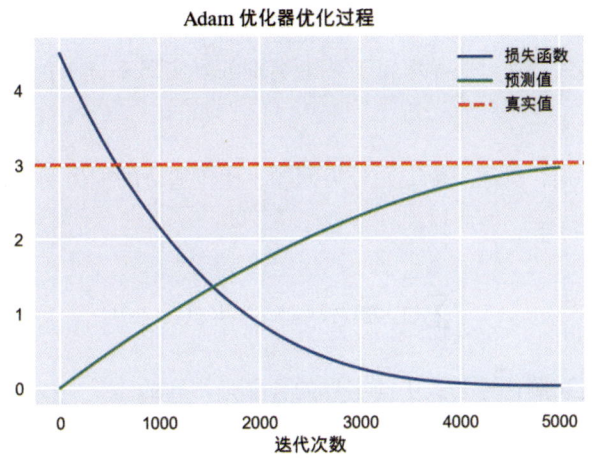

图 3-7 Adam 优化器的优化过程

图 3-7 实际是非常简化的可视化表达，仅仅是为了帮助 S 师姐理解 Adam 优化器进行梯度下降的过程。在图中，蓝色的曲线代表模型的损失函数，红色的虚线代表样本的真实值，绿色的曲线代表模型的预测值。可以看到，随着迭代次数的增加，模型的预测值与真实值的距离越来越小（梯度下降）。相应地，损失函数也越来越低，并逐渐趋向于 0。而学习率的大小，就决定了每一次迭代蓝色的曲线降低的幅度。

此时此刻，S 师姐有很多问题，比如，什么是"一阶矩"和"二阶矩"。但是这些问题过于琐碎，小 L 来不及解释，正好留给 S 师姐自己去网络上查找答案。

3.3.3 模型的损失函数

在上面的介绍中，S 师姐多次看到一个词——损失函数。这个概念其实早在第 1 章中，就已经涉及了。我们知道，在传统的机器学习中，用来评估模型性能的指标有很多，如用于回归模型的 MSE（均方误差）、用于分类任务的准确率等。如果我们的神经网络用于回归任务，则 MSE 就可以作为模型的损失函数。但如果用于分类任务，情况就稍有不同了。

就拿这次省科技厅举办的大赛来说，这个任务是一个分类问题。在神经网络中，常用于分类任务的损失函数是交叉熵。它衡量的是两个概率分布之间的差异，这两个概率分布分别是：真实标签的分布，即真实的概率分布；模型预测出的概率分布。交叉熵的值越小，表示模型预测的概率分布与真实的概率分布越接近，即模型的性能越好。而这个值的计算方法，根据任务的不同，也有一些差异。

像这次的图像数据包含 10 种类别，也就是一个多分类问题，比较适合的损失函数就是类别交叉熵（Categorical Cross-Entropy）。它的值等于

$$-\sum_{i=1}^{n} y_i \log(p_i)$$

其中，n 表示样本类别的数量；y_i 是样本属于某个类别的真实概率分布；而 p_i 是模型预测的样本属于某个类别的概率分布。

如果数据只有 2 个类别，就是一个二元分类问题，比较适合的损失函数就是二元交叉熵（Binary Cross-Entropy）。它的值等于

$$-\frac{1}{n}\sum_{i=1}^{n}(y_i \log(p_i) + (1-y_i)\log(1-p_i))$$

其中，这些字母和类别交叉熵计算公式中的字母的含义是一样的。

小 L 看到 S 师姐昏昏欲睡，也就不再说话。而是默默地思考如何改进一下模型，让它的性能进一步提升。

3.4 卷积神经网络

通过思考，小 L 发现，上面搭建 MLP 模型的时候，在输入层后面添加了一个展平层。但是这种方法会忽略图像中的空间结构信息，如像素之间的局部关联性和空间层次结构。因此，MLP 模型在提取图像特征时效率较低，且难以捕捉到图像中的复杂模式。

要解决这个问题，卷积神经网络（Convolutional Neural Network，CNN）貌似是个不错的方案。听到"卷积"两个字，刚才还迷迷瞪瞪的 S 师姐瞬间清醒了——卷"鸡"？是要做鸡肉卷了吗？看来 S 师姐是饿了。

这里的"卷积"可是和烹饪没有什么关系。它是一种重要的数学运算方法，在信号处理、图像

处理和深度学习等领域具有广泛应用。小 L 趁着 S 师姐清醒，赶紧给她详细解释一下。

3.4.1 什么是卷积

卷积是一种数学运算，是通过两个函数（或称信号、序列、图像等）相互作用，生成一个新函数的过程。在这个过程中，一个函数，通常称为卷积核（Kernel）或滤波器，在另一个函数上滑动，并在每个位置上计算它们的乘积之和。图 3-8 可以帮助 S 师姐更好地理解这个过程。

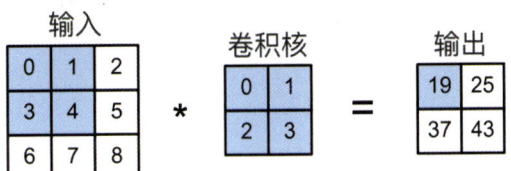

图 3-8　卷积运算的过程

在图 3-8 中，我们的输入是一个 3×3 的"格子"，而中间的卷积核是一个 2×2 的"格子"。操作开始时，我们先把卷积核放在输入"格子"的左上角，然后让卷积核中的每一个元素与输入"格子"中相对应的元素相乘，再把每一个乘积相加。也就是

$$0×0+1×1+3×2+4×3=19$$

这样一来，我们就得到了输出"格子"左上角的值——19。

然后我们把卷积核在输入"格子"上右移一格，重复上面的计算，也就是

$$1×0+2×1+4×2+5×3=25$$

完成这步之后，我们再把卷积核滑动到输入"格子"的左下角，再用同样的方法进行计算，即

$$3×0+4×1+6×2+7×3=37$$

接下来，把卷积核移动到右下角计算。最后一步的计算是

$$4×0+5×1+7×2+8×3=43$$

整个滑动和计算过程完成后，我们就得到了一个完整的输出"格子"。在这个例子中，输出"格子"的大小是 2×2，意味着有 4 个元素。这 4 个元素分别对应了卷积窗口在输入"格子"上滑动并计算得到的 4 个不同位置的值。

那这样的计算会产生什么效果呢？S 师姐很好奇。小 L 用图像直观地展示卷积运算带来的效果，如图 3-9 所示。

在图 3-9 所展示的例子中，小 L 使用了一个名叫"Sobel 算子"的卷积核，对左侧的原始图像进行边缘检测，得到右边的结果。可以看到，经过卷积运算之后，我们就将原始图像的边缘提取了出来。

图 3-9　使用卷积操作来进行边缘检测

而 CNN 中的卷积层主要由一系列卷积核组成。这些卷积核中的值（或称权重）是神经网络在训练过程中学习得到的。在训练开始时，这些权重是随机初始化的，也就是说它们没有任何特定的模式或意义。然而，随着神经网络在训练数据上的学习，这些权重会逐渐调整（或"适应"），以便卷积核能够捕捉到图像中的有趣特征。

这些特征通常包括图像的边缘、纹理、颜色组合等，这些特征对于图像识别和理解是非常重要的。这个过程允许神经网络从原始图像中提取出有用的信息，这也是 CNN 在进行图像处理和计算机视觉任务时的"撒手锏"。

3.4.2　动手训练CNN

现在 S 师姐已经理解了"卷积"的概念，但是具体怎么实现呢？其实使用 Keras 搭建 CNN 模型一点也不难，使用下面的代码就可以了。

```python
# 导入库和加载数据并处理数据的代码
# 和 MLP 是相同的，就不重复写了
# 定义输入层，输入图像的形状为 32×32 像素，具有 3 个颜色通道（如 RGB）
input_layer = layers.Input((32, 32, 3))

# 第一个卷积层，使用 32 个 3×3 的卷积核，步长为 1
# 使用 same 填充以保持输出尺寸不变
x = layers.Conv2D(filters=32, kernel_size=3, strides=1,
                  padding="same")(input_layer)
# 批量归一化层，用于加速训练并减少过拟合
x = layers.BatchNormalization()(x)
# LeakyReLU 激活函数，用于增加非线性，并允许小的负梯度通过
x = layers.LeakyReLU()(x)
```

```python
# 第二个卷积层，同样使用 32 个 3×3 的卷积核，但步长为 2，用于下采样特征图
x = layers.Conv2D(filters=32, kernel_size=3, strides=2, padding="same")(x)
# 批量归一化和 LeakyReLU 激活函数
x = layers.BatchNormalization()(x)
x = layers.LeakyReLU()(x)

# 第三个卷积层，增加卷积核数量为 64，步长为 1，用于提取更复杂的特征
x = layers.Conv2D(filters=64, kernel_size=3, strides=1, padding="same")(x)
# 批量归一化和 LeakyReLU 激活函数
x = layers.BatchNormalization()(x)
x = layers.LeakyReLU()(x)

# 第四个卷积层，使用 64 个 3×3 的卷积核，步长为 2，进一步下采样特征图
x = layers.Conv2D(filters=64, kernel_size=3, strides=2, padding="same")(x)
# 批量归一化和 LeakyReLU 激活函数
x = layers.BatchNormalization()(x)
x = layers.LeakyReLU()(x)

# 将三维特征图展平为一维数组，以便输入全连接层
x = layers.Flatten()(x)

# 第一个全连接层，有 128 个神经元
x = layers.Dense(128)(x)
# 批量归一化和 LeakyReLU 激活函数
x = layers.BatchNormalization()(x)
x = layers.LeakyReLU()(x)
# Dropout 层，用于减少过拟合，这里丢弃率为 0.5
x = layers.Dropout(rate=0.5)(x)

# 输出层，神经元数量与分类数相同，使用 Softmax 激活函数进行多分类
x = layers.Dense(NUM_CLASSES)(x)
output_layer = layers.Activation("softmax")(x)

# 创建模型，指定输入层和输出层
model = models.Model(input_layer, output_layer)

# 打印模型的摘要信息，包括每层的输出形状和参数数量
model.summary()
```

运行这段代码，可以得到如下结果。

```
Model: "model"
_____
Layer (type)                 Output Shape              Param #
=================================================================
input_1 (InputLayer)         [(None, 32, 32, 3)]       0

conv2d (Conv2D)              (None, 32, 32, 32)        896

batch_normalization (Batch   (None, 32, 32, 32)        128
Normalization)

leaky_re_lu (LeakyReLU)      (None, 32, 32, 32)        0

conv2d_1 (Conv2D)            (None, 16, 16, 32)        9248

batch_normalization_1 (Bat   (None, 16, 16, 32)        128
chNormalization)

leaky_re_lu_1 (LeakyReLU)    (None, 16, 16, 32)        0

conv2d_2 (Conv2D)            (None, 16, 16, 64)        18496

batch_normalization_2 (Bat   (None, 16, 16, 64)        256
chNormalization)

leaky_re_lu_2 (LeakyReLU)    (None, 16, 16, 64)        0

conv2d_3 (Conv2D)            (None, 8, 8, 64)          36928

batch_normalization_3 (Bat   (None, 8, 8, 64)          256
chNormalization)

leaky_re_lu_3 (LeakyReLU)    (None, 8, 8, 64)          0

flatten (Flatten)            (None, 4096)              0

dense (Dense)                (None, 128)               524416

batch_normalization_4 (Bat   (None, 128)               512
```

```
                                chNormalization)

leaky_re_lu_4 (LeakyReLU)       (None, 128)              0

dropout (Dropout)               (None, 128)              0

dense_1 (Dense)                 (None, 10)               1290

activation (Activation)         (None, 10)               0

=================================================================
Total params: 592554 (2.26 MB)
Trainable params: 591914 (2.26 MB)
Non-trainable params: 640 (2.50 KB)
```

运行上面的代码后,我们就搭建出了一个完整的 CNN,并且通过 model.summary() 方法查看了模型的摘要信息。包括每个层的名称、类型(Conv2D 就是用于 2 维图像的卷积层)、输出形状,以及参数数量等。看到这个摘要信息,就说明 CNN 已经搭建完成,可以进行训练了。

训练模型的代码,和 MLP 基本是相同的,我们就不再加注释了,具体代码如下。

```
opt = optimizers.Adam(learning_rate=0.0005)
model.compile(
    loss="categorical_crossentropy", optimizer=opt, metrics=["accuracy"]
)
model.fit(
    x_train,
    y_train,
    batch_size=32,
    epochs=10,
    shuffle=True,
    validation_data=(x_test, y_test),
)
```

运行这段代码后,模型的训练就开始了。最终结果包含如下内容。

```
Epoch 10/10
1563/1563 [==============================] - 158s 101ms/step - loss: 0.6563 - accuracy: 0.7709 - val_loss: 0.8097 - val_accuracy: 0.7242
```

因为小 L 指定了模型的训练周期为 10 个周期,所以这里得到的结果是最后一个训练周期结束后模型的表现。可以看到，这个模型在训练集上的准确率是 77.09%，在验证集上的准确率是 72.42%。这个结果虽然谈不上很好，但相对 MLP 模型来说，已经有了相当显著的改善。

同样，我们可以使用模型对测试集进行预测，并随机查看其中的一部分数据。这里用到的代码和 MLP 模型是相同的，得到的结果如图 3-10 所示。

pred = dog

act = dog

pred = horse

act = horse

pred = dog

act = dog

pred = horse

act = horse

图 3-10　CNN 预测标签与真实标签对比

可以看到，在我们随机抽取的四个样本中，CNN 给出的预测标签（pred）和真实标签（act）全部吻合。也就是说，对于这四个样本模型的预测全部正确。当然，这是因为我们的运气好，抽到的都是模型做出正确预测的样本，并不代表模型对所有的测试集样本都做出了正确的预测。

3.4.3　神经网络的关键参数和步骤

CNN 模型训练完了，但 S 师姐的问题还没完。比如，小 L 创建的卷积层里，strides 是什么？padding 又是什么？还有卷积层后面的 Batch Normalization 是什么？Dropout 又是什么？不要急，我们让小 L 逐一来解释。

1. strides 和 padding

这两个都是卷积层中的参数。其中 strides 比较容易理解，它代表的是步长，也就是卷积核在输入"格子"的高度和宽度方向上每次移动多少个像素。当 strides 值增加时，卷积核在输入"格子"上移动的步长增大，这也会导致卷积操作覆盖的输入区域减少，从而减少了输出"格子"在高度和宽度方向上的尺寸。例如，strides 被设置为 2，那么输出"格子"在高度和宽度上的尺寸将是输入"格子"尺寸的一半。

而 padding 这个参数，指定的是输入数据的填充方式。在使用 CNN 时，由于连续应用多个卷积层可能会导致输入图像的边缘像素信息逐渐丢失，因此我们可以在输入图像的边界上添加一层或多层零值像素，这样卷积核在滑动时就能够"看到"原本的边缘像素，从而在一定程度上保留它们的信息。我们可以通过图 3-11 让 S 师姐更直观地理解 padding 的作用。

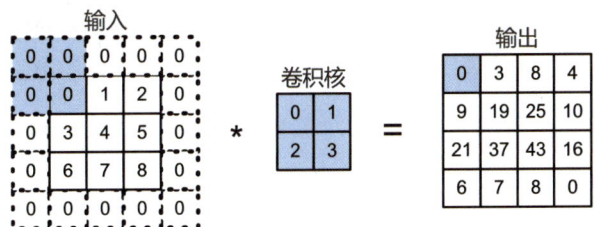

图 3-11 使用 padding 填充输入数据

在图 3-11 中，S 师姐可以看到如何通过零填充来增加输入图像的有效尺寸。假设原始的输入图像尺寸为 3×3 像素，通过添加额外的零值像素，输入图像的大小被增加到了一个新的尺寸（5×5 像素）。由于输入图像尺寸的增加，对应的卷积输出尺寸也会相应增加，形成一个更大的矩阵（原本应该是 2×2 像素，经过 padding 填充后变成了 4×4 像素）。这样就可以缓解连续卷积操作可能导致的边缘像素信息丢失问题，有助于在保持图像空间信息的同时，更充分地利用卷积层来提取特征。

2. Batch Normalization

在深度神经网络的训练过程中，通常使用反向传播算法来计算梯度，以更新网络中的权重。这个梯度表示了权重变化的方向和大小，旨在通过最小化损失函数来优化网络性能。然而，反向传播过程中，梯度值在通过网络层时可能会累积增长，特别是在较深的网络中。如果梯度值增长过快，达到指数级的大小，就会导致权重值发生剧烈波动，即"梯度爆炸"。

为了缓解这个问题，我们可以在模型的卷积层后面添加批量归一化（Batch Normalization，BN）层。它通过规范化操作使得激活函数的输入数据落在梯度非饱和区，从而缓解梯度消失问题。此外，批量归一化使网络中每层输入数据的分布相对稳定，还可以加快模型的收敛速度。

3. Dropout

最后再给 S 师姐解释一下 Dropout 是什么。我们可以用 N 村村委会来进行比喻——村委会由许多工作人员组成，每个人都有自己的专长和任务。在村委会的日常工作中，团队成员会相互协作，共同完成任务。然而，由于种种原因（如请假、生病等），团队中总会有一些成员在某些时候无法参与工作，这就相当于团队中的随机缺席。

这种成员的随机缺席会迫使其他成员更加努力地工作，以填补空缺并维持团队的运作。同样地，在 CNN 中，Dropout 层会在训练过程中随机丢弃一部分神经元，即让它们"缺席"，迫使剩余的神经元更加努力地学习，以弥补被丢弃神经元所缺失的信息。

这样一来，就可以减少对特定神经元组合的依赖（就如同减少村委会对某些工作人员的依赖）。这有助于提高神经网络的泛化能力，即在神经网络遇到未见过的数据时也能表现出良好的性能。同时，由于Dropout层减少了神经网络对训练数据的过度拟合，因此也有助于防止过拟合现象的发生。

说话间，眼见向省科技厅提交比赛结果的时间快要到了。小L怕耽误了最后期限，也就不再给S师姐科普其他的知识点，而是抓紧登录系统，把模型的预测结果提交了上去。没过多久，系统就显示了参赛模型的排名结果。看到这个排名，小L和S师姐激动得跳了起来——在这次省科技厅举办的人工智能大赛中，他们的模型拿到了第一名！

3.5 小结与练习

在本章中，小L和S师姐按照Z书记的指示，参加了省科技厅举办的人工智能大赛。由于这次大赛用的数据是非结构化数据（图像），因此小L决定使用深度学习技术来训练模型。但最开始的MLP模型表现欠佳，于是小L又改用了CNN模型。在这个过程中，S师姐也学习到了神经网络的基本概念、模型中不同类型的层、激活函数、优化器、学习率、损失函数，以及卷积的概念等诸多知识点。

最后，他们的CNN模型凭借72.42%的准确率，拿到了大赛的冠军。（当然，72.42%并不是一个多么优秀的成绩，但为了剧情的推进，这里必须让他们拿冠军。）大赛结束之后，省科技厅决定抽调冠军和亚军队伍的成员，加入新成立的Y省"人工智能促进产业发展"课题组，研究如何将AI技术用于Y省的经济发展。因此，小L和S师姐也收拾好行李，赶赴省会，到省科技厅办公。但在见到了他们未来的同事、亚军队伍的成员时，小L却愣住了。

这位成员是谁，为什么让小L有如此反应呢？我们且看下一章分解。眼下还是要给S师姐留点作业，让她能巩固一下本章学习的知识。

习题1：使用Keras载入CIFAR-10数据集，并分配为训练集和测试集。

习题2：把训练集和测试集中每个图像的通道数值缩放到0～1之间。

习题3：用独热编码把训练集和测试集中的分类标签进行转换。

习题4：搭建一个MLP模型并查看模型的概要信息。

习题5：训练搭建好的模型，并使用测试集数据评估模型的性能。

习题6：将MLP模型改为CNN模型，重新训练并评估模型的性能。

习题7：尝试修改CNN模型中的参数，观察模型性能的变化。

第  章 你听说过生成式模型吗

在第 3 章中,小 L 和 S 师姐凭借 CNN 模型拿到了省科技厅人工智能大赛的冠军,并与亚军队伍的成员组成了"人工智能促进产业发展"课题组。出人意料的是,亚军竟然是小 L 的大学同学——C 飘飘。C 飘飘非常善于使用 GBDT、XGBoost 之类的集成算法模型,但她总是觉得这个算法不错,那个算法也很好。要想跟她合作,小 L 不得不制定一点策略,让 C 飘飘能充分发挥她的能力。

基于这样的考虑,小 L 决定给 C 飘飘"上上强度",让她见识一下全新的领域——生成式人工智能。

本章的主要内容有:

- 生成式模型的相关概念
- 一些基础概率论知识
- 生成式模型的家族

4.1 什么是生成式模型

你知道什么是生成式模型（Generative Model）吗？小 L 故意大声问 S 师姐，目的就是要吸引 C 飘飘的注意力。而 S 师姐自然是不知道这是个啥东西，连连摇头。这就正好让小 L 能够自然而然地引出后面的讲解——不论是我们之前用到的逻辑回归、决策树，还是用来打比赛的神经网络，它们都属于判别式模型（Discriminative Model），比如，判别一个土壤样本是否有产生病虫害的风险，判别一个客户属于哪个类别，等等。而生成式模型则是完全不同的概念。

用一句话来解释：**生成式模型是机器学习领域的一个分支，其主要任务是训练一个模型，使其能够生成与给定数据集相似的新数据。**这种模型不仅能够学习数据的分布特征，还能够基于这些特征创造出新的、未见过的但符合数据集特性的数据样本。当然，这么说还是不太直观，可以用图 4-1 来帮助理解。

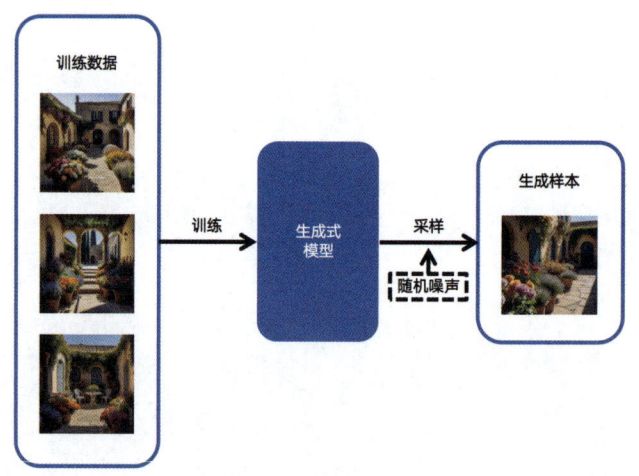

图 4-1　生成式模型的基本工作原理

在图 4-1 中可以看到，我们有一个包含"鲜花盛开的院子"的照片数据集。这个数据集是生成式模型学习的基础，我们可以利用这个数据集来训练一个生成式模型。生成式模型的任务是通过学习数据中的图像特征，准确捕捉像素间复杂的潜在规律。这些规律可能涉及颜色分布、纹理特征、几何形状等视觉要素，以及它们之间的空间关联性。通过训练，生成式模型逐渐学会将低级视觉特征合成为语义连贯的图像。这不仅是对像素值的简单复制，还能理解并再现出能够代表真实世界中院子的特征和结构的图像。

一旦生成式模型训练好，我们就可以通过它来生成全新的、逼真的图像。这些新生成的图像在视觉上应该与数据集中的图像相似，但它们并不是数据集中已有的图像的直接复制。相反，它们是模型根据学到的规则"创造"出来的，可能在某些细节上有所不同，但整体上仍然保持着原始图像的基本特征和结构，如"鲜花盛开""阳光明媚"等。

这个过程的关键在于生成式模型能够创造出既新颖又现实的图像。新颖意味着生成的图像不是简单地复制数据集中的图像，而是有所不同的；现实则要求生成的图像在视觉上要与真实的院子相似，能够欺骗人类的视觉系统。

而为了构建一个生成式模型，我们需要一个包含大量样本的数据集。这些样本是我们试图通过模型生成的实体的实例。和判别式模型训练时使用的数据集一样，生成式模型所依赖的这个数据集也称训练数据集。它包含了模型需要学习并模仿的特征、模式和规律。通过不断地学习和优化，生成式模型会逐渐掌握这些特征，并学会如何生成与训练数据相似的新数据。

在数据集中，每一个单独的示例或数据点称为一个**观测值**（Observation）。观测值是模型学习的基本单元，它们包含了模型需要提取和学习的所有信息。在生成式模型的语境中，观测值通常指的是具体的、可观察的数据实例，除了上面例子中的图像，也可以是文本或音频片段等。

时至今日，生成式模型被一些人视为解锁更高级别人工智能的关键，这种人工智能超越了仅通过判别式模型所能达到的水平。因为从理论角度来看，机器学习的目标不应仅仅局限于对数据进行分类。我们还应该关注训练能够更全面理解数据分布的模型，而不仅局限于特定的标签。当然，这是一个更具挑战性的问题，因为我们要让模型识别出一张图片是"鲜花盛开的院子"并不难，但要让模型自己学会画出一个"鲜花盛开的院子"难度就大多了。不过，许多推动判别式模型发展的技术，如我们在第3章学到的深度学习，也可以被生成式模型所采用。

甚至现在有观点认为，如果我们想要真正构建出一种与人类智能相媲美的机器，那么生成式模型必然是解决方案的一部分。这是因为生成式模型能够模拟和生成新的数据，这种能力在人类智能中极为重要。举个例子，S师姐在看一部偶像剧，在剧中男女主角正在吵架闹分手，但是S师姐脑补了后面的剧情：他俩又复合了，而且手牵手甜甜蜜蜜地去旅游了。S师姐脑补剧情的过程，就可以看作她的大脑作为生成式模型的能力体现了。

这其实也与另外一个神经科学理论不谋而合。这个理论认为，人类对现实的感知并不是通过高度复杂的判别式模型来处理感官输入以预测我们正在经历什么，而是通过一个从出生时就开始训练的生成式模型来模拟我们周围的环境，这些模拟能够准确地匹配未来的情况。因此生成式模型在理解人类智能、构建具有类似智能的机器以及推动神经科学和人工智能发展等方面，都有极其重要的作用。

小L自顾自地讲着，全然不顾S师姐的思绪已经跑到偶像剧里去了。不过，旁边的C飘飘可是都听得一清二楚。这个领域的知识，对她来说可是充满了新鲜感。于是她也围拢过来，想要了解更多的细节。

4.2 玩一个生成式模型游戏

看C飘飘的兴趣也被激发了出来，小L索性设计了一个小游戏，让S师姐和C飘飘都参与一下。

游戏很简单——小 L 先自己想一个规则，并用这个规则生成一些数据。然后由 S 师姐和 C 飘飘来猜这些数据是基于什么规则生成的，先猜对的人获胜。S 师姐和 C 飘飘听说要玩游戏，自然是非常开心，催着小 L 赶快出题。

4.2.1 数据版"你画我猜"

于是小 L 简单设计了一个规则，生成了一些数据并可视化给二人观察，如图 4-2 所示。

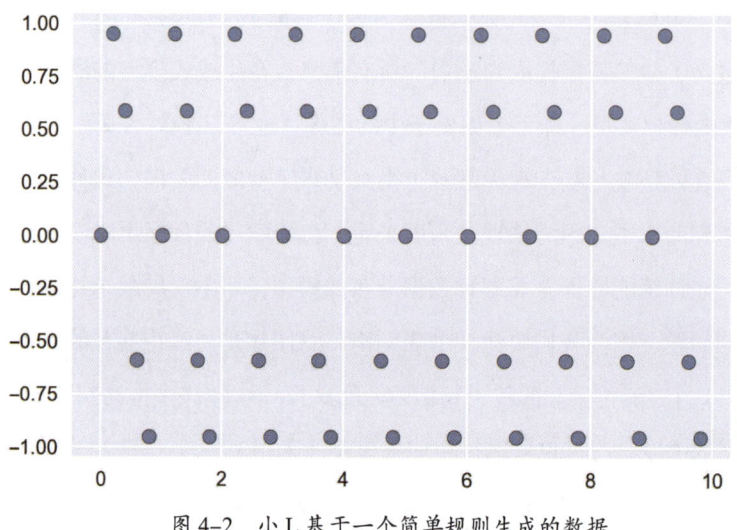

图 4-2 小 L 基于一个简单规则生成的数据

S 师姐第一个发现了图 4-2 中的规律——这些数据点的排布就是 5 条直线，如图 4-3 所示。

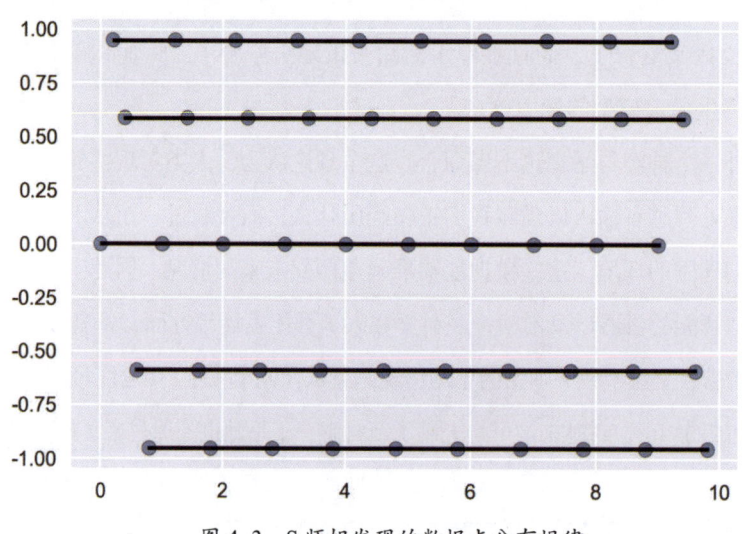

图 4-3 S 师姐发现的数据点分布规律

看到 S 师姐画的 5 条直线，C 飘飘笑了出来。显然 S 师姐画的线过于简单，没有完全捕捉到数据分布的特征。但小 L 却夸了 S 师姐——先不说别的，S 师姐实际上创建了一个生成式模型。她使用小 L 的数据作为训练集，在自己的大脑中建立了一个包含 5 条直线的模型。如果要生成新的数据，只要沿着这 5 条线"画"点就可以了。

所以 S 师姐的模型是否正确并不重要，重要的是她提供了一个生成式模型的核心思想。下面让小 L 给两位伙伴详细介绍一下这个思想。

4.2.2 生成式模型的核心思想

生成式模型的核心思想是，通过构建一个模型来模仿或近似一个未知的真实数据集。也就是说，这个模型不仅仅是对数据进行简单的拟合或插值，而是要从根本上理解数据的生成机制，以便能够生成新的、看起来像是从真实数据集中抽取的观测数据。也就是说，它们应该能够"欺骗"人类，使我们相信这些数据是从真实数据集中抽取的。

不过，生成式模型还需要关注数据中高级特征的表示。这意味着模型应该能够揭示数据是如何由不同的特征或组件构成的，并允许我们对这些特征进行理解和操作。这对于数据的解释性、可解释性以及后续的数据分析和处理都非常重要。从这个角度来说，S 师姐由 5 条直线组成的模型，显然就没有表示出数据的高级特征。实际上小 L 生成数据的规则如图 4-4 所示。

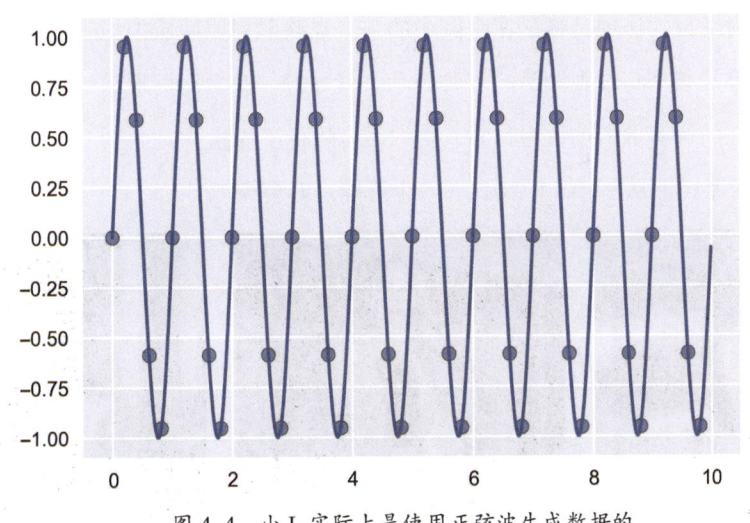

图 4-4　小 L 实际上是使用正弦波生成数据的

从图 4-4 中可以看到，实际上小 L 设计的规则是生成一系列随时间变化的正弦波数据。因此，S 师姐的模型就过于简单了。但我们可以说 S 师姐的模型一无是处吗？当然不能，尽管她的模型确实有局限性，但它是非常容易采样的——我们只要从她画的 5 条直线上随机选择一个点就可以作为样本，这个过程非常直接且简单，这也是她的模型的优点。

而且，S 师姐展示了生成建模的基本思想——生成建模的目标是建立一个能够生成或"产生"与真实数据相似样本的模型。即便后面我们用到的模型更加高维和复杂，所用到的基本框架和方法其实也都是这样的。

听到这里，S 师姐不禁眉飞色舞了起来。她没想到自己随便画了 5 条直线，居然蕴含了这么多意义。但 C 飘飘表示不服气了，毕竟 S 师姐的模型并没有很好地表示出数据的高级特征啊！没错，这就要引出表征学习（Representation Learning，也称表示学习）的概念了。

4.2.3 什么是表征学习

现在假设，C 飘飘失踪了。S 师姐要去派出所报警，并向警察描述 C 飘飘的相貌特征，那她要如何表达呢？S 师姐盯着 C 飘飘看了一会儿，给出了她的描述——"及肩短发加空气刘海，皮肤白白的，大眼睛双眼皮儿，穿着米色职业套装，黑色平底鞋"。通过这些描述，警察应该会比较容易在人群中找到 C 飘飘了。那为什么 S 师姐不这样讲——"她左上角第一个像素三个通道的值分别是 25、37、66，第二个像素……"？当然不能这样说啦！如果这样描述，恐怕 S 师姐会被警察当成是妨碍公务的人员，先行政拘留了。

而这恰恰就是表征学习的核心思想——它不是直接尝试去建模高维的样本空间（Sample Space），而是使用某种低维的潜在空间（Latent Space）来描述训练集中的每个观测值，并学习一个映射函数。这个映射函数的作用是将潜在空间中的一个点映射回原始域中的一个点。换句话说，潜在空间中的每个点都是某个高维观测值的一种表示。就好像"及肩短发加空气刘海"，就可以看成是将 C 飘飘头发所在的所有像素点，用我们人类的语言进行了描述。

现在如果你是警察，能从图 4-5 中找到哪一个可能是 C 飘飘吗？

图 4-5 哪一个会是 C 飘飘

估计大家都能一眼看出，在图 4-5 中，只有最左边的人物可能是 C 飘飘。因为只有这张照片中的人是"短发"，而另外两个都是"长发"。也就是说，我们选择"头发长度"作为代表 C 飘飘的关键特征，这个特征能够唯一地（或几乎唯一地）确定这三张照片中哪一个是 C 飘飘。而这个过程，可以看作我们将这些高维的图像数据（由大量像素点组成）映射到一个仅包含"头发长度"特征的潜在空间中。

而在电影中我们经常会看到这样的桥段：警方根据目击者的描述，还原出某个人（嫌疑人或者是失踪人口）的画像。这就可以类比为我们通过一个映射函数 f 将潜在空间中某个点转换回原始的高维像素空间，从而生成一个新的图像。这意味着我们能够生成那些在训练集中不存在的 C 飘飘的照片，只要这些照片中的人物样貌在潜在空间中符合训练数据的分布规律等合理标准即可。例如，根据 S 师姐的描述，警察还原出来的画像可能如图 4-6 所示。

图 4-6　假设警方根据描述还原 C 飘飘的画像

从图 4-6 中可以看到，虽然警方还原的画像与图 4-5 中 C 飘飘的样子并不完全一致，但大体上都符合 S 师姐的描述，如"及肩短发加空气刘海""大眼睛双眼皮儿""米色职业套装"等。这个过程展示了表征学习的强大之处，即能够将复杂的高维数据简化为更易于理解和处理的低维表示，同时保留足够的信息以便能够重新生成原始数据或生成新的相似数据。

不过，对机器来说，把原始数据集通过更简单的潜在空间来描述可就没那么容易了。首先，机器需要识别出哪些维度（如头发长度）适合作为描述给定数据集的最佳潜在空间维度。这通常不是直观的，所以机器需要分析大量数据来发现这些模式。其次，机器需要学习一个映射函数 f，这个函数能够将潜在空间中的一个点（如"大眼睛双眼皮儿"）映射回原始数据空间中的一个具体图像（如 C 飘飘的眼部图像）。

好在我们有机器学习技术，特别是深度学习技术，赋予了机器自动发现这些复杂关系的能力，且不需要人类的直接指导。通过训练模型（如神经网络），机器学习系统能够学习如何从输入数据中提取特征，建立潜在空间，并学习从潜在空间到原始数据空间的映射函数。这个过程是自动的，并且能够通过大量的数据迭代优化，找到最佳的映射和潜在空间表示。

使用潜在空间训练模型还有一个好处，就是我们可以通过在更易于管理的潜在空间内操作其表示向量来影响图像的高级属性。因为潜在空间是一种低维空间，在一定程度上能够捕捉数据的重要特征，同时忽略掉不重要的细节。举个例子，假如 S 师姐告诉警察，C 飘飘的头发还要加长一点。那么在原始图像中操作就有点困难了，因为这需要比较精确地控制每个像素的变化，而这些变化之间还可能存在复杂的相互依赖关系（如简单拉长头发有可能导致肩膀塌陷）。然而，在潜在空间中，我们可以简单地通过增加与"头发长度"相关的潜在维度（Latent Dimension）的值，然后应用映射函数将这个修改后的潜在表示转换回图像域，从而实现调整图像"头发长度"属性的目的。这种方法更加高效和直观，因为它避开了直接在像素级别上进行复杂操作的过程。

在生成式模型的训练过程中，先是用编码器（Encoder）将训练数据集编码到潜在空间，随后使用解码器（Decoder）从这个潜在空间中采样并解码回原始域。从数学的角度来看，编码器－解码器技术试图将数据所在的高度非线性流形（Manifold，可以理解为数据在空间中分布的形状或结构，如图像中的像素）转换为一个更简单的潜在空间。在这个潜在空间中，数据变得更加线性或易于处理，从而可以从中采样得到新的点，这些点经过解码后，很可能是结构良好、有意义的图像或其他类型数据的表示。通过这种方式，生成式模型能够学习到数据的内在结构和分布，从而能够生成新的、未见过的但符合数据集特征的数据样本。这在许多应用中都非常有用，如图像生成、数据增强、风格迁移等。

回到前面"你画我猜"的游戏，S 师姐虽然建立了一个简单的生成式模型，但显然她没能将数据中隐含的模式正确地编码到潜在空间中（主要原因是数据量太小，不应该让 S 师姐背这个锅）。要正确做到这一点，就要让模型学习已有数据的概率分布。因此，接下来还要让小 L 稍微介绍一点概率论的基础知识。

4.3 一点概率论知识

对于 C 飘飘来说，概率论并不陌生。可 S 师姐一听到这三个字，难免就有点焦虑。作为文科生的她，还从来没有系统地接触过这个学科，要从头学习，莫不是要"遭老罪"了？小 L 看出了 S 师姐的畏难情绪，赶紧宽慰她，其实我们也不需要对概率论有特别深入的理解，只需要了解一些基本概念就可以帮助我们更好地理解和应用生成式模型啦！

而且，概率论其实并非艰涩枯燥的理论知识。相反，在我们的日常生活中，有很多有趣的现象都和概率有关呢。就比如在 N 村，有个一年一度的桃花节。村民们相信，在桃花盛开最为繁盛的那一天，如果能从村头那棵百年老桃树下捡到三片形状完全相同的桃花瓣，就能带来一整年的好运。听到了熟悉的场景，S 师姐不免又提起了精神。但是，这找到三片形状完全相同的花瓣的概率，究竟有多大呢？小 L 让 S 师姐一起来思考这个问题。

实际上，这满树的桃花，每一片花瓣的形状、大小都是独一无二的，但要找到三片形状完全相同的,其概率几乎为零,因为自然界中的事物往往充满了无限的变化与差异。这就是概率论在生活中的一个小小应用。简单来说,概率论是**研究随机现象发生可能性**的数学理论。

而且,概率论不仅是告诉我们某件事情发生的可能性大小,它还能帮助我们做出更合理的决策。比如,在农作物的种植上,我们可以根据往年的气候数据和概率分析,预测今年哪种农作物更有可能丰收,从而做出更科学的种植计划。

听到这里,S师姐明白了,概率论不仅是枯燥的数字和公式,还隐藏在生活的每一个角落,指导着人们的行动与决策。那学了以后,是不是买彩票就更容易中大奖了呢?S师姐还真是个务实的人。很可惜,学了概率论之后并不能让我们更容易中大奖,但它可以帮助我们更加理性地看待彩票这种随机游戏,避免不必要的经济损失和心理压力。这对于S师姐来说,也是有百利而无一害的。

接下来,我们就来一起了解一些概率论中的基本知识。

4.3.1 样本空间与概率密度函数

在概率论的语境中,样本空间是一个随机试验所有可能结果的集合。它是概率论中的一个基本概念,用于描述随机试验的所有可能结果。每一个随机试验都会有一个对应的样本空间,而样本空间的元素则称为样本点或基本事件。在生成式模型的语境中,样本空间指的是所有观测样本或数据点的集合。也可以说是模型试图表示的数据的完整集合。对于图像生成模型来说,样本空间包含所有可能的图像;对于文本生成模型来说,样本空间则包含所有可能的文本序列。

例如,我们要了解N村村民的身高分布情况,N村所有村民的身高就是我们的样本空间。

而概率密度函数(Probability Density Function,PDF)可以将样本空间中的点X映射到一个介于0和某个正数之间的数。它用来表示连续型随机变量在某个具体取值点附近的概率密度,即该点附近单位长度内随机变量取值的相对可能性。

为了方便S师姐理解,可以继续用N村村民身高分布的例子。由于身高是一个连续变量(可以在一定范围内取任意值,如1.5m、1.6m、1.65m等),我们不能简单地列举出所有可能的身高值及其对应的概率(因为这样的列举将是无穷无尽的),但我们可以使用概率密度函数来描述身高的分布情况。为了直观地展示这个例子,可以让小L使用下面的Python代码进行模拟:

```python
from scipy.stats import norm

# 假设平均身高(μ)和身高标准差(σ)
mu = 170    # 平均身高,单位: cm
sigma = 7   # 身高标准差,单位: cm
```

```python
# 生成身高数据
# 注意：这里我们直接生成了符合正态分布的随机变量作为示例
# 而不是从实际测量中得到的
heights = np.random.normal(mu, sigma, 1000)

# 计算并绘制概率密度函数
# 我们可以使用 scipy.stats.norm.pdf 函数来计算给定身高值处的概率密度
# 为了可视化整个分布，我们使用直方图加密度曲线的方式
plt.figure(dpi=300)
# 计算直方图
count, bins, ignored = plt.hist(
    heights, 30, density=True, alpha=0.6, color='g')
# 计算并绘制理论上的正态分布概率密度函数
plt.plot(bins, norm.pdf(bins, mu, sigma), 'r-', lw=2)
title = "平均身高 = %.2f，  身高标准差 = %.2f" % (mu, sigma)
plt.title(title)
plt.savefig('插图/图4-7.png', dpi=300)
# 显示图形
plt.show()
```

运行这段代码，会得到如图 4-7 所示的结果。

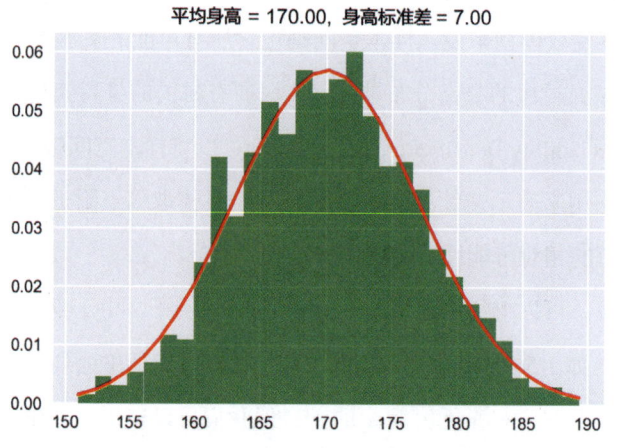

图 4-7　N 村村民身高分布与其概率密度函数

在图 4-7 中，我们把 N 村所有村民的身高都画在一个图表上，其中横轴表示身高，纵轴表示"相对可能性"，图表中的红色曲线呈现出一种"山峰"的形状，这就是概率密度函数的图形表示。这个"山峰"的高度越高，表示村民的身高越可能处于其对应的身高值范围内。

这里要"敲黑板"了。假如我们知道另外一个村子的村民身高也符合正态分布，且平均身高和身高标准差和 N 村村民的平均身高与身高标准差一致，那我们无须测量，即可以"还原"出另一个村子所有村民的身高分布了。

4.3.2 什么是似然性

继续以 N 村村民的身高为例,假设我们知道这些数据大致是符合正态分布的,但不知道平均身高和身高标准差。那要怎么估计出来呢?我们可以尝试不同的平均身高和身高标准差的参数组合,然后观察在这个组合下的概率密度与真实的身高分布"有多像"。而衡量这个"有多像"的指标,就称为似然性(Likelihood)。

下面这段代码,可以用可视化的方法让 S 师姐很直观地理解什么是似然性。

```
plt.figure(dpi=300)
# 绘制身高数据的直方图
plt.hist(heights, bins=30, density=True, alpha=0.6, color='g',
        label=' 身高数据 ')

# 定义不同的平均身高和身高标准差参数
mus = [165, 170, 175]    # 不同的平均身高
sigmas = [5, 7, 9]       # 不同的身高标准差

# 绘制不同参数下的正态分布曲线
x = np.linspace(min(heights) - 10, max(heights) + 10, 1000)
for mu, sigma in zip(mus, sigmas):
    plt.plot(x, norm.pdf(x, mu, sigma),
             label=f' 均值 ={mu}, 标准差 ={sigma}')

# 设置图例和标题
plt.legend()
plt.title(' 似然性演示 ')
plt.xlabel(' 身高 (cm)')
plt.ylabel(' 概率密度 ')
plt.savefig(' 插图 / 图 4-8.png', dpi=300)
# 显示图形
plt.show()
```

运行这段代码,会得到如图 4-8 所示的结果。

这里我们仍然使用了 N 村村民的身高数据绘制了直方图,并叠加了三个不同参数(平均身高和身高标准差)下的正态分布曲线。通过观察这些曲线与直方图的匹配程度,我们可以让 S 师姐间接地理解似然性的概念——哪个参数组合下的正态分布曲线与直方图最匹配,哪个参数组合就最有可能是真实的身高分布参数。观察图 4-8 可以看到,平均身高为 170、身高标准差为 7 时的正态分布曲线,与身高数据直方图的匹配程度最高。这样我们就可以认为,N 村村民身高的均值最可能是

170，身高标准差最可能是 7。

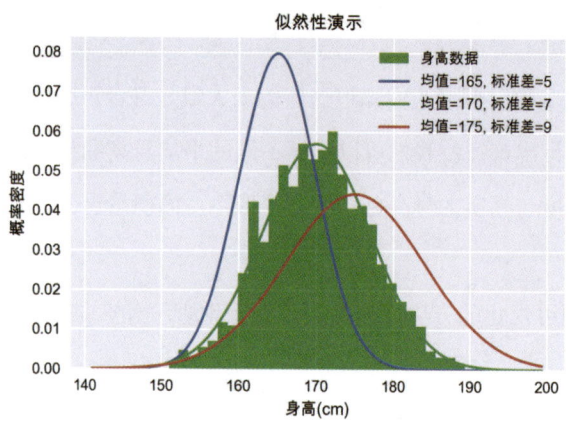

图 4-8　不同参数下的正态分布曲线与实际身高数据的匹配程度

注意：似然性并不是概率，因为它并没有对参数本身进行概率量化。相反，它衡量的是在给定的观测数据下，某个参数值或参数组合的可信度或合理性。

似然性通常通过似然函数（Likelihood Function）来量化。对于正态分布来说，似然函数是身高数据在给定的平均身高和身高标准差下的联合概率密度函数。但是，由于我们处理的是连续数据，并且数据量可能很大，直接计算联合概率密度是不切实际的。因此，我们通常使用对数似然函数（Log-Likelihood Function），它是对似然函数取对数后的结果，计算上更为方便。

在实际应用中，我们不能一组一组参数去试。当然是使用最大似然估计（Maximum Likelihood Estimation，MLE）！C 飘飘抢着给出了答案。

4.3.3　最大似然估计

C 飘飘说的没错，最大似然估计是一种方法，让我们可以找到一组参数（如上面例子中的平均身高和身高标准差），让这组参数对应的概率密度曲线和真实的身高数据分布"匹配"得最好。同样地，我们可以用下面的代码来理解最大似然估计的原理：

```python
# 导入优化器
from scipy.optimize import minimize

# 定义负对数似然函数（因为优化器通常寻找最小值）
def neg_log_likelihood(params, data):
    mu, sigma = params
    if sigma <= 0:
        return np.inf  # 避免 sigma 为非正数
    return -np.sum(norm.logpdf(data, mu, sigma))
```

```python
# 初始猜测
initial_guess = [165, 5]   # 初始猜测的平均身高和身高标准差

# 使用优化器找到使负对数似然函数最小的参数
result = minimize(neg_log_likelihood, initial_guess, args=(heights,),
                  method='BFGS')
estimated_mu, estimated_sigma = result.x
# 绘制结果
plt.figure(dpi=300)
plt.hist(heights, bins=30, density=True, alpha=0.6, color='g',
         label=' 身高数据 ')
x = np.linspace(min(heights) - 10, max(heights) + 10, 1000)
plt.plot(x, norm.pdf(x, estimated_mu, estimated_sigma), 'r-',
         lw=2,
         label=f' 估计  μ={estimated_mu:.2f}, σ={estimated_sigma:.2f}')
plt.plot(x, norm.pdf(x, 170, 7), 'b--', lw=2,
         label=f' 真实  μ=170, σ=7')
plt.legend(loc='upper right')
plt.title(' 身高数据分布的最大似然估计 ')
plt.xlabel(' 身高 (cm)')
plt.ylabel(' 概率密度 ')
plt.savefig(' 插图 / 图 4-9.png', dpi=300)
plt.show()
```

运行这段代码，会得到如图 4-9 所示的结果。

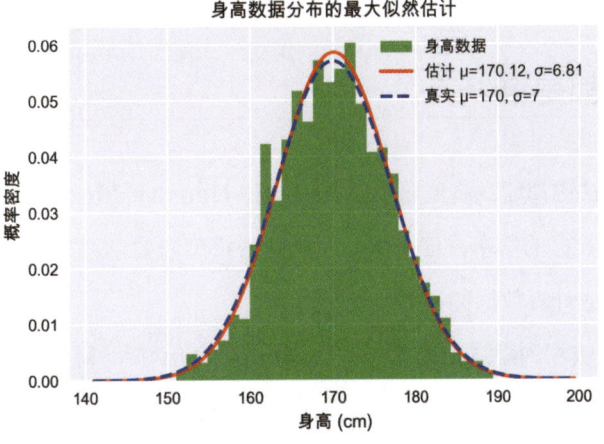

图 4-9　使用最大似然估计找到的平均身高与身高标准差参数

这里我们仍然使用 N 村村民的身高数据进行演示，首先我们初始猜测这些数据的均值是 165，身高标准差是 5。然后定义好负对数似然函数，再用优化算法来找到使这个函数最小的参数值。这里

使用的是 BFGS 优化算法，它是一种常用的拟牛顿方法。最后，我们绘制了身高数据的直方图，并根据估计的平均身高和身高标准差绘制了正态分布曲线，还绘制了真实的正态分布曲线以供比较。从图 4-9 中可以看出，估计的正态分布曲线与真实的正态分布曲线非常接近。真实的平均身高和身高标准差是（170，7），使用最大似然估计得到的平均身高和身高标准差是（170.12，6.81）。

在第 3 章中，我们训练神经网络的过程就是让损失函数最小化。其实这个过程也是找到最佳的参数组，让负对数似然函数最小。而生成式模型的训练也可以被视为一种最大似然估计的过程，其神经网络的权重就是要优化的模型参数，我们需要找到这些参数的最优值，最大化生成数据与训练数据的似然性（也就是最小化负对数似然），直白地说，就是让模型生成的数据与训练数据最"像"。

以上这些和概率论相关的知识，已经足够小 L 带着 S 师姐和 C 飘飘继续进行后面的研究了。不过要说明的是——本节中用到的 N 村村民身高分布的例子非常简单，仅仅是为了介绍相关的概念，实际应用中的情况要复杂得多。针对不同类型的生成式模型，解决问题的方法也不尽相同。

什么？生成式模型还分很多种呀！S 师姐和 C 飘飘之前还没接触过，显得有点儿惊讶。那下面就简单给她们介绍一下，让她们对生成式模型的分类有个基本的了解。

4.4 生成式模型家族来报到

就像猫咪分为橘猫、狸花猫、英短、美短等不同的品种，生成式模型也分为不同的种类。而区分它们的依据之一，是建模方法（或者说计算概率密度函数的方法）的不同。总体来说，目前常见的生成式模型有两大家族。那它们是谁呢？

4.4.1 两大家族都是谁

第一大家族的建模方法称为显式密度建模（Explicit Density Modeling）。在这种方法中，模型直接尝试估计或表示数据的概率密度函数。这意味着模型需要学习如何描述数据分布的形状和特性，以便能够从中抽样或计算数据的概率。

第二大家族的建模方法称为隐式密度建模（Implicit Density Modeling）。与显式密度建模不同，隐式密度建模方法不直接估计数据的概率密度函数，而是通过定义一种过程来生成数据样本。这通常涉及训练一个模型，该模型能够映射随机噪声输入目标数据空间的样本。

为了让 S 师姐更好地理解这两种方法的不同，我们可以假设小 L 和 C 飘飘分别去开一个烘焙店。为了经营得更好，他们两个人需要采取一定的方法来预测每天的面包需求量。

小 L 采取的策略是，收集过去一段时间内的销售数据（如每天卖出的面包数量），然后利用这些数据来构建一个数学模型（如线性回归、时间序列分析等）。这个模型会直接告诉小 L，在给定某些条件下（如天气、节假日等），面包需求量的期望值是多少。这里，小 L 实际上是在显式地建模面包需求的概率分布，即直接给出了需求的预测值及其可能的变化范围。

而 C 飘飘采取的策略是，不直接预测面包的需求量，而是尝试通过调整制作面包的过程来"测试"需求。她可能会根据一些基本的食材（如面粉、糖、鸡蛋等）和制作步骤（如搅拌、烘烤等）来制作面包，并希望通过调整这些基础条件和步骤来提升面包的口感和受欢迎程度，从而间接地影响面包的销售量。这里，C 飘飘并没有直接预测需求量的具体数值，而是通过改变制作过程和条件来"生成"更符合市场需求的面包，从而间接地影响销售业绩。这就像是隐式密度建模不直接假设数据的概率分布函数，而是通过生成过程来模拟数据的产生，从而间接地表达数据的分布。

那么小 L 和 C 飘飘的方法哪一个更好呢？其实他们的方法各有优缺点，只是适用于不同的应用场景和数据特性罢了。显式建模方法能够提供更深入的理解和可解释性，但需要处理复杂的密度函数和计算问题；隐式建模方法则更加灵活和强大，能够处理更复杂的数据生成过程，但可能缺乏可解释性和对生成过程的直接控制。

4.4.2 显式密度建模家族的两大分支

在显式密度建模家族中，又有两大分支，分别是近似密度（Approximate Density）和易处理密度（Tractable Density）。

其中，近似密度指的是在显式密度建模中，由于直接计算精确的概率密度函数可能非常困难或计算上不可行，因此采用近似方法来估计或表示概率密度。

而易处理密度指的是在显式密度建模中，概率密度函数具有明确的数学表达式，且该表达式在计算上是易于处理的（即可以高效地计算概率密度值及其导数等）。

为了让 S 师姐能够理解这两大分支的区别，我们可以回到小 L 的烘焙店。假如小 L 想要预测未来一周内某种热门面包的日销售量。由于市场变化多端，直接精确预测每一天的销售量可能非常困难。因此，小 L 决定采用一种近似的方法。

他查看了过去几个月的销售数据，发现销售量在周末会上升，在工作日则相对稳定。基于这个观察，小 L 构建了一个简单的模型，该模型假设周末的销售量是工作日平均销售量的 1.5 倍。这个模型就是一个近似密度模型，它用一个相对简单的数学表达式（工作日销售量乘以 1.5）来近似表示周末的真实销售量分布。

近似密度模型不追求绝对精确，而是通过简化假设来降低计算复杂度，同时保持对销售量的合理估计。虽然用这种方法，小 L 可能无法准确预测每一天的确切销售量，但能够大致了解销售趋势和波动范围。

使用近似密度建模方法的生成式模型包括变分自编码器（Variational Autoencoder，VAE）、基于能量的模型（Energy-Based Models）和扩散模型（Diffusion Models）等。

但如果小 L 详细记录了每一天的销售数据，包括天气情况、节假日、促销活动等因素。再通过复杂的统计分析和机器学习技术，构建一个能够准确预测未来一周内每一天销售量的模型。这个模型具有明确的数学表达式和计算过程，可以直接给出每一天的销售量预测值及其置信区间，这就可以类比为易处理密度模型。这种方法的预测结果更加精确和可靠，但构建和维护成本可能较高，并且需要专业的统计和机器学习知识。

使用易处理密度建模方法的生成式模型包括自回归模型（Autoregressive Models）和正则化流模型（Normalizing Flow Models）等。

4.4.3 隐式密度建模家族的代表

前面我们说过，隐式密度建模的主要目标不是去直接估计数据的概率密度函数，而是专注于构建一个能够直接生成数据的随机过程。这种模型通常不直接提供数据点的概率密度值，而是通过学习如何从一个潜在空间映射到数据空间来生成样本。

生成对抗网络（Generative Adversarial Network, GAN）是隐式密度建模中最著名的例子。GAN 由两部分组成：一个生成器（Generator）和一个判别器（Discriminator）。生成器的目标是学习如何生成看起来像是来自真实数据分布的样本，而判别器的目标是区分生成的样本和真实的样本。这两个模型在训练过程中相互竞争，生成器试图欺骗判别器，而判别器则努力不被欺骗。通过这种方式，GAN 能够学习到一个复杂的、高维的数据分布，并能从该分布中生成新的样本，且无须显式地估计这个分布的概率密度函数。

回到 C 飘飘的烘焙店，还记得她是使用隐式密度建模的经营策略吗？为了执行这个策略，她可以聘请 S 师姐来当她的"试吃员"。C 飘飘负责制作面包。但不同于普通的烘焙师，她不需要遵循传统的食谱，而是通过学习各种面包的样式、口感和外观，尝试创造出全新的"爆款"面包。而 S 师姐则需要借助她敏锐的味觉和观察力，判断出哪些面包能成为"爆款"，哪些会成为"赔钱货"。

一开始，C 飘飘制作的面包可能非常粗糙，一出炉就会被 S 师姐直接扔掉。但随着时间的推移，C 飘飘不断地从 S 师姐的反馈中学习，调整自己的制作方式，使得制作的面包越来越受欢迎。与此同时，S 师姐也在不断学习，提升自己的能力。她会更加仔细地品尝面包的每一个细节，尝试"鸡蛋里挑骨头"。经过多次的博弈和对抗，C 飘飘和 S 师姐会达到一个平衡状态。此时，C 飘飘已经能够保证做出的面包都是"爆款"，而 S 师姐则难以再挑出面包口味中的"毛病"了。

当然，这只是一个简化的例子，用于帮助 S 师姐她们理解 GAN 的基本原理和工作方式。在实际应用中，GAN 的复杂性和应用场景可要远远超出这个简单的烘焙店场景。

就在小 L 和两位同事聊得火热时，一位中年男人走进了课题组办公室。他就是省科技厅的 W 处长，分管"人工智能促进产业发展"课题组的工作。W 处长见小 L 三人讨论热烈，自然是很想了解他们的话题。那就让 C 飘飘给 W 处长做个总结汇报好了。

4.5 小结与练习

在本章中，小 L 带领 S 师姐和 C 飘飘踏进了生成式模型的大门——他们先探讨了生成式模型的基本概念，然后通过一个小游戏理解了生成式模型的核心思想。用 C 飘飘的照片学习了表征学习的相关知识。当然，为了能够给后面的研究打下基础，他们还学习了一些基本的概率论知识，包括样本空间的概念、概率密度函数、似然性和最大似然估计。最后又梳理了生成式模型的两大家族——显式密度建模和隐式密度建模。

听了他们的汇报，W 处长暗自高兴——生成式模型作为目前人工智能领域的热点方向，肯定能让 Y 省的研究跟上时代的潮流。日后到科技部述职的时候，也能当作他工作的亮点之一。但他也指出，小 L 他们三个人目前在研究的还都是理论层面的东西，需要结合 Y 省的产业特点，把这些理论应用到实践当中，才能成为实实在在的成果。

W 处长的指示，其实正中小 L 的下怀。他早就迫不及待地想把这些技术应用到实际的场景中了。不过在此之前，还是要让 S 师姐和 C 飘飘通过以下习题，巩固一下本章学习的知识。

习题1：自己设计一个数据生成规则，并用Python代码实现生成过程。

习题2：将生成的数据可视化，并拿给同学或朋友观察，让他们猜测你生成数据的规则。

习题3：在大脑中想一个人或物，向同学或朋友描述他/它的特征。

习题4：让同学或朋友基于你描述的特征，画出这个人或物。

习题5：基于习题3和习题4，向同学或朋友介绍什么是表征学习。

习题6：设想一个场景，生成一些符合正态分布的数据，绘制这些数据的直方图和概率密度函数曲线。

习题7：使用最大似然估计，找到与你生成数据的概率密度函数曲线最接近的均值和标准差参数。

第 6 章 教会机器"写"数字——变分自编码器

在第 4 章中,小 L 带着 S 师姐和 C 飘飘一起了解了与生成式模型有关的基本知识。W 处长对他们的研究方向是认可的,同时还提出了更高的要求——将这项技术与 Y 省的产业相结合,应用到实践当中。

这个要求要落实到执行层面,需要他们既对 Y 省的特色产业有足够深入了解,又要知道如何把想法用技术实现出来。小 L 想,不如先从一个小任务开始——让机器学会模仿人类的笔迹写数字。

具体要怎么做呢?还记得第 4 章中我们提到过有一种采用显式密度建模方法的模型 VAE 吗?不如就用它来完成这个任务吧。

本章的主要内容有:

◆ 自编码器的基本概念
◆ 如何创建一个编码器
◆ 如何创建一个解码器
◆ 训练完整的自编码器并测试
◆ 训练完整的 VAE

5.1 先介绍一下自编码器

在第 4 章中，S 师姐和 C 飘飘已经学习过什么是表征学习。在这个学习的过程中，首先是用低维的潜在空间对高维数据进行表示，这可以由一个编码器来完成；而使用映射函数把潜在空间中的低维表示映射回高维空间中的工作，就可以由解码器来完成。

而自编码器（Autoencoder）是一种特殊类型的神经网络，它的训练目标是学习如何对输入数据进行编码（Encoding）和解码（Decoding），以便解码后的输出能够尽可能地接近原始输入数据。一旦自编码器被训练好，我们就可以利用它的解码部分来生成新的数据点。具体来说，我们可以在自编码器的潜在空间中随机选择一个点（或一组点），通过解码器将其转换为输出数据。由于解码器被训练用来根据潜在空间的表示重建原始数据，因此这些生成的输出数据应该与训练数据集中的样本在某种程度上相似，但又不完全相同，从而实现了数据的生成。

那现在要想使用自编码器来让机器模仿人类的笔迹写数字，模型的结构就可以如图 5-1 所示。

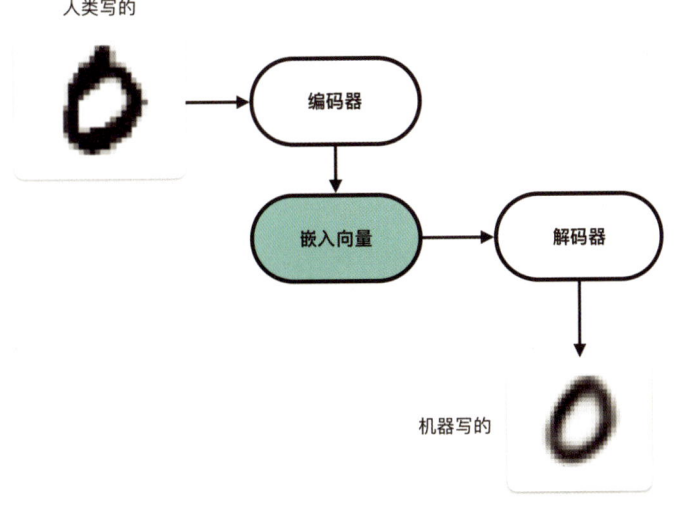

图 5-1 自编码器的基本结构

从图 5-1 可以看出，在一个自编码器中，我们需要训练一个编码器来重构图像。经过编码器的重构之后，原始图像变成了一种称为嵌入向量（Embeddings）的东西，然后被放进潜在空间（又称嵌入空间）中。

当我们需要生成新的图像时，只需要从潜在空间中"取"出一些嵌入向量，再用解码器转换成新的图像。也就是说，自编码器通过同时训练编码器和解码器来最小化重构误差，即确保解码器生成的图像尽可能接近原始输入图像。在这个过程中，编码器学习如何有效地压缩图像信息到潜在空间中，而解码器则学习如何从潜在空间中的表示恢复出原始图像。

听了这一段介绍，S 师姐觉得自己好像懂了，又好像没懂。毕竟理论的东西还是太抽象了，不如实操一下来得直观。

5.2 动手搭建一个自编码器

既然我们的计划是要训练机器能够模仿人类的笔迹写数字,那就需要有足够多的人类手写数字的样本作为训练数据集。去哪里找这么多人类写的数字呢?正好有一个称为MNIST的数据集能够满足我们的要求。

5.2.1 MNIST数据集

MNIST 数据集是一个常常被大家拿来"练手"的手写数字数据库,它包含了大量的手写数字图片,这些图片是从许多不同的人手写的数字中扫描并标准化处理后得到的。这个数据集包含60000个训练样本和10000个测试样本,且数字图像已进行过大小归一化处理并固定为 28×28 像素,省去了我们重新收集和处理数据的麻烦。

而且,要载入 MNIST 数据集也非常简单,因为 Keras 中内置了 MNIST 数据集加载工具。使用下面的代码就可以了。

```python
# 导入 NumPy 库
import numpy as np

# 导入 Matplotlib 的 pyplot 模块
import matplotlib.pyplot as plt

# 从 tensorflow.keras 中导入构建神经网络所需的工具
from tensorflow.keras import layers, models, datasets, callbacks

# 导入 TensorFlow Keras 的后端接口
# 允许直接访问和操作底层 TensorFlow 函数和变量
import tensorflow.keras.backend as K

# 从 TensorFlow Keras 的 datasets 模块中加载 MNIST 手写数字数据集
# x_train 和 x_test 是图像数据的 NumPy 数组,y_train 和 y_test 是对应的标签数组
(x_train, y_train), (x_test, y_test) = datasets.mnist.load_data()
def preprocess(imgs):
# 对图像进行预处理
```

```python
# 将图像数据类型转换为 float32 并归一化到 0~1
imgs = imgs.astype("float32") / 255.0

# 使用 np.pad 函数在图像的边缘填充 0 值，填充宽度为 2（上下左右各 2 个像素）
# 填充模式为 constant，即使用常数值填充，这里常数值为 0.0
imgs = np.pad(imgs, ((0, 0), (2, 2), (2, 2)), constant_values=0.0)

# 使用 np.expand_dims 函数在最后一个维度上增加一个维度，以符合模型输入要求
imgs = np.expand_dims(imgs, -1)
return imgs

# 假设 x_train 和 x_test 是已经加载的、未经处理的图像数据
# 调用 preprocess 函数对训练集和测试集进行预处理
x_train = preprocess(x_train)
x_test = preprocess(x_test)
```

现在我们就完成了 MNIST 数据集的加载。前面我们说过，这个数据集包含了 60000 个训练样本和 10000 个测试样本，每个样本都是一张 28×28 像素的灰度图像，表示一个手写数字（0～9）。代码中的 load_data 函数返回两个元组：(训练图像, 训练标签), (测试图像, 测试标签)。并且定义了一个 preprocess 函数对数据进行预处理，包括归一化、边缘填充和增加通道维度。

接下来，我们还可以用下面的代码查看数据集中的一些图像和它们所对应的标签。

```python
# 创建一个 2 行 5 列的图表，整个图表的大小设置为 10in×4in
# axes 是一个 2×5 的 NumPy 数组，包含了 10 个子图的 Axes 对象
fig, axes = plt.subplots(2, 5, figsize=(10, 4))

# 遍历前 10 个训练样本
for i in range(10):
    # 使用整除和取余来确定当前图像应该绘制在哪个子图上
    # axes[i // 5, i % 5] 定位到具体的子图
    # imshow 函数用于显示图像，cmap='Greys' 指定了使用灰度颜色映射
    axes[i // 5, i % 5].imshow(x_train[i], cmap='Greys')

    # 关闭坐标轴显示
    axes[i // 5, i % 5].axis('off')

    # 为每个子图设置标题，标题内容为 'Label: ' 加上对应的标签值
    # y_train[i] 获取当前样本的标签
    axes[i // 5, i % 5].set_title(f'Label: {y_train[i]}')
```

```
# 显示图表
plt.show()
```

注：1in=0.0254m

运行这段代码，得到结果如图 5-2 所示。

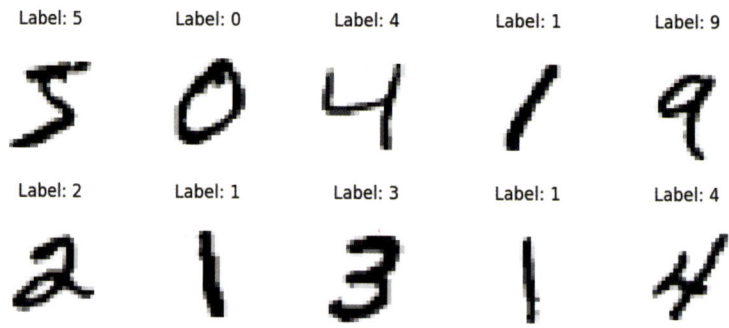

图 5-2　MNIST 数据集中的 10 个样本

上面的代码运行后，我们就得到了一个包含 10 个子图的 Matplotlib 图表，这些子图以 2 行 5 列的格式排列。每个子图展示了 MNIST 数据集中前 10 个训练样本的手写数字图像。由于原始图像大小为 28×28 像素，所以这里看起来还是有点"像素感"的。每个子图的上方都有一个标题，格式为"Label: [数字]"，其中"[数字]"是该图像对应的标签（即手写数字的真实值，范围为 0～9）。比如，第一张子图中的数字是 5，所以它对应的标签就是"Label: 5"。

既然训练数据已经有了，那就可以进行下一步工作了。

5.2.2　先定义一个编码器

接下来，我们将开始创建编码器。首先我们需要配置一些变量，它们直接影响模型的训练过程、性能和内存 / 计算资源的使用，代码如下。

```
# 设定图像的大小，这里设置为 32×32 像素
IMAGE_SIZE = 32
# 设定图像的通道数。对于灰度图像，通道数为 1
CHANNELS = 1


# 设定每次训练时喂给模型的样本数量（批次大小）
BATCH_SIZE = 100


# 设定打乱数据集后的缓存大小
# 这有助于在训练过程中更有效地加载和打乱数据，提高数据加载效率
```

```
BUFFER_SIZE = 1000

# 设定从数据集中划分出用于验证的比例
VALIDATION_SPLIT = 0.2

# 设定嵌入层的维度。在自编码器模型中，此参数定义了嵌入向量的长度
EMBEDDING_DIM = 2

# 设定训练模型的总轮次
EPOCHS = 3
```

上面的代码用于我们模型的训练过程配置。配置好这些变量之后，我们就可以开始搭建编码器的部分了，代码如下。

```
# 定义一个输入层，其形状是输入图像的大小和通道数
# 命名这个输入层为 encoder_input，以便在后面引用
encoder_input = layers.Input(
    shape=(IMAGE_SIZE, IMAGE_SIZE, CHANNELS), name="encoder_input"
)

# 使用第一个卷积层，该层有 32 个 3×3 的卷积核，步长为 2
# 激活函数为 ReLU，使用 same 填充以保持特征图大小不变
x = layers.Conv2D(32, (3, 3), strides=2, activation="relu",
                  padding="same")(encoder_input)

# 第二个卷积层，类似于第一个，但卷积核数量增加到 64 个
x = layers.Conv2D(
    64, (3, 3), strides=2, activation="relu", padding="same")(x)

# 第三个卷积层，卷积核数量增加到 128 个
x = layers.Conv2D(128, (3, 3), strides=2, activation="relu",
                  padding="same")(x)

# 在扁平化之前，记录当前特征图的形状
# 因为解码器需要这个形状信息来重构原始图像的大小
shape_before_flattening = K.int_shape(x)[1:]

# 将三维的特征图扁平化为一维，以便可以输入到全连接层中
x = layers.Flatten()(x)
```

```python
# 定义一个全连接层作为编码器的输出层，其输出维度为嵌入向量的长度
# 命名这个输出层为 encoder_output
encoder_output = layers.Dense(EMBEDDING_DIM, name="encoder_output")(x)

# 使用 Model 类来实例化编码器模型，指定输入和输出层
encoder = models.Model(encoder_input, encoder_output)

# 打印编码器的模型摘要，显示模型的结构、参数数量等信息
encoder.summary()
```

运行上面的代码，得到以下结果。

```
Model: "model"
_____
Layer (type)                 Output Shape              Param #
=================================================================
encoder_input (InputLayer)   [(None, 32, 32, 1)]       0

conv2d (Conv2D)              (None, 16, 16, 32)        320

conv2d_1 (Conv2D)            (None, 8, 8, 64)          18496

conv2d_2 (Conv2D)            (None, 4, 4, 128)         73856

flatten (Flatten)            (None, 2048)              0

encoder_output (Dense)       (None, 2)                 4098

=================================================================
Total params: 96770 (378.01 KB)
Trainable params: 96770 (378.01 KB)
Non-trainable params: 0 (0.00 Byte)
```

运行上述代码后，我们就完成了编码器部分的定义。上面的代码运行结果就是编码器模型的概要。看到这里，S 师姐突然发现，这怎么和我们在第 3 章中参赛用的 CNN 有点像啊？都有这个 Conv2D 的层！没错，为了处理图像数据，编码器也需要先定义一个输入层。然后输入图像被传递给一系列卷积层，目的就是在图像上提取特征。最后扁平化后的向量被传递给一个全连接层，该层的输出维度为 2。也就是说它将高维的图像数据压缩成了一个低维的向量。这个向量就是图像的潜在表示（又称嵌入向量）。

5.2.3 接下来创建解码器

既然编码器的部分已经创建好了,现在就该着手配置我们的解码器了,代码如下。

```python
# EMBEDDING_DIM 和 shape_before_flattening 已经在前面的代码中定义

# 定义一个输入层,用于解码器的输入,其形状就是编码器输出的形状
decoder_input = layers.Input(shape=(EMBEDDING_DIM,), name="decoder_input")

# 使用一个全连接层将输入向量映射到一个较大的空间,维度与卷积层前的形状一致
# np.prod(shape_before_flattening) 计算了展平之前所有元素的乘积
x = layers.Dense(np.prod(shape_before_flattening))(decoder_input)

# 将上一步的输出重塑为原始卷积层前的形状
x = layers.Reshape(shape_before_flattening)(x)

# 使用转置卷积层(又称反卷积层)逐渐上采样图像
# 第一层转置卷积,输出通道数为 128
# 卷积核大小为 3×3,步长为 2,激活函数为 ReLU,填充方式为 same
x = layers.Conv2DTranspose(
    128, (3, 3), strides=2, activation="relu", padding="same")(x)

# 第二层转置卷积,输出通道数为 64,其余参数同上
x = layers.Conv2DTranspose(
    64, (3, 3), strides=2, activation="relu", padding="same")(x)

# 第三层转置卷积,输出通道数为 32,其余参数同上
x = layers.Conv2DTranspose(
    32, (3, 3), strides=2, activation="relu", padding="same")(x)

# 最后,使用一个标准的卷积层来生成最终的输出图像
# 输出通道数设置为之前定义的 CHANNELS
# 激活函数为 sigmoid,适合二值图像或归一化后的图像数据
# 填充方式为 same,确保输出图像的空间维度与预期一致
decoder_output = layers.Conv2D(
    CHANNELS,
    (3, 3),
    strides=1,
    activation="sigmoid",
```

```
        padding="same",
        name="decoder_output",
)(x)
```

# 创建解码器模型，指定输入和输出
decoder = models.Model(decoder_input, decoder_output)

# 打印模型概述，包括每层的名称、输出形状和参数数量
decoder.summary()

运行这段代码，得到结果如下。

```
Model: "model_1"
_____
Layer (type)                    Output Shape              Param #
=================================================================
decoder_input (InputLayer)      [(None, 2)]               0

dense (Dense)                   (None, 2048)              6144

reshape (Reshape)               (None, 4, 4, 128)         0

conv2d_transpose (Conv2DTr      (None, 8, 8, 128)         147584
anspose)

conv2d_transpose_1 (Conv2D      (None, 16, 16, 64)        73792
Transpose)

conv2d_transpose_2 (Conv2D      (None, 32, 32, 32)        18464
Transpose)

decoder_output (Conv2D)         (None, 32, 32, 1)         289

=================================================================
Total params: 246273 (962.00 KB)
Trainable params: 246273 (962.00 KB)
Non-trainable params: 0 (0.00 Byte)
```

不知道 S 师姐看了这个结果之后有什么感觉，不过 C 飘飘发现了一个好玩的事情，这个解码器的结构，看起来有点像是把编码器反过来了。

首先，解码器的输入层的输入形状为 (None, 2)，表示这是一个二维向量，这个向量是从低维表示获得的。

其次，全连接层将输入向量 (None, 2) 映射到一个更大的空间 (None, 2048)。这个层的作用是将低维表示转换为更高维的潜在空间，以便后续通过卷积层进行上采样。然后重塑层（Reshape）将全连接层的输出 (None, 2048) 重塑为 (None, 4, 4, 128) 的四维张量。这个形状假设了在进行上采样之前，特征图的空间维度（高度和宽度）是 4×4，且通道数为 128。

再次，三个转置卷积层（conv2d_transpose）通过转置卷积（又称反卷积）逐步增加特征图的空间维度（高度和宽度），同时减少通道数。以保持输出特征图的空间维度相对于输入是成倍增加的。这些层一起将特征图从 4×4 扩大到了 32×32。

最后，输出层是一个标准的卷积层，它的作用是将特征图的通道数减少到 1（因为我们想要的是灰度图像），并使用 Sigmoid 激活函数将输出值归一化到 0～1。输出形状为 (None, 32, 32, 1)，表示生成的图像大小为 32×32 像素，且为灰度图。

这样看起来，解码器还真有点像是把编码器"反过来"了，把编码器做的事情一步一步逆转过来。但是 S 师姐不太明白，这里面的转置卷积层是做什么的呢？它和标准卷积层又有什么区别？

其实，转置卷积层与标准卷积层在原理上相似，都是通过一个卷积核在图像上滑动来进行操作。但是，转置卷积层在处理尺寸变化时有一个关键的不同：当设置 strides 为 2 时，它会将输入张量在高度和宽度两个维度上的尺寸加倍。这听起来可能有些反直觉，但实际上是通过在输入张量的元素之间插入 0（零填充）来实现的。然后，通过转置卷积操作，来生成更大的输出张量。

5.2.4 把编码器和解码器"串"起来

编码器和解码器都有了，下面要做的工作就是把它俩像糖葫芦一样"串"起来并训练了，代码如下。

```
# 创建自编码器模型
# 通过 encoder_input 输入，通过 decoder 输出的 encoder_output 进行解码
autoencoder = Model(inputs=encoder_input, outputs=decoder(encoder_output))

# 编译自编码器模型
autoencoder.compile(optimizer="adam", loss="binary_crossentropy")
```

运行上面的代码之后，我们就把编码器和解码器组合成了一个完整的自编码器，并且进行了编译。优化器使用的是在第 3 章时就用过的 Adam，而损失函数使用的是二元交叉熵 binary_crossentropy。

使用二元交叉熵作为损失函数是因为我们希望模型生成的图像更加平滑，这是由于它倾向于将

预测值推向中间值（0.5附近）。但如果我们希望生成的图像尽可能准确地反映原始图像的每个像素值，且对细节要求较高，那么 RMSE 可能更合适。这是因为 RMSE 对过高或过低的预测值都给予相同的惩罚，即预测值与实际值之间的差的平方被最小化。这种对称惩罚机制有助于保持图像的细节，但也可能导致生成的图像在某些情况下出现明显的像素化边缘。

接下来，就是模型训练的过程，代码如下。

```python
# 设置 ModelCheckpoint 回调，用于在每个 epoch 后保存模型
model_checkpoint_callback = callbacks.ModelCheckpoint(
    filepath="./checkpoint",
    save_weights_only=False,
    save_freq="epoch",
    monitor="loss",
    mode="min",
    save_best_only=True,
    verbose=0,
)
# 上面的 filepath 指定了保存模型的路径
# save_weights_only=False 表示不仅保存权重，还保存整个模型
# save_freq="epoch" 表示每个 epoch 后都保存模型
# monitor="loss" 指定了监控指标为 loss，即根据 loss 的变化来决定是否保存模型
# mode="min" 表示当 loss 减小时，认为模型在改进
# save_best_only=True 表示只保存最佳模型（即 loss 最小的模型）
# verbose=0 表示不在控制台打印信息

# 设置 TensorBoard 回调，用于记录训练过程中的各种指标
# log_dir 指定了日志文件的保存路径
tensorboard_callback = callbacks.TensorBoard(log_dir="./logs")

# 使用训练数据（x_train）作为标签
# 自编码器通常是无监督学习，输入和输出相同
autoencoder.fit(
    x_train,  # 输入数据
    x_train,  # 目标和标签
    epochs=EPOCHS,  # 训练轮数
    batch_size=BATCH_SIZE,  # 每个 batch 的样本数
    shuffle=True,  # 是否在每个 epoch 前打乱数据
    validation_data=(x_test, x_test),  # 验证集
    callbacks=[model_checkpoint_callback, tensorboard_callback],
    # 回调函数列表
```

)

运行上面的代码,就可以看到模型开始训练了,等待一段时间之后,会看到运行结果如下:

```
Epoch 1/3
600/600 [==================] - 245s 409ms/step - loss: 0.1613 - val_loss: 0.1520
Epoch 2/3
600/600 [==================] - 232s 387ms/step - loss: 0.1480 - val_loss: 0.1455
Epoch 3/3
600/600 [==================] - 254s 424ms/step - loss: 0.1444 - val_loss: 0.1432
```

从代码运行结果来看,自编码器模型 3 个轮次的训练均已完成。第三个轮次结束时,训练集上的损失降至 0.1444,验证集上的损失降至 0.1432。看来模型在持续学习并优化其预测能力,那么它现在能模仿人类笔迹写出数字了吗?让我们继续往下看。

5.2.5 看看自编码器写的数字

现在咱们可以在测试集中选 5000 个手写数字样本,让上一步训练好的自编码器"模仿"笔迹写出和样本一样的数字,代码如下。

```python
# 指定要模仿的图像数量
n_to_predict = 5000

# 从测试集 x_test 中选取前 n_to_predict 个图像作为示例图像
# 这些图像将用于通过自编码器进行预测
example_images = x_test[:n_to_predict]

# 同样地,从测试集的标签 y_test 中选取前 n_to_predict 个标签
# 这些标签在实际的自编码器预测过程中不会被直接使用
# 因为自编码器是无监督学习模型,主要关注于输入数据的重构
# 但在这里保留它们用于后续的比较或评估
example_labels = y_test[:n_to_predict]

# 使用自编码器模型对示例图像进行预测重构
# predictions 将包含重构后的图像数据
predictions = autoencoder.predict(example_images)
```

要说明的是，由于自编码器是无监督的，predictions 中的"预测"实际上是输入图像的重构版本，而不是传统意义上的分类或回归预测。运行上面的代码之后，稍等片刻，就会完成图像的重构。为了观察效果，我们可以使用下面的代码对比真实的手写数字样本和自编码器"仿写"的数字。首先是真实的样本，代码如下。

```
fig, axes = plt.subplots(2, 5, figsize=(10, 4))
for i in range(10):
    axes[i // 5, i % 5].imshow(example_images[i],cmap='Greys')
    axes[i // 5, i % 5].axis('off')
    axes[i // 5, i % 5].set_title(f'Label: {example_labels[i]}')
plt.show()
```

运行这段代码，得到结果如图 5-3 所示。

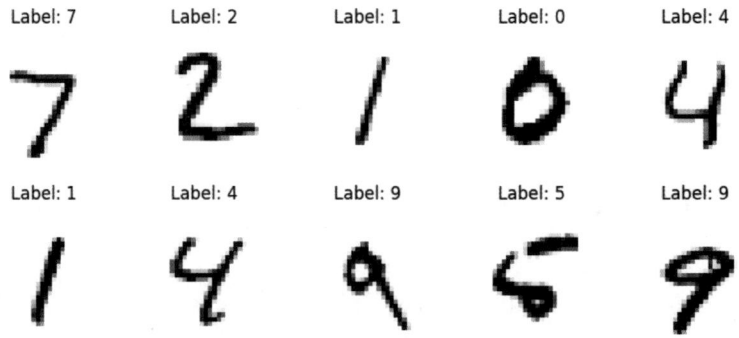

图 5-3　真实的手写数字样本

图 5-3 展示的是我们选取的手写数字样本中的前 10 个。下面直接用代码查看一下自编码器"写"的数字。

```
fig, axes = plt.subplots(2, 5, figsize=(10, 4))
for i in range(10):
    axes[i // 5, i % 5].imshow(predictions[i],cmap='Greys')
    axes[i // 5, i % 5].axis('off')
    axes[i // 5, i % 5].set_title(f'Label: {example_labels[i]}')
plt.show()
```

运行这段代码，得到结果如图 5-4 所示。

看了图 5-4 中自编码器"仿写"的数字之后，S 师姐和 C 飘飘面面相觑——她们寻思这效果也不太行啊。虽然"0""1""2"倒是还算写得不错，但是似乎它有点分不清"4""7"和"9"，还有"5"写得有点像"8"。看来模型还有改进的空间。具体怎么改进呢？不如我们先看看这个自编码器是如何将原始图像在潜在空间中进行表示的。

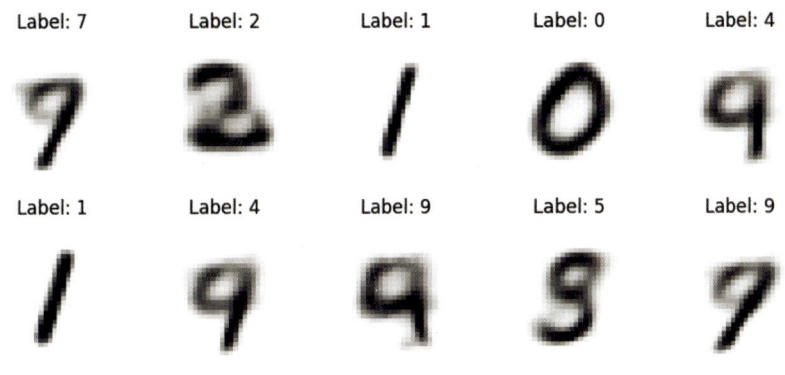

图 5-4 自编码器重构的手写数字图像

5.2.6 瞧一瞧潜在空间

前面我们说过,编码器的作用是将高维数据在低维的潜在空间中进行表示。那么它是怎样做的呢?可以用下面的代码来查看:

```
# 使用预训练的编码器（encoder）对示例图像（example_images）进行预测
# 目的是获取这些图像在编码器中学习到的特征空间中的嵌入向量
embeddings = encoder.predict(example_images)
# 打印 10 个看看
print(embeddings[:10])
```

运行这段代码,得到如下结果。

```
[[ 0.82282764 -1.4769287 ]
 [ 2.5739007   1.3045695 ]
 [-1.6737584  -2.4371634 ]
 [ 0.71364844  3.2529805 ]
 [ 3.3677459  -2.5687726 ]
 [-1.2258471  -1.9530987 ]
 [ 1.8409001  -1.7546252 ]
 [ 3.4148962  -1.6098417 ]
 [ 1.2542144   0.13220988]
 [ 0.4370321  -0.88891816]]
```

上面的代码运行结果包含了 10 个示例图像在编码器中学习到的特征空间中的嵌入向量。每个嵌入向量都是二维的,这里显示的是每个向量的两个元素。嵌入向量的值并没有直接的解释意义,它们只是编码器在潜在空间中定义的。不过,我们可以通过比较不同图像之间的嵌入向量来评估它们之间的相似性。例如,如果两个图像的嵌入向量在特征空间中非常接近,那么这两个图像可能在视觉上也很相似。

如果我们把这些嵌入向量进行可视化，S师姐和C飘飘会看得更加清楚。使用如下代码即可。

```
# 用不同颜色区分不同数字的嵌入向量
example_labels = y_test[:n_to_predict]

figsize = 8
plt.figure(figsize=(figsize, figsize))
plt.scatter(
    embeddings[:, 0],
    embeddings[:, 1],
    cmap="rainbow",
    c=example_labels,
    alpha=0.8,
    s=3,
)
plt.colorbar()
plt.show()
```

运行上面的代码，会得到如图5-5所示的结果。

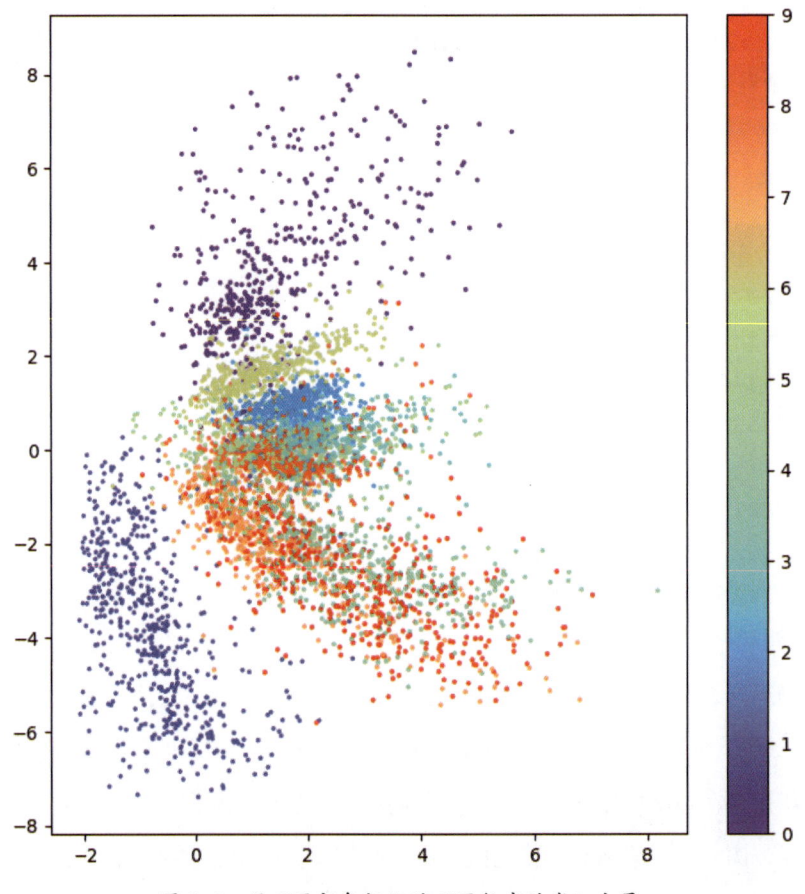

图5-5 用不同颜色标识的不同数字的嵌入向量

从图 5-5 中可以看到，编码器能够在潜在空间中自然地将外观相似的手写数字图像聚集在一起。这是因为自编码器在尝试重建输入图像的过程中，学习到了图像之间的相似性，并将这些相似性反映在潜在空间中的位置关系上。有趣的是，"0"的嵌入向量（图中紫色的点）和"1"的嵌入向量（图中蓝色的点）都与其他数字距离较远；而"4""7""9"的嵌入向量（分别是青色、黄色和红色的点）似乎有些"纠缠不清"，这也难怪自编码器写不好这几个数字了。

这样看来，由于自编码器只有很少的几个维度来工作，它自然而然地需要将不同的图像类别挤压在一起，导致不同类别之间的空间距离相对较小。这是因为二维空间非常有限，无法为每个类别提供足够的分离空间。

要解决这个问题，就需要引出 VAE 的概念了。

注意：虽然自编码器在以上示例中的表现不能让我们满意，但这不代表它一无是处。实际上，自编码器在图像去噪等方面的表现还是可圈可点的。而且，如果我们增加编码器输出的维度，说不定也可以改善它的性能。读者可自行尝试。

5.3 再试试变分自编码器

什么是 VAE 呢？它和普通自编码器有什么区别呢？其实它就是在自动编码器的基础上引入了随机变量和概率模型。VAE 同样包含编码器和解码器两个部分，与普通自编码器不同的是，VAE 中的隐变量（Latent Variable）是随机变量，而且它的分布也是模型需要学习的。

这么干巴巴地讲，别说 S 师姐了，就连 C 飘飘也觉得枯燥。要怎么给她们简单又有趣地解释清楚呢？小 L 想起上个月 S 师姐去"拉布拉市"旅游了，他就问 S 师姐在"拉布拉市"旅游时住的酒店在哪里。S 师姐一下子被问蒙了，不知道小 L 为什么突然问这个问题。不过她还是做出了回答——酒店在"库里路"和"喜竿街"的交叉口。

听了 S 师姐的答案之后，从来没去过"拉布拉市"的 C 飘飘能不能在脑海中还原出 S 师姐居住的环境呢？显然是不能的，因为 S 师姐的答案只说出了她所居住的酒店的地理位置，并没有描述周围的景观。

但如果 S 师姐这样讲——酒店在"库里路"和"喜竿街"交叉口；南边有个绿化很好的公园，北边有一片清澈的湖水；东边是一个大型商业综合体，集购物和娱乐于一体；西边有一个三甲医院，看病也很方便。这么一描述，是不是 C 飘飘马上就对 S 师姐旅游时所处的环境有了更加清晰的认知了呢？

小 L 其实就是想用这个例子来帮助 S 师姐和 C 飘飘理解自编码器和 VAE 的区别。自编码器就像是 S 师姐只介绍了酒店的位置，而 VAE 就像是除了位置之外，还介绍了酒店周边的环境。

如果用技术性的语言来说，与自编码器相比，VAE 把每个图像映射成潜在空间中每个点周围的一个区域，这个区域是一个由多个方向（即多个变量）组成的正态分布，即每个方向都有一个均值和一个表示变化程度的方差。这个东西，被称为多变量正态分布（Multivariate Normal Distribution）。要理解 VAE，我们就需要先理解一下这个多变量正态分布。

5.3.1 多变量正态分布

在第 4 章中，我们假设 N 村村民的身高是符合正态分布的，并且用可视化的方式观察了数据的分布及其概率密度曲线。为了唤醒大家的记忆，我们再看一下图 5-6。

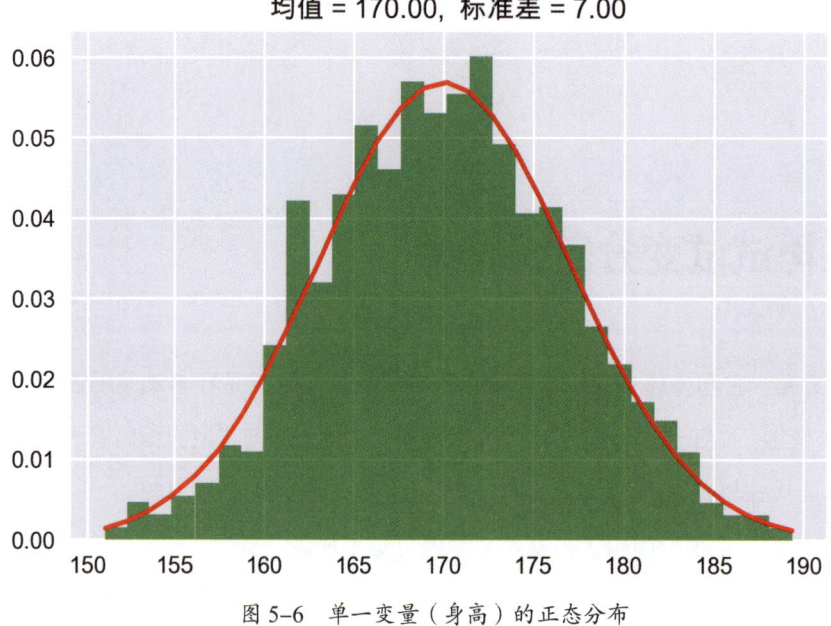

图 5-6 单一变量（身高）的正态分布

图 5-6 是我们之前见过的，它在二维图像中，用一条曲线表示了一个变量（村民身高）的概率密度。那么如果要在一个图像中表示两个变量的概率密度呢？那就会变成图 5-7 所示的样子了。

在图 5-7 中，我们可以看到在三维空间中有一个由等概率密度曲面组成的"山丘"形状，其中 X 轴和 Y 轴代表两个变量，而 Z 轴代表这些变量的联合概率密度。在 VAE 中，编码器就是把每个输入的图像，变成可以描述这种多变量正态分布（也就是前面说的隐变量，可以用 z 表示）的两个向量——隐变量 z 的均值 μ 和它的对数方差 $\log(\sigma^2)$。

因此，VAE 的结构就像图 5-8 所示的这样。

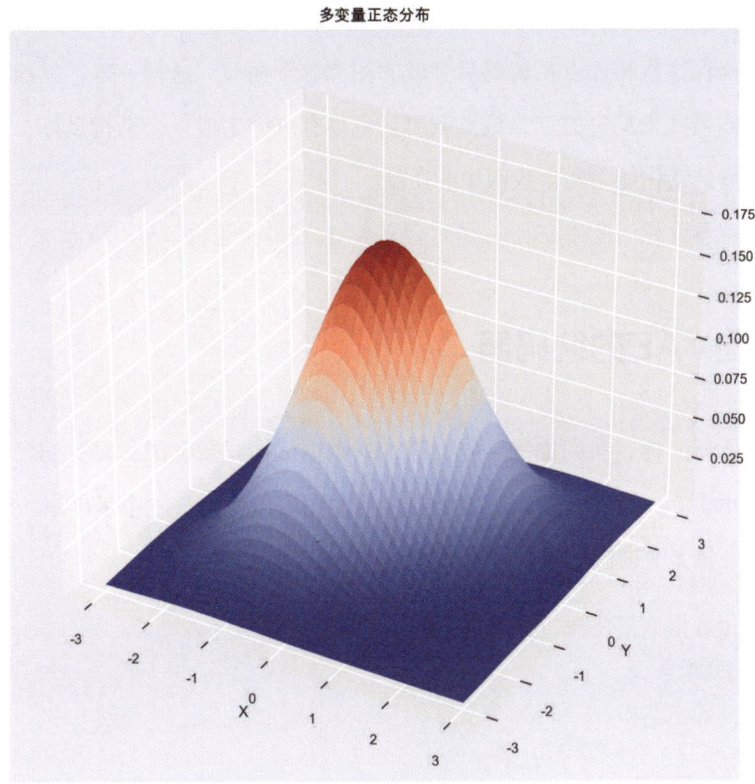

图 5-7　多变量正态分布的可视化

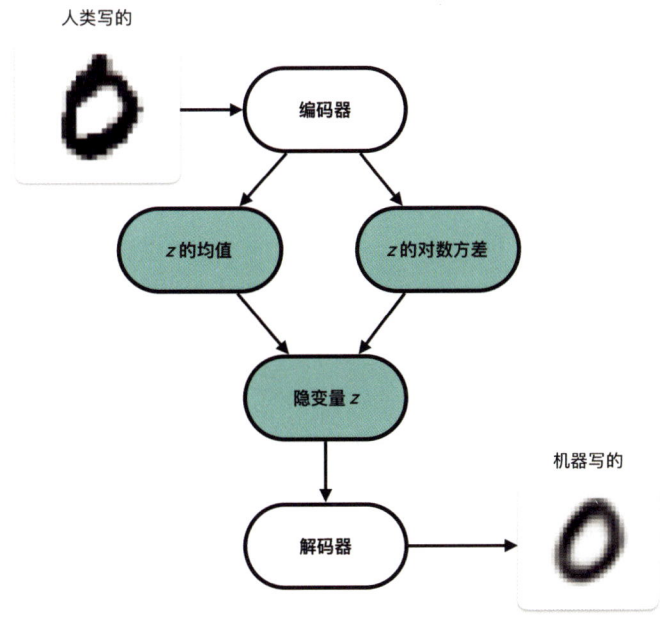

图 5-8　VAE 的结构

在图 5-8 中可以看到，VAE 的解码器部分和普通自编码器没什么区别。但编码器的部分就非常不同了——普通自编码器潜在空间中的点与其生成的图像之间的映射关系可以是任意的，没有强制要求相邻点在图像空间中也保持相似。

但VAE是从隐变量z的均值周围区域随机采样，为了使重构损失（Reconstruction Loss）保持较小，解码器必须确保这些相邻点在解码后生成的图像非常相似。这样一来，就确保了即使在潜在空间中选择一个解码器从未见过的点，该点解码后也很有可能生成一个结构良好、内容连贯的图像。这就可以提高模型的泛化能力和生成图像的质量。

接下来咱们就看看如何使用Python语言定义VAE的各个组件。

5.3.2 创建VAE的编码器

和构建自编码器一样，我们也需要先加载训练数据。加载数据的代码我们已经在前面使用过，这里就不重复展示了。不过在开始创建编码器之前，我们需要定义一个采样层（Sampling Layer），它的作用是在隐变量z中进行采样，代码如下。

```python
# 这次尝试设置嵌入层的维度为3
EMBEDDING_DIM = 3
# 设置训练的轮次为5
EPOCHS = 5
# 设置β（BETA）参数的值为500
BETA = 500
# 定义一个名为Sampling的自定义层，它继承自tf.keras.layers.Layer类
# 这个层用于从VAE的潜在空间中进行采样
class Sampling(layers.Layer):
    # 重写call()方法，这是自定义层的核心
    # 当层被调用时，这个方法会被执行
    def call(self, inputs):
        # inputs是一个元组，包含两个张量
        # z_mean（潜在空间的均值）和z_log_var（潜在空间的对数方差）
        z_mean, z_log_var = inputs

        # 获取批处理大小（batch）和潜在空间的维度（dim）
        batch = tf.shape(z_mean)[0]    # 第一个维度是批处理大小
        dim = tf.shape(z_mean)[1]      # 第二个维度是潜在空间的维度

        # 生成与潜在空间维度相匹配的随机噪声epsilon
        # 这里使用K.random_normal()方法，用于生成正态分布的随机数
        epsilon = K.random_normal(shape=(batch, dim))

        # 使用重参数化技巧进行采样
        # 首先，将z_log_var（对数方差）转换为标准差
```

```
        # 然后，将这个标准差乘以随机噪声 epsilon，并加上均值 z_mean。
        # 这样，我们就得到了采样自潜在空间的点 z
        return z_mean + tf.exp(0.5 * z_log_var) * epsilon
```

在上面的代码中，我们通过继承 Layer 类并定义 call() 方法来创建新的自定义层。在 Keras 中，Layer 是一个抽象基类，用于构建神经网络中的层。通过继承这个类并实现 call() 方法，我们定义了一个采样层，其作用是从潜在空间中采样。这个过程是根据由编码器网络输出的均值（z_mean）和对数方差（z_log_var）参数化的正态分布进行采样。这个过程中，涉及一个技巧称为重参数化技巧（Reparameterization Trick）。

这个重参数化技巧有什么用呢？它是 VAE 中常用的一个关键技巧，这个技巧允许我们从具有特定均值和对数方差的正态分布中采样，但不必直接从这个分布中采样。相反，我们首先从标准正态分布（均值为 0，方差为 1 的正态分布）中采样一个随机变量 epsilon，然后手动调整这个样本以使其具有正确的均值和方差。这种方法之所以称为重参数化技巧，是因为我们将原始的随机采样过程重新参数化为一个确定性的变换（即 z_mean + sigma * epsilon）和一个随机变量（即 epsilon）的组合。这个技巧的关键在于，尽管最终的采样值 z 是随机的，但我们可以将随机性完全封装在 epsilon 中，而 z_mean 和 z_log_var（用于后续计算标准差等）则是确定性地影响 z 的值。

定义好这个采样层之后，我们就可以"组装"编码器了，代码如下。

```
# 定义编码器的输入层
encoder_input = layers.Input(
    shape=(IMAGE_SIZE, IMAGE_SIZE, 1),  # 灰度图像通道数为 1
    name="encoder_input"
)

# 通过卷积层减少数据的空间维度和提取特征
x = layers.Conv2D(32, (3, 3), strides=2,
                  activation="relu", padding="same")(encoder_input)
x = layers.Conv2D(64, (3, 3), strides=2,
                  activation="relu", padding="same")(x)
x = layers.Conv2D(128, (3, 3), strides=2,
                  activation="relu", padding="same")(x)

# 记录展平前的形状，解码器需要这个信息来重构图像的形状
shape_before_flattening = K.int_shape(x)[1:]

# 展平操作，将多维数据转换为一维，以便输入到全连接层
x = layers.Flatten()(x)
```

```python
# 通过全连接层得到潜在空间的均值和对数方差
z_mean = layers.Dense(EMBEDDING_DIM, name="z_mean")(x)
z_log_var = layers.Dense(EMBEDDING_DIM, name="z_log_var")(x)

# 使用自定义的 Sampling 层来采样潜在空间中的点
z = Sampling()([z_mean, z_log_var])

# 定义编码器模型
# 编码器同时输出均值、对数方差和采样得到的潜在空间点
encoder = models.Model(encoder_input,
                       [z_mean, z_log_var, z], name="encoder")

# 打印编码器模型的概要信息
encoder.summary()
```

和普通自编码器一样,上面的代码首先定义了一个输入层,然后通过几个卷积层来减少数据的维度。不同的地方在于,后面通过全连接层输出均值 (z_mean) 和对数方差 (z_log_var),并使用已经自定义好的 Sampling 层来根据这些参数生成潜在空间中的点 z。运行这段代码,会看到编码器部分的概要。概要的内容 S 师姐她们已经很熟悉,我们就不重复介绍了。

5.3.3 解码器与KL散度

相信 S 师姐她们也知道,现在我们该创建 VAE 的解码器部分了。这部分的代码和普通的自编码器差不多,代码如下。

```python
# 定义解码器的输入层
decoder_input = layers.Input(shape=(EMBEDDING_DIM,),
                             name="decoder_input")

# 通过全连接层扩展输入到适合重塑为图像数据的维度
x = layers.Dense(np.prod(shape_before_flattening))(decoder_input)
# 重塑为卷积层所需的形状
x = layers.Reshape(shape_before_flattening)(x)

# 使用转置卷积层来增加数据的空间维度,并恢复图像的特征
x = layers.Conv2DTranspose(
    128, (3, 3), strides=2, activation="relu", padding="same")(x)
```

```
x = layers.Conv2DTranspose(
    64, (3, 3), strides=2, activation="relu", padding="same")(x)
x = layers.Conv2DTranspose(
    32, (3, 3), strides=2, activation="relu", padding="same")(x)

# 最后一个卷积层用于生成重构的图像
# 使用 Sigmoid 激活函数将输出值限制在 0 ～ 1
decoder_output = layers.Conv2D(
    1,  # 灰度图像通道数为 1
    (3, 3), strides=1,
    activation="sigmoid",  # 使用 Sigmoid 激活函数生成像素值
    padding="same", name="decoder_output", )(x)

# 定义解码器模型
decoder = models.Model(decoder_input, decoder_output)

# 打印解码器模型的概要信息
decoder.summary()
```

运行上面的代码，就会看到解码器部分的模型概要。这里倒没有什么需要详细介绍的。但是，与普通自编码器不同的是，这次我们要使用一个不同的损失函数——**KL 散度**（Kullback-Leibler Divergence）。

这里我们要先给 S 师姐她们介绍一下什么是 KL 散度。这是一个重要的概念，用于衡量两个概率分布之间的差异。在 VAE 中，主要用于衡量我们模型学习到的隐变量的分布与标准正态分布之间的差异。

由于在实际应用中，VAE 学习到的分布（即 z_mean 和 z_log_var 参数化的高斯分布）通常不会完全等于标准正态分布。为了量化这种差异，并在训练过程中鼓励模型学习到的分布接近标准正态分布，我们就可以使用 KL 散度作为模型的损失函数。由于两个分布都是高斯分布，在 VAE 中，当我们想要计算学习到的分布与标准正态分布之间的 KL 散度时，可以直接利用高斯分布之间的 KL 散度的闭式解（Closed-form Solution）。这个闭式解可以表示为

$$D_{\mathrm{KL}}(q(z) \| p(z)) = \frac{1}{2} \sum_{j=1}^{J} (1 + \log(\sigma_j^2) - \mu_j^2 - \sigma_j^2)$$

其中，J 是隐变量的维度；$q(z)$ 是学习到的分布（均值为 μ_j，方差为 σ_j^2）；$p(z)$ 是标准正态分布（均值为 0，方差为 1）。

具体要如何将这个 KL 散度作为模型的损失函数呢？可以使用下面的代码。

```
# 定义一个 VAE 类，继承 Keras 的 Model 类
```

```python
class VAE(models.Model):
    # 调用父类 Model 的构造函数，并传递所有额外的关键字参数
    def __init__(self, encoder, decoder, **kwargs):
        super(VAE, self).__init__(**kwargs)
        # 将传入的编码器模型保存到 VAE 实例的 encoder 属性中
        self.encoder = encoder
        # 将传入的解码器模型保存到 VAE 实例的 decoder 属性中
        self.decoder = decoder
        # 初始化一个 Mean 度量来跟踪总损失，命名为 total_loss
        self.total_loss_tracker = metrics.Mean(name="total_loss")
        # 初始化一个 Mean 度量来跟踪重构损失，命名为 reconstruction_loss
        self.reconstruction_loss_tracker = metrics.Mean(
            name="reconstruction_loss")
        # 初始化一个 Mean 度量来跟踪 KL 散度损失，命名为 kl_loss
        self.kl_loss_tracker = metrics.Mean(name="kl_loss")

    @property
    # 使用 @property 装饰器，将 metrics() 方法转换为一个只读属性
    def metrics(self):
        # 返回一个列表，该列表包含了三个跟踪损失的度量
        # 1. total_loss_tracker: 用于跟踪模型的总损失
        # 2. reconstruction_loss_tracker: 用于跟踪模型的重构损失
        # 3. kl_loss_tracker: 用于跟踪模型的 KL 散度损失
        return [
            self.total_loss_tracker,
            self.reconstruction_loss_tracker,
            self.kl_loss_tracker,
        ]

    def call(self, inputs):
    # 定义 VAE 模型的前向传播逻辑
        # 首先，通过编码器将输入数据转换为隐变量空间的表示
        z_mean, z_log_var, z = encoder(inputs)
        # 接着，将采样得到的隐变量 z 传递给解码器
        reconstruction = decoder(z)
        # 返回隐变量的均值、方差的自然对数和重构的数据
        return z_mean, z_log_var, reconstruction

    # 定义在训练过程中执行的单个步骤
    def train_step(self, data):
```

```python
# 使用tf.GradientTape()方法来记录运算，以便后续计算梯度
with tf.GradientTape() as tape:
    # 调用VAE模型的前向传播方法
    # 得到隐变量的均值、方差的自然对数和重构的数据
    z_mean, z_log_var, reconstruction = self(data)
    # 计算重构损失
    reconstruction_loss = tf.reduce_mean(
        BETA
        * losses.binary_crossentropy(
            data, reconstruction, axis=(1, 2, 3)
        )
    )
    # 计算KL散度损失
    kl_loss = tf.reduce_mean(
        tf.reduce_sum(
            -0.5
            * (1 + z_log_var - tf.square(z_mean) - tf.exp(z_log_var)),
            axis=1,))

    # 计算总损失，它是重构损失和KL散度损失的加权和
    total_loss = reconstruction_loss + kl_loss
# 计算总损失关于模型可训练权重的梯度
grads = tape.gradient(total_loss, self.trainable_weights)
# 应用梯度下降法更新模型的权重
self.optimizer.apply_gradients(zip(grads, self.trainable_weights))
# 更新损失度量的状态，以便在训练过程中跟踪这些值
self.total_loss_tracker.update_state(total_loss)
self.reconstruction_loss_tracker.update_state(reconstruction_loss)
self.kl_loss_tracker.update_state(kl_loss)
# 返回一个字典，包含当前步骤中各个损失度量的结果
return {m.name: m.result() for m in self.metrics}

# 定义在测试过程中执行的单个步骤
def test_step(self, data):
    # 如果输入数据是一个元组，我们只取第一个元素
    if isinstance(data, tuple):
        data = data[0]
    # 调用VAE模型的前向传播方法
    # 得到隐变量的均值、方差的自然对数和重构的数据
    z_mean, z_log_var, reconstruction = self(data)
```

```python
    # 计算重构损失
    reconstruction_loss = tf.reduce_mean(
        BETA
        * losses.binary_crossentropy(data, reconstruction, axis=(1, 2, 3))
    )
    # 计算 KL 散度损失
    kl_loss = tf.reduce_mean(
        tf.reduce_sum(-0.5 * (1 + z_log_var - tf.square(z_mean)
                              - tf.exp(z_log_var)), axis=1,)
    )

    # 计算总损失
    total_loss = reconstruction_loss + kl_loss
    # 返回一个字典，包含验证或测试过程中计算的各种损失度量结果
    return {
        "loss": total_loss,
        "reconstruction_loss": reconstruction_loss,
        "kl_loss": kl_loss,
    }
```

上面的代码确实有点长，看得 S 师姐她们头昏脑涨的。这也是没办法的事，因为 VAE 的损失函数结合了重构损失和 KL 散度，以鼓励模型学习到的潜在表示既能有效重构输入数据又具备多样性和结构性。这种损失函数的设计使 VAE 的训练过程更加复杂。但标准的 Keras 库又不直接提供 VAE 类，因此我们就只能自定义一个类，只是这样一来代码就显得很复杂了。

好在现在我们已经完成了这个 VAE 类的定义，接下来就可以进行模型的训练了。下面的代码就简单多了。

```python
# 调用我们定义好的 VAE 类
vae = VAE(encoder, decoder)

# 使用 Adam 优化器，并设置学习率为 0.0005
optimizer = optimizers.Adam(learning_rate=0.0005)

# 编译 VAE 模型，指定优化器
vae.compile(optimizer=optimizer)

# 训练 VAE 模型
vae.fit(
    x_train,   # 训练数据
```

```
        epochs=EPOCHS, # 训练轮次
        batch_size=BATCH_SIZE, # 批大小
        shuffle=True, # 打乱数据
        validation_data=(x_test, x_test), # 验证数据
        callbacks=[model_checkpoint_callback, tensorboard_callback],
)
```

运行这段代码之后,要等待一小段时间,才能完成模型的训练。与普通自编码器不同的是,我们可以在代码的运行结果中看到自定义的重构损失(reconstruction_loss)和 KL 散度损失(kl_loss)在 5 个训练轮次中的变化情况。完成了所有轮次的训练之后,我们就可以让 VAE 写几个数字来看看效果如何。

5.3.4 看看VAE写的数字

现在咱们就用训练好的 VAE 模型来重构一些测试集中的手写数字图像,代码如下。

```
# 这部分代码和普通自编码器相同
# 就不重复加注释了
n_to_predict = 5000
example_images = x_test[:n_to_predict]
example_labels = y_test[:n_to_predict]
z_mean, z_log_var, reconstructions = vae.predict(example_images)
fig, axes = plt.subplots(2, 5, figsize=(10, 4))
for i in range(10):
    axes[i // 5, i % 5].imshow(reconstructions[i],cmap='Greys')
    axes[i // 5, i % 5].axis('off')
    axes[i // 5, i % 5].set_title(f'Label: {example_labels[i]}')
plt.show()
```

运行这段代码,会得到如图 5-9 所示的结果。

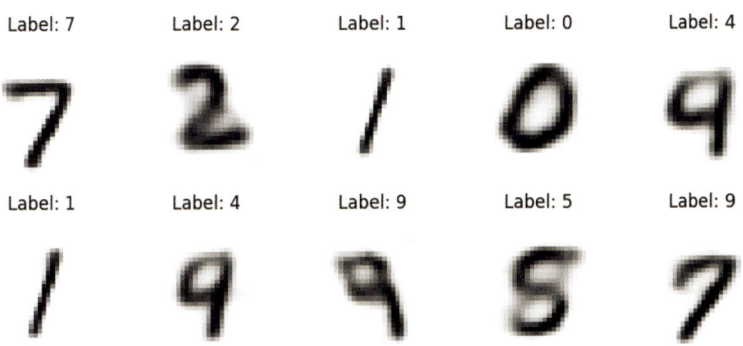

图 5-9 VAE "仿写" 的数字

从图 5-9 中可以看到，训练好的 VAE 模型也能够"模仿"人类的笔迹写出不同的数字。与普通自编码器相比，虽然 VAE 写的数字"4"和"9"还是有点儿"傻傻分不清楚"，但"0""1""2""7"写得都还不错。可以说是有了一定的提升。

虽然模型看起来仍然有提升的空间，但是让 S 师姐和 C 飘飘掌握 VAE 相关知识的目的已经达到了，也该让本章告一段落了。

5.4 小结与练习

在这一章中，小 L 借助一个让机器学会"模仿"人类的笔迹写出数字的小任务，带 S 师姐和 C 飘飘一起研究了普通自编码器和 VAE 的基础原理和架构。在这个过程中，她们了解了什么是编码器和解码器，也看到了编码器如何把原始图像转换为潜在空间中的嵌入向量。之后还学习了多变量正态分布和 KL 散度的概念，并且跟小 L 一起训练了一个完整的 VAE，并使用它重构了部分手写数字图像。虽然搭建 VAE 部分的代码有一点点复杂，但她们并不需要自己从头到尾写一遍，只需要下载下来，尝试修改其中的参数并观察模型性能的变化就可以了。

那么，掌握了这些知识，对于 W 处长交代的课题有什么帮助呢？此刻，小 L 自己心里也没底。毕竟和产业结合这件事，他也处于摸着石头过河的阶段。不过他相信，在研究的过程中，他们肯定可以找到一些思路。眼下还是留下一些练习题，让 S 师姐和 C 飘飘复习一下本章的知识好了。

习题1： 使用 Keras 加载 MNIST 手写数字数据集，并对其进行预处理。

习题2： 创建一个编码器，用于将处理后的 MNIST 数据集转换为潜在空间中的嵌入向量。

习题3： 创建一个解码器，用于将上述嵌入向量重构为图像。

习题4： 将编码器与解码器组合起来并进行训练。

习题5： 使用训练好的自编码器重构一些手写数字图像，并观察其效果。

习题6： 尝试对编码器转换的嵌入向量进行可视化。

习题7： 下载随书附赠的 VAE 部分的代码，尝试修改其中的参数并训练模型，评估模型重构图像的能力。

第6章 又回银饰工坊——生成对抗网络

在第 5 章中,小 L 等人用 VAE 实现了一个生成式模型,该模型可以"模仿"人类的笔迹写出数字。虽然这也属于实现了"从 0 到 1"的突破,但距离与产业结合还是比较遥远的。那下一步该如何推进工作呢?无巧不成书,就在小 L 他们一筹莫展的时候,Z 书记给他们打来了电话。

事情是这样的——N 村的银饰工坊开展了一个新的业务,为客户定制银饰。每个客户的银饰样式都是独一无二的。这个业务得到了很多客户的欢迎,因此银饰工坊收到了大批订单,但问题也随之而来。具体是怎么回事呢?我们继续往下看。

本章的主要内容有:

- ◆ 深度卷积生成对抗网络的生成器
- ◆ 深度卷积生成对抗网络的判别器
- ◆ 深度卷积生成对抗网络的训练过程
- ◆ 什么是条件生成对抗网络
- ◆ CGAN 的生成器与判别器
- ◆ 使用 CGAN 生成特定种类的图像

6.1 银饰工坊的烦恼

在第 2 章中我们提到过,银饰工坊是 N 村的重点产业之一。这次推出的银饰定制服务,更是得到了广大客户的认可,订单也随之滚滚而来。这个业务的核心模式是,客户下单之后,从银饰工坊图库里面挑选自己喜欢的样式,然后银饰工坊按照这些样式制作出银饰的成品再发给客户。银饰工坊图库中的部分样式如图 6-1 所示。

图 6-1 银饰工坊图库中的部分样式

注意:图 6-1 展示的实际上是 Fashion-MNIST 数据集,与第 5 章中用过的 MNIST 数据集不同,它包含的是 10 种不同类别的衣物图像,而不是手写数字。

在图 6-1 中我们可以看到,银饰工坊的图库中包含着若干具有时尚元素的图像。客户可以挑选其中的某些图样,然后由银饰工坊将它们制作成诸如耳钉、吊坠等饰品,并把已经被客户挑选过的图样移出图库,以保证每个客户得到的饰品都是"孤品",不会和其他客户重样。

但随着订单越来越多,问题也随之而来——图库里的图样很快就要不够用了,而找人设计又是一笔不小的开支。小 L 他们在省科技厅开发出一个能够"仿写"数字的生成式模型,已经传到了 Z 书记耳朵里。Z 书记心想,既然小 L 他们可以让模型学会写数字,那是不是也可以学会设计图样呢?于是他就给小 L 打了电话,让他们想想办法。

身在省科技厅的小 L 收到了 Z 书记的召唤,自然是非常兴奋。他们正在发愁如何将生成式模型技术和产业结合,Z 书记就送来这样一份大礼。于是小 L 向 W 处长报告之后,带着 S 师姐和 C 飘飘驱车回到了 N 村。

在了解了具体情况之后,小 L 觉得银饰工坊的这个任务,使用 VAE 来完成也不是不行。但这一次,他想试试另外一种技术——GAN。

在第 4 章中,小 L 讲过,GAN 属于隐式密度模型家族的一员,它由一个生成器和一个判别器两部分组成。对于银饰工坊的场景来说,生成器的任务是仿照图库中的银饰图样生成新的样式,而判别器则负责判断这些样式是否"合格"。它们的工作方式如图 6-2 所示。

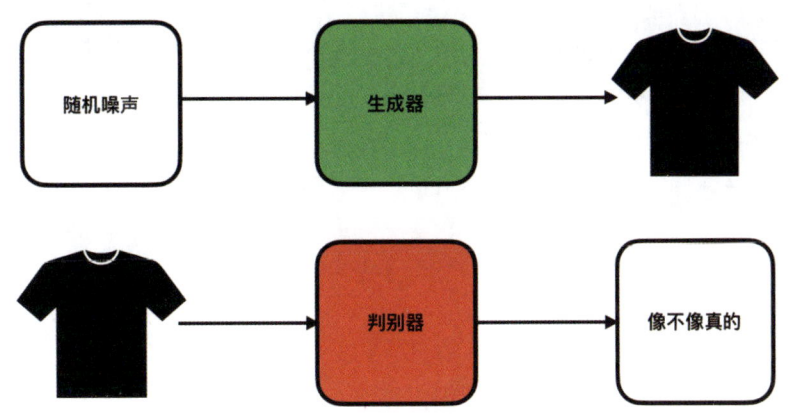

图 6-2 GAN 中的生成器与判别器的工作方式

这里需要说明的是,GAN 的训练过程是一个动态的、相互对抗的过程。生成器和判别器是交替训练的。当生成器变得更擅长生成接近真实的数据时,它会试图"欺骗"判别器,使其将假数据误认为是真实的。为了应对这一点,判别器必须适应并提升其识别能力,以便能够准确地区分真假数据。这种对抗推动了生成器不断寻找新的方法来欺骗判别器,而判别器则不断提升其识别能力。这个过程会不断循环,直到达到一个平衡点,此时生成器能够生成足够逼真的数据,以至于判别器无法以高于随机猜测的准确率来区分真假数据。

另外,GANs 其实是一类模型的统称,它包括深度卷积生成对抗网络(Deep Convolutional Generative Adversarial Networks,DCGAN)、WGAN-GP、条件生成对抗网络(Conditional GAN,CGAN)等。接下来就让小 L 试试,哪一种模型能够较好地解决银饰工坊的问题。

6.2 深度卷积生成对抗网络

DCGAN 这个词里面的"卷积"两个字是不是听着很耳熟?没错,这个卷积就是我们在第 3 章中用过的 CNN 的卷积。光听名字 S 师姐她们也能猜到,DCGAN 模型是 GAN 的一种变体。是的,这个 DCGAN 模型就是通过引入深度 CNN 来构建生成器和判别器,它对网络结构进行了一些限制和改进,提高了网络的稳定性和生成图像的质量。DCGAN 模型的网络结构在之后的多种改进 GAN 中都得到了广泛沿用,被认为是当今各类改进 GAN 的"大师兄"。

下面我们就来试着搭建一个 DCGAN 模型,看看它的效果如何。

6.2.1 数据加载与处理

说干就干,小 L 首先要加载一些必要的库,代码如下。

```
# 加载 IPython 的 autoreload 扩展，用于自动重新加载模块，特别是在开发过程中
# 确保导入的模块是最新的，无须每次修改后都重启内核
%load_ext autoreload
%autoreload 2

# 设置 matplotlib 的图表直接在 Jupyter Notebook 中显示，而不是在新窗口中
%matplotlib inline

# 导入 TensorFlow 库
import tensorflow as tf

# 从 TensorFlow 库中导入 Keras
from tensorflow import keras

# 导入 NumPy 库
import numpy as np

# 导入 matplotlib.pyplot
import matplotlib.pyplot as plt

# 导入 tqdm 库，用于在循环中添加进度条，提升用户体验
from tqdm import tqdm
from IPython import display
```

上面的代码运行之后，就完成了库的加载。下面我们可以加载数据并进行简单处理，然后检查一下，代码如下。

```
# 加载 Fashion-MNIST 数据集，它包含训练集和测试集
# 每个集合都是图像和标签的元组
(x_train, y_train), (x_test, y_test) = (
    tf.keras.datasets.fashion_mnist.load_data())

# 将训练集的图像数据从整数类型转换为浮点数类型，并除以 255 进行归一化
# 归一化有助于模型的训练
x_train = x_train.astype(np.float32) / 255

# 同样地，将测试集的图像数据也进行归一化处理
x_test = x_test.astype(np.float32) / 255

# 创建一个新的图形对象，设置图形的大小为 10in × 10in
```

```python
plt.figure(figsize=(10,10))

# 使用循环遍历前 20 个训练图像
for i in range(20):
    # 使用 subplot 函数创建子图，5 行 5 列，当前是第 i+1 个子图
    # 注意：subplot 函数的索引从 1 开始，而 range 是从 0 开始，所以这里用 i+1
    plt.subplot(5,5,i+1)

    # 隐藏 x 轴和 y 轴的刻度
    plt.xticks([])
    plt.yticks([])

    # 隐藏网格线
    plt.grid(False)

    # 显示图像，使用 binary 颜色映射来将灰度值映射到黑白颜色
    # 因为 Fashion-MNIST 的图像是灰度图，所以使用 binary 映射很合适
    plt.imshow(x_train[i], cmap=plt.cm.binary)

# 显示整个图形，包括所有子图
plt.show()
```

运行这段代码，得到结果如图 6-3 所示。

图 6-3　经处理后的 Fashion-MNIST 图像数据

上面这段代码首先加载了 Fashion-MNIST 数据集（我们假装它是前文中银饰工坊的样式图库），并将其分为训练集和测试集。接着，对训练集和测试集的图像数据进行了归一化处理，即将像素值从 [0, 255] 缩放到 [0, 1]，然后通过循环展示了前 20 个训练图像。

不过，Fashion-MNIST 数据集包含的训练数据还是比较多的，如果全部拿来训练模型，需要比较长的时间。为了能快速实验，小 L 从中选取了一部分样本作为训练集，再进行一些设置来提升训练的效率，代码如下。

```
# 从 x_train 中截取前 5000 个样本作为训练数据
x_train = x_train[:5000]

# 设置批处理大小为 32。即在每次迭代中，模型将接收 32 个样本进行训练
batch_size = 32

# 使用 from_tensor_slices() 方法从 x_train 中创建一个数据集
# 这使得 x_train 的每个样本都成为数据集中的一个元素
dataset = tf.data.Dataset.from_tensor_slices(x_train)

# 对数据集进行打乱操作，随机选择 1000 个样本中的一个来替换当前位置的样本
# 有助于模型在训练过程中看到不同顺序的样本，提高泛化能力
dataset = dataset.shuffle(1000)

# 将数据集分批处理，每批包含 batch_size 个样本
# drop_remainder=True 表示如果最后一批的样本数不足 batch_size 个，则丢弃这些样本
dataset = dataset.batch(batch_size, drop_remainder=True)

# 使用 prefetch() 方法来优化数据加载
# prefetch(1) 表示在模型处理当前批次时，异步地准备下一个批次的数据
# 有助于减少 CPU 等待 GPU 完成计算的时间
dataset = dataset.prefetch(1)
```

这段代码是用来预处理和准备训练数据的，包括数据截取、打乱、分批和预取。完成这些步骤之后，我们就可以继续下一步的工作了。

6.2.2 创建生成器

现在我们就开始创建 DCGAN 模型中的生成器，生成器的输入是一个从多元标准正态分布（Multivariate Standard Normal Distribution）中抽取的向量，而其输出是一个图像，尺寸与原始训练数据集中的图像尺寸相同。这听起来与 VAE 中的解码器非常相似！确实，GAN 的生成器和 VAE 的

解码器在功能上类似，它们都执行从潜在空间到原始数据域（如图像域）的映射。但不同的是，GAN 中的潜在空间是隐式的，也就是说它的训练过程并不直接优化潜在空间中的可解释性。

好了，话不多说，我们直接上代码。

```python
# 定义输入特征的数量
num_features = 100

# 创建一个 Sequential 模型，它是一个线性堆叠的模型
# 意味着我们添加的层将以顺序的方式应用到输入数据上
generator = keras.models.Sequential([
    # 添加一个全连接层（Dense），该层将输入特征映射到 7×7×128 的维度上
    # 这是因为我们想要通过转置卷积层将一维特征转换为二维图像
    keras.layers.Dense(7*7*128, input_shape=[num_features]),

    # 将上一层的输出（一维）重塑为三维，以便可以被卷积层处理
    # 这里我们重塑为 7×7 的网格点，每个网格点有 128 个通道
    keras.layers.Reshape([7, 7, 128]),

    # 添加批归一化层，帮助加速训练并减少过拟合
    keras.layers.BatchNormalization(),

    # 添加第一个转置卷积层
    # 该层将特征图的尺寸增加（通过步长 2），并将通道数从 128 减少到 64
    # 使用 same 填充来保持输出尺寸与输入尺寸相同
    # 使用 SELU 激活函数
    keras.layers.Conv2DTranspose(64, (5,5), (2,2), padding='same',
                                 activation='selu'),
    # 再次添加批归一化层
    keras.layers.BatchNormalization(),

    # 添加第二个转置卷积层，将特征图的通道数减少到 1（即灰度图像）
    # 同时进一步增加特征图的尺寸，直到达到所需的输出尺寸
    # 激活函数使用 tanh 函数，它将输出值压缩到 [-1, 1] 区间内
    keras.layers.Conv2DTranspose(1, (5,5), (2,2), padding='same',
                                 activation='tanh')])

# 打印模型的摘要，包括每层的名称、输出形状和参数数量
generator.summary()
```

运行这段代码，会得到以下结果：

```
Model: "sequential"
_____
 Layer (type)                Output Shape              Param #
=================================================================
 dense_4 (Dense)             (None, 6272)              633472

 reshape_3 (Reshape)         (None, 7, 7, 128)         0

 batch_normalization_14 (Ba  (None, 7, 7, 128)         512
 tchNormalization)

 conv2d_transpose_9 (Conv2D  (None, 14, 14, 64)        204864
 Transpose)

 batch_normalization_15 (Ba  (None, 14, 14, 64)        256
 tchNormalization)

 conv2d_transpose_10 (Conv2  (None, 28, 28, 1)         1601
 DTranspose)

=================================================================
Total params: 840705 (3.21 MB)
Trainable params: 840321 (3.21 MB)
Non-trainable params: 384 (1.50 KB)
_____
```

通过运行上面的代码，我们完成了生成器部分的搭建。这个生成器模型设计用于从低维特征向量（num_features=100）生成二维图像。从代码运行结果显示的模型概要中可以看到，它首先通过一个全连接层将输入特征映射到一个高维空间（$7 \times 7 \times 128$），然后通过 Reshape() 方法重塑操作将其转换为二维特征图的形式。接下来，使用两个转置卷积层逐步增加特征图的尺寸，并最终输出一个单通道的图像。批归一化层用于加速训练并提高模型的泛化能力。

这里需要给 S 师姐她们单独介绍一下 SELU（Scaled Exporential Linear Unit）这个激活函数，它可以看作 ReLU 激活函数的一个变体。SELU 激活函数通过自归一化（Self-Normalizing）属性来改进训练过程，并减少训练深度神经网络时常见的梯度消失或梯度爆炸问题。其数学表达式为

$$\text{SELU}(x) = \lambda \cdot \begin{cases} x, & x > 0 \\ \alpha \cdot (e^x - 1), & x \leqslant 0 \end{cases}$$

其中，λ 和 α 是两个超参数，用于控制函数的形状和自归一化属性。它们的取值通常为

$\lambda=1.0507$ 和 $\alpha=1.6733$。SELU 激活函数的主要特点是其自归一化属性,这意味着通过多层神经网络传播时,输入的均值和方差会自动调整到一个稳定的范围内,这有助于解决训练深度神经网络时遇到的梯度问题。图 6-4 展示了 SELU 激活函数如何处理输入的变量。

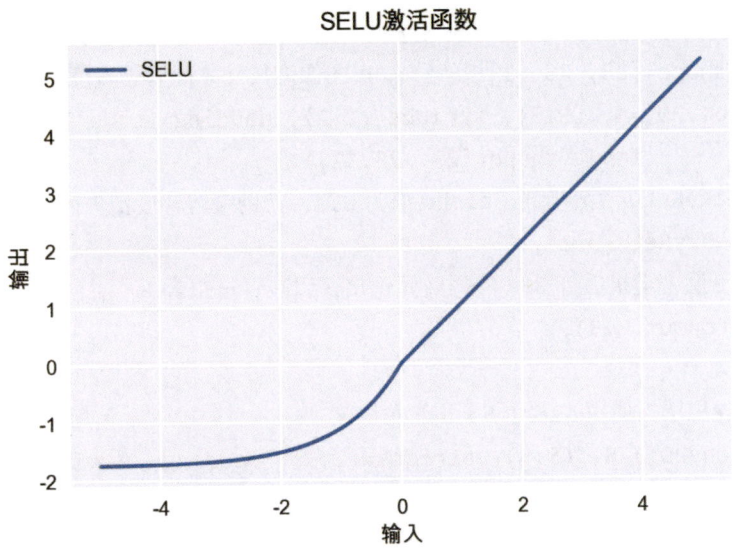

图 6-4　SELU 激活函数对于输入变量的作用

从图 6-4 中可以看到,当输入 x 大于 0 时,SELU 激活函数是线性的(斜率为 λ),而当输入 x 小于或等于 0 时,函数呈指数增长(但受到 α 和 λ 的缩放影响)。SELU 激活函数的这种特性,可以使神经网络在训练过程中更加稳定,减少了对初始化和学习率的敏感性。

下面,我们还要"告诉"生成器,如何根据输入的随机噪声来生成"假"的图像,使用代码如下。

```
# 创建一个随机噪声张量,其中 num_features 是生成器输入特征的数量
# tf.random.normal 函数用于生成满足标准正态分布的随机数,这里用作生成器的输入
noise = tf.random.normal(shape=[1, num_features])

# 将噪声输入生成器(generator),并设置 training=False
# 意思是使用生成器的推断模式(inference mode),即不启用训练特有的行为
generated_image = generator(noise, training=False)
```

到这里,我们就完成了生成器的创建,下面可以创建判别器了。

6.2.3　创建判别器

我们知道,判别器的核心任务是区分输入给它的图像是真实的(来自训练数据集)还是由生成器生成的。这实际上是一个有监督的图像分类问题,因为我们需要告诉判别器哪些图像是真实的,哪些是由生成器生成的(也就是"假"的)。为了执行这个分类任务,我们的判别器采用第 3 章中

介绍的 CNN 的架构即可，代码如下。

```python
# 定义判别器模型
discriminator = models.Sequential([
    # 第一层卷积层，使用 64 个 5×5 的卷积核，步长为 2×2，填充方式为 same
    # input_shape=[28, 28, 1] 指定了输入图像的尺寸（高度、宽度、通道数）
    layers.Conv2D(64, (5,5), strides=(2,2), padding='same',
                  input_shape=[28, 28, 1]),
    # 使用 LeakyReLU 激活函数，alpha 值为 0.2，帮助缓解梯度消失问题
    layers.LeakyReLU(0.2),
    # Dropout 层，随机丢弃 30% 的神经元输出，以减轻过拟合
    layers.Dropout(0.3),

    # 第二层卷积层，使用 128 个 5×5 的卷积核
    layers.Conv2D(128, (5,5), strides=(2,2), padding='same'),
    # 再次使用 LeakyReLU 激活函数
    layers.LeakyReLU(0.2),
    # 再次使用 Dropout 层
    layers.Dropout(0.3),

    # 第三层卷积层，使用 256 个 5x5 的卷积核
    layers.Conv2D(256, (5,5), strides=(2,2), padding='same'),
    # 继续使用 LeakyReLU 激活函数
    layers.LeakyReLU(0.2),
    # 继续使用 Dropout 层
    layers.Dropout(0.3),

    # Flatten 层，将多维输入一维化，以便可以连接到全连接层
    layers.Flatten(),
    # 全连接层，只有一个节点，使用 Sigmoid 激活函数输出图像为真的概率
    layers.Dense(1, activation='sigmoid')
])

# 打印模型的概要信息
discriminator.summary()
```

运行上面的代码，得到结果如下。

```
Model: "sequential_2"
_____
Layer (type)                    Output Shape              Param #
```

```
=================================================================
 conv2d_16 (Conv2D)              (None, 14, 14, 64)         1664

 leaky_re_lu_18 (LeakyReLU)       (None, 14, 14, 64)         0

 dropout_14 (Dropout)             (None, 14, 14, 64)         0

 conv2d_17 (Conv2D)               (None, 7, 7, 128)          204928

 leaky_re_lu_19 (LeakyReLU)       (None, 7, 7, 128)          0

 dropout_15 (Dropout)             (None, 7, 7, 128)          0

 conv2d_18 (Conv2D)               (None, 4, 4, 256)          819456

 leaky_re_lu_20 (LeakyReLU)       (None, 4, 4, 256)          0

 dropout_16 (Dropout)             (None, 4, 4, 256)          0

 flatten_4 (Flatten)              (None, 4096)               0

 dense_5 (Dense)                  (None, 1)                  4097

=================================================================
Total params: 1030145 (3.93 MB)
Trainable params: 1030145 (3.93 MB)
Non-trainable params: 0 (0.00 Byte)
```

经过对第 3 章的学习，S 师姐对这个判别器的结构已经不算陌生了——模型通过三层卷积层逐渐提取图像的高级特征，每层之后都跟着 LeakyReLU 激活函数和 Dropout 层来增强模型的非线性表达能力并防止过拟合。最后，通过 Flatten 层将多维的卷积层输出转换为一维数组，以便可以连接到单个节点的全连接层，该层使用 Sigmoid 激活函数输出一个介于 0 和 1 之间的值，表示输入图像为真实图像的概率。

这里要单独把 LeakyReLU 这个激活函数拿出来讲一下。带泄露修正线性单元（Leaky Rectified Linear Unit，LeakyReLU）也是一种常用的激活函数，特别是在处理深度学习中的图像识别、自然语言处理这些任务时很有用。它是 ReLU 激活函数的一个变体，旨在解决 ReLU 函数在输入小于 0 时可能导致的"神经元死亡"问题。

那么,"神经元死亡"问题又是什么?这里要先让 S 师姐回忆一下 ReLU 激活函数。ReLU 激活函数非常简单,它将所有的负值置为 0,而正值保持不变。ReLU 激活函数的优点在于它计算简单且能够有效缓解梯度消失问题(在正区间内),但它也存在一个显著的缺点:当输入小于 0 时,梯度为 0,这会导致一些神经元在训练过程中永远不会被激活,这就是所谓的"神经元死亡"现象。

为了解决 ReLU 激活函数在输入小于 0 时梯度为 0 的问题,LeakyReLU 激活函数被提了出来。LeakyReLU 激活函数在输入小于 0 时给予一个很小的梯度值(通常是一个很小的常数,如 0.01),这使得即使输入是负的,神经元也能保持一定的"泄露"或"更新",从而避免了神经元死亡的问题。它的数学表达式是

$$\text{LeakyReLU}(x) = \begin{cases} x, & x > 0 \\ \alpha x, & x \leq 0 \end{cases}$$

其中,α 是一个很小的常数,通常取值在 0~1 之间,如 0.01。这个 α 值决定了函数在负输入时的"泄露"程度。图 6-5 展示了 LeakyReLU 激活函数是如何处理输入变量的。

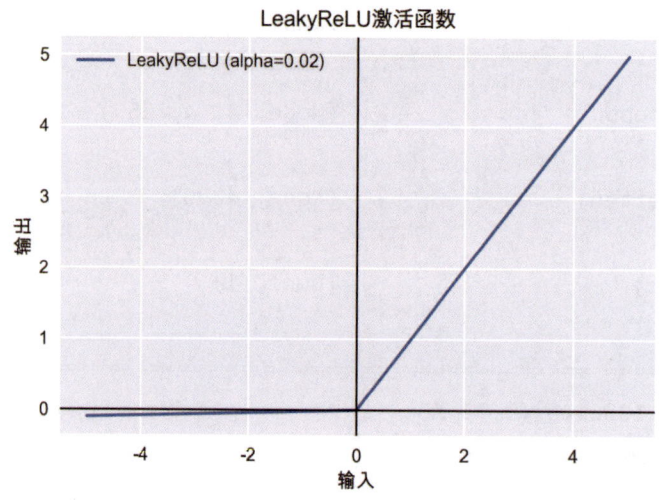

图 6-5　LeakyReLU 激活函数对输入变量的处理

图 6-5 展示了 LeakyReLU 激活函数形状的图像。可以看到,与 ReLU 激活函数不同的是,LeakyReLU 激活函数在 x 小于或等于 0 时,函数有一个小的斜率,而不是 0(为了让大家看得清楚,这里的 α 值设置为 0.02),而在 x 大于 0 时,函数的斜率为 1。

下面我们就可以编译这个判别器模型了,使用的代码如下:

```
# 编译判别器模型
# 使用二元交叉熵作为损失函数,因为要区分是真实数据还是生成器产生的假数据
# 选择 RMSprop 优化器来更新判别器的权重
discriminator.compile(loss='binary_crossentropy', optimizer='rmsprop')

# 设置判别器为不可训练
```

```
# 这样做可以确保在训练生成器时
# 只有生成器的权重会被更新，而判别器的权重保持不变
discriminator.trainable = False
```

运行上面的代码，就完成了判别器模型编译参数和训练状态的设置。首先我们指定了判别器的损失函数和优化器。然后，通过设置 trainable 属性为 False，确保了在训练生成器时不会更新判别器的权重，这是 GANs 训练过程中的一个关键步骤。

现在我们已经分别创建好了生成器与判别器，接下来就可以将它们组合在一起并进行训练了。

6.2.4 训练我们的DCGAN模型

要把已经创建好的生成器与判别器组合成我们的 DCGAN 模型，使用代码如下。

```
# generator 和 discriminator 是上面已经定义好的模型
# 将 generator 和 discriminator 串联成一个 Sequential 模型
DCGAN = keras.models.Sequential([generator, discriminator])


# 编译这个 Sequential 模型
# 使用二元交叉熵作为损失函数
# 选择 RMSprop 优化器
DCGAN.compile(loss='binary_crossentropy', optimizer='rmsprop')
```

运行这段代码，我们就可以完成 DCGAN 模型的编译。由于 DCGAN 模型中需要交替地训练生成器和判别器，所以我们还要定义一下训练的过程，使用的代码如下。

```
# 固定随机种子用于生成图像以比较不同训练阶段的输出
seed = tf.random.normal(shape=[batch_size, num_features])
def generate_and_save_images(model, epoch, test_input):
    """
    使用生成器模型生成图像并保存

    参数:
    - model: 生成器模型
    - epoch: 当前训练轮次
    - test_input: 用于生成图像的噪声输入
    """
    predictions = model(test_input, training=False)  # 生成图像
    fig = plt.figure(figsize=(10, 10))

    for i in range(25):  # 我们只保存 25 张图像
```

```python
            plt.subplot(5, 5, i + 1)
            # 生成器输出的是 [-1, 1] 范围内的图像，我们需要将其缩放到 [0, 255]
            plt.imshow(predictions[i, :, :, 0] * 127.5 + 127.5,
                       cmap='binary')
            plt.axis('off')
    plt.savefig(f'image_at_epoch_{epoch:04d}.png')
    plt.show()


def training(DCGAN, dataset, batch_size, num_features, epochs=5):
    # 遍历指定的训练轮次
    for epoch in tqdm(range(epochs)):
        # 遍历数据集中的每个批次
        for x_batch in dataset:
            # 生成随机噪声作为生成器的输入
            noise = tf.random.normal(shape=[batch_size, num_features])
            # 使用生成器从噪声中生成图像
            generated_images = generator(noise)
            # 将生成的图像和真实图像合并，用于训练判别器
            x_fake_and_real = tf.concat([generated_images, x_batch], axis=0)
            # 创建标签，0 表示生成的图像，1 表示真实的图像
            y1 = tf.constant([[0.]]*batch_size + [[1.]]*batch_size)
            # 设置判别器为可训练状态，并使用合并后的图像和标签进行训练
            discriminator.trainable = True
            discriminator.train_on_batch(x_fake_and_real, y1)
            # 创建标签，全部为 1，用于欺骗判别器，使生成器生成更真实的图像
            y2 = tf.constant([[1.]]*batch_size)
            # 设置判别器为不可训练状态，仅训练生成器
            discriminator.trainable = False
            # 使用生成器和判别器组成的 DCGAN 模型进行训练，目标是欺骗判别器
            DCGAN.train_on_batch(noise, y2)
        # 清除输出，准备显示新的图像
        display.clear_output(wait=True)
        # 生成并保存一些图像以观察训练进度
        generate_and_save_images(generator, epoch + 1, seed)
    # 清除输出，准备显示最终的训练结果
    display.clear_output(wait=True)
    # 生成并保存最终训练轮次的图像
    generate_and_save_images(generator, epochs, seed)
```

运行上面的代码之后，我们就定义好了 DCGAN 模型的训练过程。核心的步骤是每个训练的轮

次从数据集中提取用于训练的一小部分数据。对于每个批次，首先生成与批次大小相同的随机噪声，并将其输入生成器，以生成与真实图像相似的假图像。其次，将生成的假图像与真实图像合并，用于训练判别器。判别器的任务是区分哪些图像是真实的，哪些是由生成器生成的。在训练判别器时，将合并后的图像和对应的标签（0 表示假图像，1 表示真实图像）输入判别器，并更新其权重以改善其区分能力。接下来，为了训练生成器，将判别器的可训练属性设置为 False，这样在训练生成器时判别器的权重就不会更新了。最后，使用相同的噪声生成假图像，但这次将所有假图像的标签都设置为 1（即欺骗判别器认为这些图像都是真实的），并将噪声和标签输入到 DCGAN 模型中（也就是生成器和判别器的组合）进行训练。这样，生成器会尝试生成越来越逼真的图像，以欺骗判别器。

接下来，激动人心的时刻到了，我们可以开始训练 DCGAN 模型并观察它的表现了，使用的代码如下。

```
# 将 x_train 数据重新塑形为适合图像输入的格式，即 [ 样本数，高，宽，通道数 ]
# 将其重塑为 [ 样本数，28, 28, 1]（28×28 像素的灰度图像）
# 然后通过乘以 2 并减去 1 进行归一化
x_train_new = x_train.reshape(-1, 28, 28, 1) * 2 - 1

# 设置批次大小为 32
batch_size = 32

# 使用 tf.data.Dataset API 从重新塑形并归一化后的 x_train_new 中创建一个数据集
# shuffle(1000) 打乱数据集前 1000 个样本
dataset = tf.data.Dataset.from_tensor_slices(x_train_new).shuffle(1000)

# 将数据集分批处理，每批包含 batch_size 个样本
# prefetch(1) 是性能优化操作
dataset = dataset.batch(batch_size, drop_remainder=True).prefetch(1)

# 使用 %%time 魔术命令来测量以下代码块的执行时间
# 调用 training() 函数来训练 DCGAN 模型
%%time
training(DCGAN, dataset, batch_size, num_features, epochs=10)
```

运行上面这段代码，需要等待很长一段时间。好在前面我们只是从数据集中截取了一小部分数据用于模型的训练，并且指定了训练的轮次只有 10 次，因此大约半个小时就可以完成训练的过程。在这个过程中，我们会看到 Notebook 中不断生成新的图像，并且质量越来越好。最后得到的结果如图 6-6 所示。

因为不想让 S 师姐她们等太久，这里小 L 只选择了 5000 个样本作为训练数据，且训练的轮次也比较少，只有 10 次。这可能导致模型学习不充分，因此模型生成的图像质量谈不上好，但即便如此，

从图6-6中还是可以看到,我们的DCGAN模型能够模仿"图库"中的样式,"设计"出新的图像了。

在这个过程中究竟发生了些什么呢?在图6-7中,我们可以观察到模型在训练过程中所生成图像的变化情况。

图6-6 最后一轮训练完成后DCGAN模型生成的图像

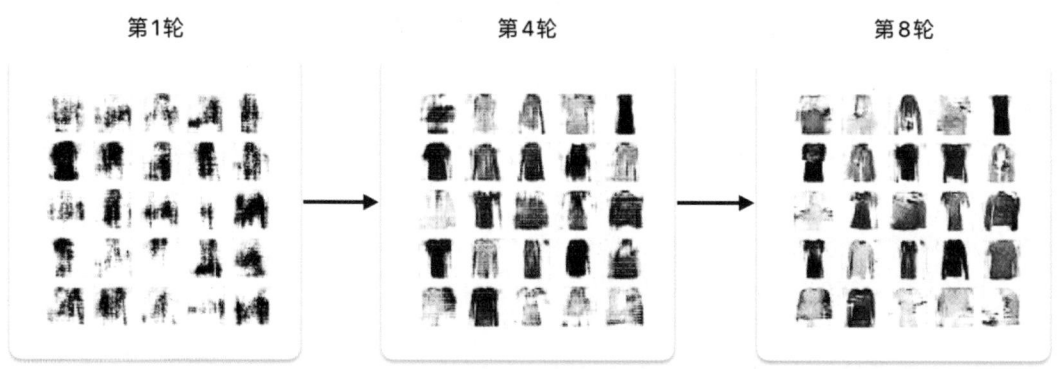

图6-7 模型训练过程中所生成的图像的变化情况

在图6-7中可以看到,随着训练轮次的增加,生成的图像质量逐渐提高。看着这个过程,S师姐她们觉得超级不可思议——模型居然能够接收一组随机的数字(即随机噪声)作为输入,并通过其复杂的内部结构和学习过程,将这些无意义的随机噪声转换为具有特定形状、纹理和意义的图像。这可真是一项非常了不起的技术,因为在传统的方法中,我们需要明确指定规则或模板来生成图像,而DCGAN模型却能够"自学"如何生成这些内容。

不过，C 飘飘此时却提出了一个问题——现在是可以根据训练数据集生成一些新图像了，但是我们没办法控制生成什么种类的图像。比如，客户只想要定制一个"连衣裙"样式的银饰，总不能先把所有的图像都生成出来，再去把"连衣裙"样式的图像挑出来吧？为了解决这个问题，小 L 引出了下一个概念，那就是 CGAN 模型。

6.3 条件生成对抗网络

CGAN 也是 GAN 的一种变种，它在生成图像或其他数据时引入了条件信息。这样一来，生成器就能够根据条件信息生成数据，而判别器则根据条件信息判断生成的数据是否真实。和 DCGAN 模型一样，它也包含一个生成器和一个判别器。但不同的是，它的生成器接收两个输入，一个是噪声向量（和我们输入到 DCGAN 模型中的一样），另一个是条件向量（如类别标签、文本描述、图像等）。判别器也接收两个输入，即真实样本（或生成样本）和一个标签（指示该样本是真实的还是生成的）。CGAN 模型的结构如图 6-8 所示。

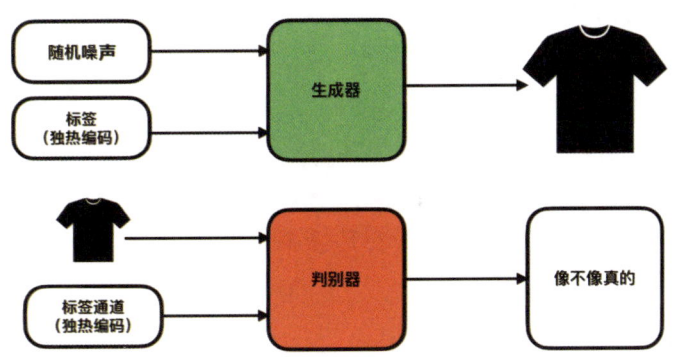

图 6-8　CGAN 模型的结构

在 CGAN 模型中，除了输入的标准随机噪声外，我们还要向生成器传递与数据相关的标签信息。这个标签信息通常以独热编码向量的形式出现，并简单地附加到潜在空间样本上。这样，生成器在生成数据时就会考虑到这个标签信息，从而能够生成符合该标签的数据。

而 CGAN 模型的判别器除了接收生成的图像或真实图像作为输入外，还要添加与图像对应的标签信息。这个标签信息不是直接附加到图像数据上，而是作为额外的通道（Channels）与图像一起输入。为了实现这一点，我们会将独热编码的标签向量进行重复，以匹配输入图像的尺寸（即高度和宽度），然后将其作为一个额外的通道添加到图像的颜色通道之后。这样，判别器在区分图像时就能够考虑到图像对应的标签信息。

接下来我们就让小 L 带着 S 师姐她们一起，动手搭建并训练一个 CGAN 模型，看看它是不是可以解决 C 飘飘提出的问题。

6.3.1 CGAN模型的生成器

在创建 CGAN 模型的生成器之前，我们要加载一些必要的库和 Fashion-MNIST 数据集。这部分代码和 DCGAN 模型是相同的，这里就不重复粘贴了。下面直接上创建生成器的代码。

```python
from tensorflow.keras.layers import (
    Input, Embedding, Dense, Reshape, LeakyReLU, Concatenate,
    Conv2DTranspose, Conv2D)
from tensorflow.keras.models import Model
from tensorflow.keras.utils import plot_model
def define_generator(latent_dim, n_classes=10):
    # 输入层，用于类别标签（然后通过 Embedding 层转换为密集向量）
    in_label = Input(shape=(1,))    # 形状为 (1,) 的输入，因为标签是单个整数
    li = Embedding(n_classes, 50)(in_label)    # 将标签嵌入为 50 维的密集向量
    # 将嵌入的向量转换为与后续层兼容的形状（这里是一个 7×7 的特征图）
    n_nodes = 7 * 7
    li = Dense(n_nodes)(li)
    li = Reshape((7, 7, 1))(li)    # 调整为 7×7×1 的特征图

    # 输入层，用于随机噪声
    in_lat = Input(shape=(latent_dim,))

    # 通过几个层处理随机噪声，以生成与标签特征图兼容的形状
    n_nodes = 128 * 7 * 7
    gen = Dense(n_nodes)(in_lat)
    gen = LeakyReLU(alpha=0.2)(gen)    # 引入非线性
    gen = Reshape((7, 7, 128))(gen)    # 调整为 7×7×128 的特征图

    # 将处理过的随机噪声和标签特征图合并
    merge = Concatenate()([gen, li])

    # 使用转置卷积层进行上采样并生成更大的特征图
    gen = Conv2DTranspose(128, (4,4), strides=(2,2), padding='same')(merge)
    gen = LeakyReLU(alpha=0.2)(gen)

    gen = Conv2DTranspose(128, (4,4), strides=(2,2), padding='same')(gen)
    gen = LeakyReLU(alpha=0.2)(gen)

    # 最终使用 Conv2D 层来生成输出图像（这里是 28×28×1 的灰度图像）
```

```
out_layer = Conv2D(1, (7,7), activation='tanh', padding='same')(gen)

# 定义模型，输入为随机噪声和标签，输出为生成的图像
model = Model([in_lat, in_label], out_layer)
return model

latent_dim = 100

# 创建生成器模型
generator = define_generator(latent_dim)

# 使用plot_model函数绘制生成器模型的结构图
plot_model(generator, to_file='generator_plot.png',
           show_shapes=True, show_layer_names=True)
```

运行上面的代码，会得到如图6-9所示的结果。

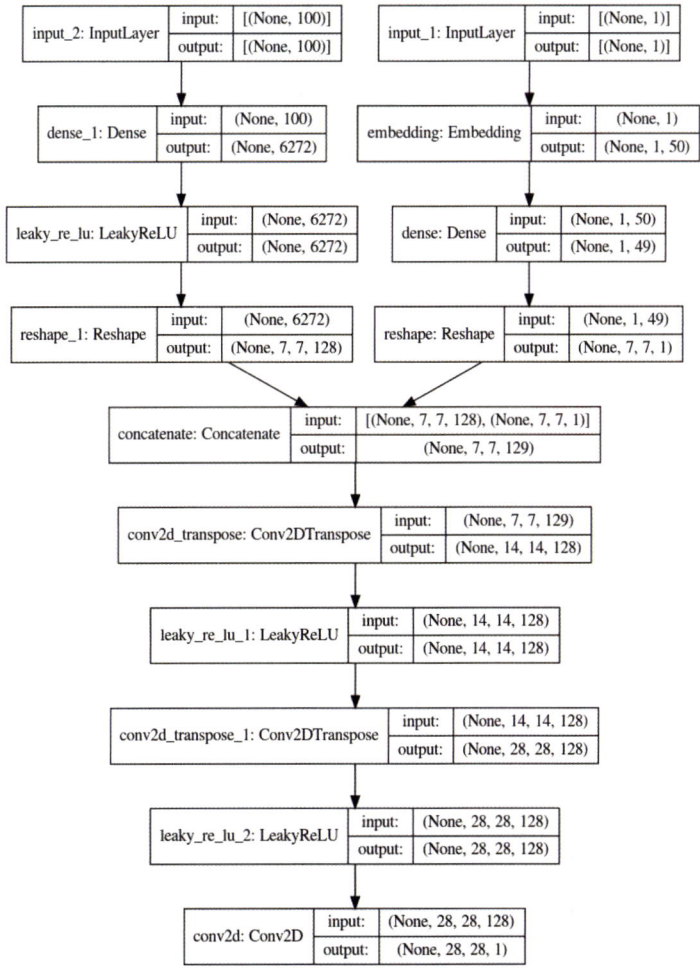

图6-9　CGAN模型的生成器结构

因为这次我们的生成器接收两个输入，所以使用图像的方式更容易理解它的结构。在图 6-9 中我们可以看到，CGAN 模型的生成器有两个输入层，分别是图中的 input_1 和 input_2。input_1 接收的是训练数据集中的分类标签，而 input_2 接收的是训练集中的随机噪声。使用 Concatenate 函数将处理过的随机噪声和标签特征图合并，再用后面的转置卷积层进行上采样并生成更大的特征图。

现在我们就完成了 CGAN 模型中生成器的搭建，接下来可以搭建判别器了。

6.3.2 CGAN的判别器

CGAN 模型的判别器与 DCGAN 模型的判别器最大的区别在于，CGAN 模型的判别器接收一个图像和一个标签作为输入，并输出一个表示图像是否真实的概率，下面的代码定义并编译了 CGAN 模型的判别器：

```python
def define_discriminator(in_shape=(28,28,1), n_classes=10):
    # 定义标签的输入层，用于 CGAN 中的类别信息
    in_label = Input(shape=(1,))      # 输入层接收一个整数，代表类别索引

    # 使用 Embedding 层将整数标签转换为固定大小的密集向量
    li = Embedding(n_classes, 50)(in_label)   # 转换为 50 维的密集向量

    # 计算图像展开后的节点数
    n_nodes = in_shape[0] * in_shape[1]

    # 将嵌入的类别向量转换为与图像形状相同的空间维度
    li = Dense(n_nodes)(li)    # 转换为与图像像素数相同的节点数
    li = Reshape((in_shape[0], in_shape[1], 1))(li)   # 将图像的通道数调整为 1

    # 定义图像的输入层
    in_image = Input(shape=in_shape)

    # 将图像和类别信息合并
    merge = Concatenate()([in_image, li])    # 在通道维度上合并

    # 构建判别器的卷积层部分
    fe = Conv2D(128, (3,3), strides=(2,2), padding='same')(merge)
        # 卷积层 1
    fe = LeakyReLU(alpha=0.2)(fe)    # 激活函数，允许小的负梯度通过

    fe = Conv2D(128, (3,3), strides=(2,2), padding='same')(fe)    # 卷积层 2
```

```
    fe = LeakyReLU(alpha=0.2)(fe)  # 激活函数

    # 将卷积层输出展平
    fe = Flatten()(fe)

    # 添加 Dropout 层以减少过拟合
    fe = Dropout(0.4)(fe)

    # 定义输出层,输出一个表示图像真实性的概率
    out_layer = Dense(1, activation='sigmoid')(fe)

    # 构建模型
    model = Model([in_image, in_label], out_layer)

    # 编译模型
    opt = Adam(lr=0.0002, beta_1=0.5)  # 使用 Adam 优化器
    model.compile(loss='binary_crossentropy', optimizer=opt,
                  metrics=['accuracy'])
    # 编译模型,使用二元交叉熵损失和准确率作为评估指标

    # 返回模型
    return model

# 实例化判别器模型
discriminator = define_discriminator()

# 可视化模型结构
from keras.utils import plot_model
plot_model(discriminator, to_file='discriminator_plot.png',
           show_shapes=True, show_layer_names=True)   #保存为图片
```

运行这段代码,会得到如图 6-10 所示的结果。

和生成器一样,CGAN 模型的判别器也接收两个输入,分别是 input_3 和 input_4。其中 input_3 接收的是分类标签,input_4 接收的是图像数据。然后同样使用 Concatenate 函数将处理后的标签与图像数据进行合并,在图 6-10 中可以看到,Concatenate 层的两个输入形状均为(28,28,1)(因为训练数据中的图像是 28×28 像素的灰度图,通道数为 1),而合并后的输出形状为(28,28,2),原因就是我们把处理后的分类标签数据作为一个新的通道添加到图像数据中了。

现在 CGAN 模型的生成器和判别器都准备好了,我们可以开始进行下一步工作了。

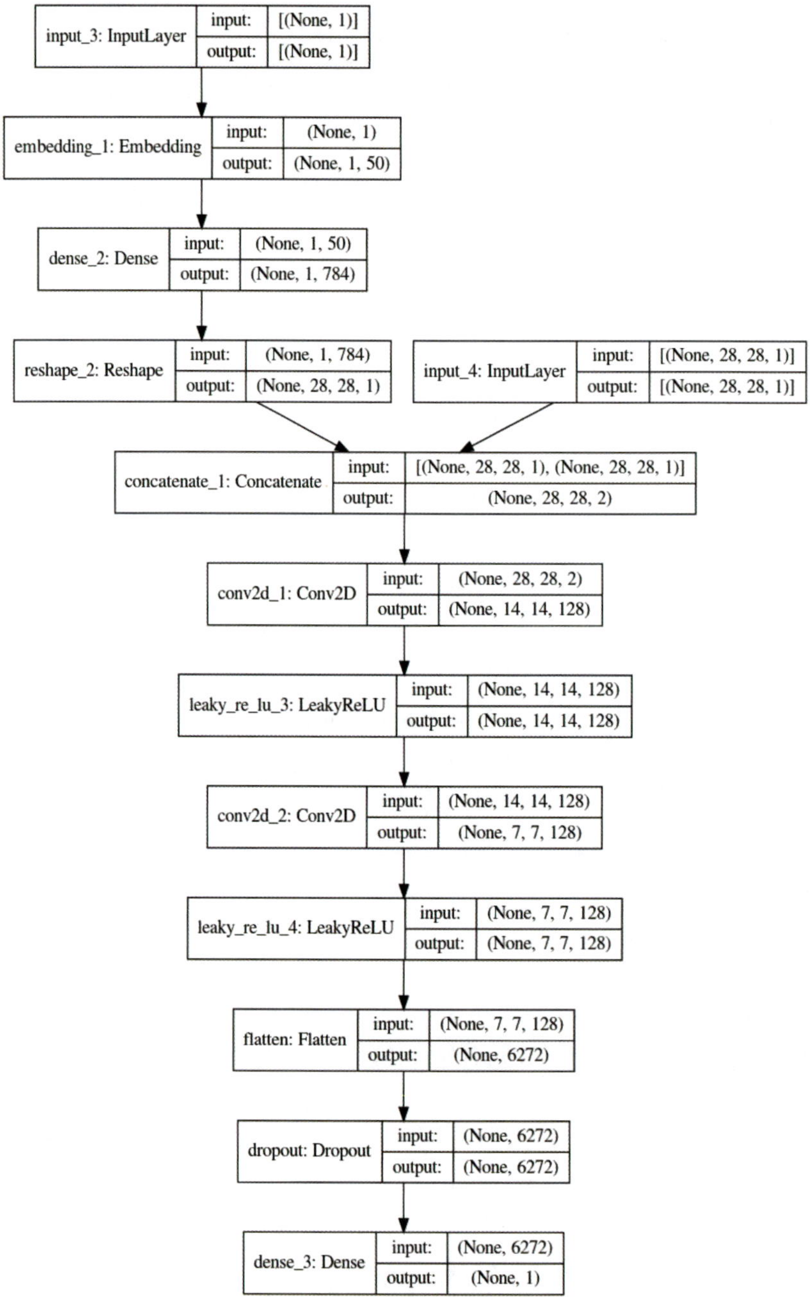

图 6-10 CGAN 模型的判别器结构

6.3.3 合并生成器与判别器并训练

下面我们要做的事情，同样是将生成器与判别器组装在一起并开始训练。首先我们使用下面的代码，将 CGAN 模型进行组装。

定义一个函数来构建 CGAN 模型

```
def define_gan(generator, discriminator):
    # 将判别器的训练属性设置为 False
    # 因为在训练 CGAN 时，我们只需要训练生成器来欺骗判别器
    # 而判别器的权重在此阶段保持不变
    discriminator.trainable = False

    # 获取生成器的输入，包括噪声（用于生成图像）和标签
    gen_noise, gen_label = generator.input

    # 通过生成器传递噪声和标签，得到生成器的输出
    gen_output = generator.output

    # 将生成器的输出和标签作为判别器的输入
    # 判别器设计为接收两个输入：生成的图像和对应的标签
    gan_output = discriminator([gen_output, gen_label])

    # 使用生成器的输入和判别器的输出来定义 CGAN 模型
    # CGAN 模型的目标是优化生成器，使其能够生成足以欺骗判别器的图像
    model = Model([gen_noise, gen_label], gan_output)

    # 定义优化器和编译模型
    # 使用 Adam 优化器，并设置学习率和 beta_1 参数
    # 编译模型时，使用二元交叉熵作为损失函数
    opt = Adam(lr=0.0002, beta_1=0.5)
    model.compile(loss='binary_crossentropy', optimizer=opt)

    # 返回构建好的 CGAN 模型
    return model

# 调用 define_gan 函数来构建 CGAN 模型
model = define_gan(generator, discriminator)

# 使用 plot_model 函数来可视化 CGAN 模型的结构
# 将模型图保存到 gan_plot.png 文件中
# show_shapes=True 表示显示每层的输出形状
# show_layer_names=True 表示显示每层的名称
plot_model(model, to_file='gan_plot.png',
           show_shapes=True, show_layer_names=True)
```

运行这段代码，会得到如图 6-11 所示的结果。

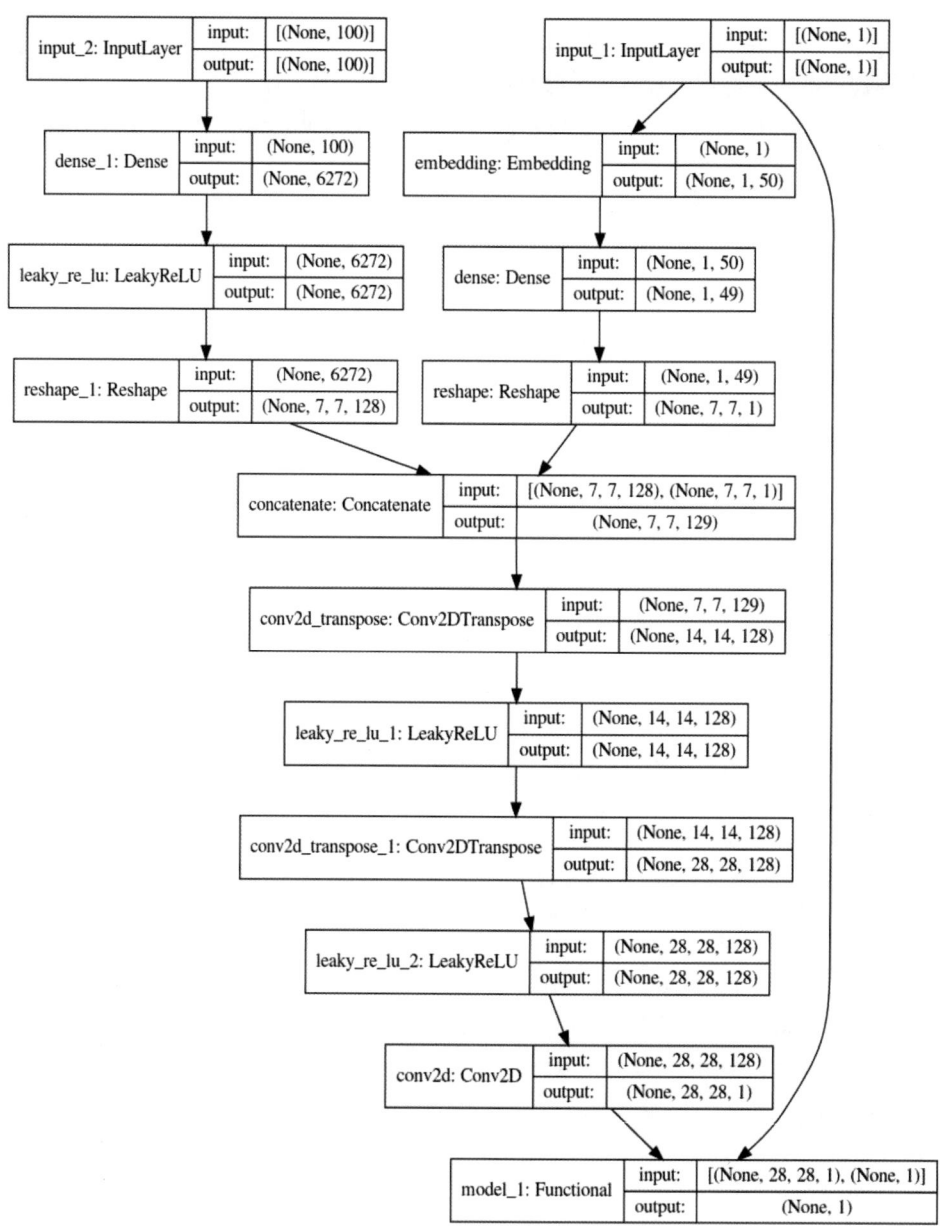

图 6-11　组装好的 CGAN 模型结构

在图 6-11 中可以看到 CGAN 模型两个输入层，分别对应生成器的噪声和标签。生成器接收噪声和标签生成图像，生成的图像和标签一起作为判别器的输入。判别器使用 Sigmoid() 激活函数输出一个介于 0 和 1 之间的概率值，表示输入图像是真实的概率。

接下来我们就应该定义 CGAN 模型的训练过程了。由于这部分代码和 DCGAN 模型的训练有很多相似的地方，这里就不重复粘贴了，大家可以在随书附赠的资源包中下载"第 6 章 CGAN（run on colab）.ipynb"这个 Notebook 文件进行实验。这次为了得到更好的效果，小 L 使用了全部 60000 个训练集样本，并进行了 100 轮训练，因此训练的过程需要几个小时。训练完成后，我们可以查看最终的 CGAN 模型生成图像，如图 6-12 所示。

图 6-12 经过 100 轮训练后 CGAN 模型生成的图像

从图 6-12 中可以看到，使用了 60000 个样本并经过 100 轮训练之后，CGAN 模型生成的图像确实还不错。S 师姐和 C 飘飘看了半天，也分辨不出这些图像是模型生成的，还是训练数据集中本来就有的。看来这次，生成器不仅仅骗过了判别器，还成功"欺骗"了人类。

6.3.4 让 CGAN "画"出我们想要的图样

接下来，小 L 就要解决 C 飘飘之前提出的问题了——指定模型生成一个"连衣裙"样式的银饰设计图像。现在事情变得很简单，使用下面的代码就可以了：

```python
# 导入 Keras 的 load_model 函数，该函数用于加载已保存的 Keras 模型
from keras.models import load_model
# 使用 load_model 函数加载一个已保存的 Keras 模型
# 路径换成你保存模型的路径
model = load_model('generator_model_100.h5')
# 生成 100 个一维的潜在点
latent_points, _ = generate_latent_points(100, 1)   # 第二个返回值在这里不需要

# 标签 [3] 代表 "连衣裙"
label = np.asarray([3])

X = model.predict([latent_points, label])   # 根据潜在点和标签生成数据

# 将数据标准化为 [0, 1]
```

```
X = (X + 1) / 2.0
# 生成的 X[0] 是一个二维数组（图像），使用 imshow 函数显示它
plt.axis('off')
plt.imshow(X[0], cmap='gray_r')    # 使用灰度反转映射显示图像
plt.show()    # 不要忘记添加 plt.show 函数来显示图像
```

运行这段代码，会得到如图 6-13 所示的结果。

从图 6-13 中可以看到，我们的 CGAN 模型根据指示，"画"出了一个连衣裙的图像。虽然 28×28 像素的图片在这里看起来有些模糊，但还是可以看出 CGAN 模型能够根据人类的指导，生成特定种类的图像了。这样一来，就算客户指定了想要的银饰的种类，银饰工坊也可以调用这个 CGAN 模型生成特定的设计图像，并给客户制作对应的饰品了。

图 6-13　指定 CGAN 模型生成的"连衣裙"图像

6.4 小结与练习

在本章中，为了解决银饰工坊的问题，小 L 分别搭建并训练了 DCGAN 模型和 CGAN 模型。在这个过程中，S 师姐和 C 飘飘对 GAN 有了更加深入的理解。更重要的是，这是小 L 他们首次把生成式模型应用到实际当中——虽然这只是一个很小的场景，但却让 N 村的村民们更加相信，生成式模型可以解决一些实际问题，并在一定程度上促进村里产业的发展。

故事发展到这里，小 L 可以暂时休息一下了。毕竟接连做了两个 GANs 模型还是很辛苦的。不过 S 师姐和 C 飘飘还是不要松懈，趁着这会儿有空，赶紧做点练习题复习一下相关的知识。

习题1：加载Fashion-MNIST数据集，并进行归一化处理。

习题2：创建一个DCGAN模型的生成器，并查看其模型概要。

习题3：创建一个DCGAN模型的判别器，并查看其模型概要。

习题4：将生成器与判别器组装成完整的DCGAN模型，并定义它的训练过程。

习题5：尝试着改变训练集中样本的数量和训练轮次，观察模型的表现。

习题6：下载随书赠送资源包中的CGAN模型文件generator_model_100.h5，并使用它生成不同分类标签的图像。

驰援 T 市——自回归模型

在第 6 章中，小 L 他们用 GAN 帮助 N 村的银饰工坊完成了生成设计图像的任务，算是在用生成式模型技术助力产业发展的道路上，迈出了第一步。当然，这件事也没有逃过省科技厅 W 处长的耳朵。得知这项技术确实可以在实际应用中发挥作用之后，W 处长又给小 L 他们下达了新的任务——去支援 T 市。

事情是这样的——为了促进当地的经济发展，T 市上马了很多新项目，包括跨境电商项目、像素艺术展等。不过在每个项目的运营当中，难免会遇到各种各样的困难，这也是 W 处长紧急通知小 L 他们去协助 T 市的原因。那具体都有什么困难，以及小 L 他们如何利用生成式模型来解决呢？我们继续往下看。

本章的主要内容有：

- 自回归模型中的长短期记忆网络
- 如何将文本向量化
- 嵌入层和 LSTM 层
- 自回归模型中的 PixelCNN
- PixelCNN 中的掩码卷积层
- PixelCNN 中的残差块

7.1 T市需要招聘外国人

T市位于Y省的交通要冲，拥有便利的水陆空交通条件，是与周边国家及地区的重要连接点。而且，T市经济基础雄厚，产业发展成熟，具备承接国际产业转移和吸引外资的能力。其产业结构多元化，涵盖了制造业、服务业、农业等多个领域，为对外开放提供了坚实的经济基础。因此，省里将T市定位为对外开放的桥头堡，要将其打造成区域经济发展的重要引擎和对外开放的前沿阵地。

最近这些年，跨境电商作为一种外贸新业态，高速发展，日益成为企业拓展国际市场的重要途径。T市希望通过建设跨境电商项目，接触到更多的国际先进技术和产品，从而推动自身的技术创新和产品升级。

跨境电商作为一种跨越国界的贸易方式，其本质就是与国际市场接轨。因此，T市的跨境电商项目在运营过程中，不可避免地需要与来自不同国家和地区的客户、供应商、合作伙伴等进行沟通和合作。外国人才在语言、文化、市场理解等方面具有天然的优势，能够更好地适应这种国际化环境，促进项目的顺利开展。正是出于这样的原因，T市需要招聘大量的外国人才。

可是对于招聘外国人才来说，英文的职位描述（Job Description，JD）就显得十分重要了。因为使用英文JD可以确保外国求职者能够准确理解职位的具体要求、职责范围、所需技能及公司文化等信息，从而做出是否申请的决策。这种无障碍的沟通能够大大提高招聘过程的效率和准确性。可是英文与中文在表达习惯和语境上存在差异，不同国家和地区的文化背景、价值观和工作习惯也各不相同。这就给T市的人才引进部门带来了一个大难题——在撰写英文JD时经常遇到语言和文化差异、专业术语和行业知识、招聘需求和目标定位等方面的困难。而要委托专业的猎头公司，又要产生一笔不小的成本。

为了解决这个难题，T市跨境电商项目的有关负责人来找W处长帮忙，想看看是否有可能通过科技的力量来协助完成外国人才的招聘工作。W处长在了解了情况之后，心想既然小L他们可以用生成式模型给银饰工坊"画"出新的设计图像，那是不是也可以用类似的技术来帮T市"写"英文JD呢？

听了这个需求之后，小L的答复是——没问题！这种文本序列数据特别适合一种称为自回归模型的技术，其中最赫赫有名的恐怕要数长短期记忆（Long Short-Term Memory，LSTM）网络了。

7.2 自回归模型与长短期记忆网络

自回归模型是一种时间序列分析方法，它通过利用序列中的先前值来预测未来的值，即模型的输出是序列中当前值和过去值的一个函数。这种模型特别适合处理具有时间依赖性的数据，如文本、语言、视频等。而LSTM网络基于自回归模型思想，其内部的记忆单元和门控机制使其能够利用序列中的先前值来预测未来的值。在文本生成任务中，LSTM 网络可以基于给定的文本序列（即先前值），预测并生成下一个词或句子。

虽然 S 师姐之前从来没有接触过 LSTM 网络，但 C 飘飘对它并不陌生。她知道，LSTM 网络其实是一种特殊的循环神经网络（Recurrent Neural Network，RNN）。而 RNN 的特性是，它包含一个循环层（或称单元），使得神经网络能够"记住"之前的信息，并将其用于当前和未来的计算中。

也正是因为这种特性，RNN 有能力处理序列数据（一系列按时间或顺序排列的数据点，如句子中的单词序列、视频中的帧序列等）。它通过在特定时间步（Time Step）上的输出成为下一个时间步输入的一部分来实现这一点。这是 RNN 区别于传统前馈神经网络（Feedforward Neural Network）的关键特性。在传统前馈神经网络中，输入和输出是独立的，即神经网络的输出不会作为后续计算的输入。而在 RNN 中，每个时间步上的输出都会被反馈到神经网络中，作为下一个时间步上的输入的一部分。这种机制允许神经网络在处理序列数据时，能够利用之前时间步上的信息，捕捉序列中的时间依赖性。

但是早期 RNN 的设计有一定的局限性——当它处理长序列数据时，梯度在反向传播过程中可能会逐渐减小（即"消失"），导致神经网络难以学习序列中较早期时间步上的信息。这也就是我们之前提到过的梯度消失问题。

为了解决这种问题，研究人员开始探索更复杂的循环层设计。而 LSTM 网络就是最为成功的变体之一，它通过引入门控机制（如遗忘门、输入门和输出门）来控制信息的流动，有效解决了梯度消失问题，使得模型能够更好地处理长序列数据。LSTM 网络的单元结构如图 7-1 所示。

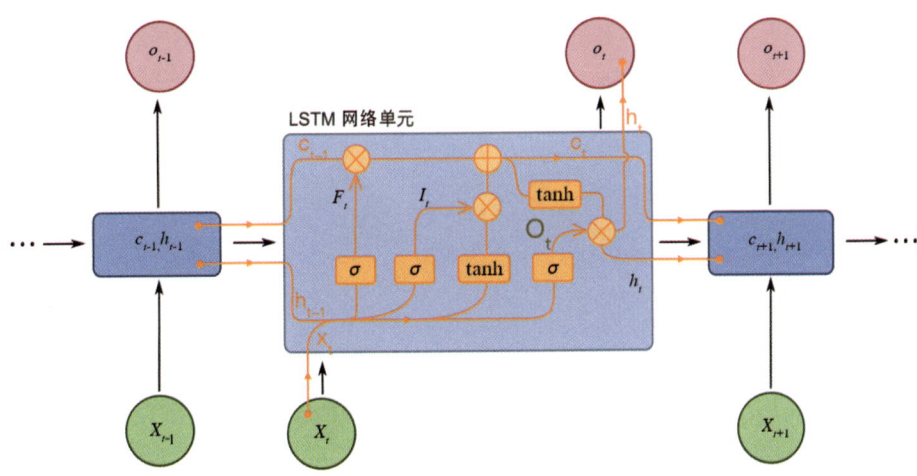

图 7-1 LSTM 网络的单元结构示意图

在图 7-1 中，X_t 表示不同时间步上 LSTM 网络单元的输入，σ 表示 LSTM 网络中的层，F_t 是遗忘门，I_t 和 O_t 分别是输入门和输出门，c_t 是每个时间步上 LSTM 网络的单元状态，h_t 代表每个时间步上 LSTM 网络的隐藏状态（Hidden State）。说到这儿，S 师姐就要问了，c_t 和 h_t 有什么区别呢？

先说 c_t，它可以看作是 LSTM 网络单元对序列当前状态的"内部信念"或长期记忆的表示。单元

状态在序列处理过程中被逐步更新，以捕获重要的长期依赖关系。它通过 LSTM 网络单元内部的门控机制（遗忘门、输入门）来控制哪些信息应该被保留（或遗忘），以及哪些新信息应该被添加到状态中。单元状态的长度（或维度）与隐藏状态相同，都是由 LSTM 网络层中定义的单元数量决定的。

而 h_t 则是 LSTM 网络单元在每个时间步上处理完输入后输出的状态。隐藏状态包含了关于当前时间步上的输入以及之前序列信息的综合表示，但它并不是直接等于单元状态。隐藏状态通常用于作为 LSTM 网络层的输出，传递给下一层（如果有的话）或用于生成序列的下一个预测（如在生成文本时）。在序列处理结束时，最终时间步上的隐藏状态通常被视为整个序列的总结或表示。

用更容易被 S 师姐理解的语言来总结，可以说单元状态 c_t 是 LSTM 网络单元内部用于长期记忆存储的状态，而隐藏状态 h_t 则是每个时间步处理后的输出，用于表示当前时间步上的信息和之前序列的上下文。

可是 LSTM 网络如何用作生成式模型呢？这个方向 C 飘飘还没接触过，下面就是小 L 的表演时刻了！

7.2.1 去哪里找训练数据

要想训练一个模型来帮助 T 市写英文 JD，那首先就需要有大量的英文 JD 文本数据作为训练集。那这些数据去哪里找呢？最简单粗暴的方法当然是写一个"爬虫"去国外的招聘网站爬取了！不过，小 L 发现已经有网友替我们做了这个工作——两位名为 Arsh Kon 和 Zoey Yu Zou 的朋友已经从一个名为 LinkedIn 的招聘网站上收集了大量企业发布的职位信息，并且上传到了一个著名的数据科学平台 Kaggle 上面。

如果大家不想把数据下载到本地，也可以像小 L 一样直接在 Kaggle 平台上创建 Notebook 文件进行实验，代码如下。

```python
# 导入需要的库
import numpy as np
import pandas as pd
import re
import string
import tensorflow as tf
from tensorflow.keras import layers, models, callbacks, losses
from tensorflow.keras.utils import plot_model
# 使用 pandas 库的 read_csv 函数读 CSV 文件
# 并将读取的数据存储在变量 jd 中
jd = pd.read_csv('/kaggle/input/linkedin-job-postings/postings.csv')


# 选择 title（职位标题）、description（职位描述）
```

```
# 和 skills_desc（技能要求描述）这三列
jd = jd[['title', 'description', 'skills_desc']]

# 使用 head 函数显示 jd DataFrame 的前 3 行数据
jd.head(3)
```

运行上述代码，得到结果如表 7-1 所示。

表 7-1 LinkedIn 网站发布的职位数据

title	description	skills_desc
Marketing Coordinator	Job descriptionA leading real estate firm in N...	Requirements: \n\nWe are seeking a College or ...
Mental Health Therapist/Counselor	At Aspen Therapy and Wellness , we are committ...	NaN
Assitant Restaurant Manager	The National Exemplar is accepting application...	We are currently accepting resumes for FOH – A...

从表 7-1 中可以看到，上面的这段代码首先从一个 CSV 文件中读取了 LinkedIn 网站发布的职位数据，并特别选择了 title、description 和 skills_desc 这三列，然后展示了这些数据的前三行。这样，我们对这个数据集的内容和结构就有了初步的了解。

现在还需要对数据进行一些处理，我们希望数据的样子像下面这样。

职位名称：这个岗位的名字是什么
职位描述：这个岗位具体要做什么
技能描述：希望候选人掌握哪些技能

要把数据处理成这个样子，我们可以使用下面的代码。

```
# 使用 apply 函数沿着 axis=1（即按行）遍历 DataFrame 的每一行
# 对于每一行，将所有元素转换为字符串，并使用 \n 将它们连接起来
# 然后，这个连接后的字符串被设置为新列 merged 的值
jd['merged'] = jd.apply(lambda x: '\n'.join(x.astype(str)), axis=1)

# 接着，只保留这个新创建的 merged 列
jd = jd[['merged']]
# 将 merged 列中的每个元素转换为一个列表
# 每个元素都是之前通过 \n 连接的字符串
jd_list = list(jd['merged'])
# 定义一个函数，该函数接收字符串作为输入
# 使用正则表达式在所有的标点符号前后添加空格
# 这样做有助于后续处理，如分词时不会将标点符号与其相邻的单词合并
```

```python
def pad_punctuation(s):
    # 使用 re.sub 函数替换每个标点符号，在其前后添加空格
    s = re.sub(f"([{string.punctuation}])", r" \1 ", s)
    # 然后，替换可能由于添加空格而产生的连续空格为单个空格
    s = re.sub(" +", " ", s)
    return s
# 使用列表推导式遍历 jd_list 中的每个字符串 x
# 对每个字符串 x 应用 pad_punctuation 函数进行处理
# 将处理后的字符串收集到一个新列表 text_data 中
text_data = [pad_punctuation(x) for x in jd_list]
```

这段代码的目的是将原始的 DataFrame 转换成一个只包含合并后文本行的列表，并且在这个过程中，通过在标点符号前后添加空格来预处理文本，以便进行后续的文本处理任务。

经过处理后的数据长什么样子呢？我们可以随便检查一条，使用代码如下。

```python
# 在列表中随便挑一条检查一下
example_data = text_data[9]
example_data
```

运行这段代码，得到结果如下。

```
Worship Leader\nIt is an exciting time to be a part of our church ! We are looking for the right energetic leader to join the mission to make disciples for Jesus in Palm Bay , Florida and beyond . \nWhat type of candidate are we looking for : This best fit for the position will lead our worship team to creatively craft meaningful , inspiring musical worship in our worship experiences . He or she will also shepherd our team , and help disciple them to make disciples ...
```

从上面的代码运行结果中可以看到，发布这个职位的应该是一个教堂（Church），招聘的职位是一名"主礼"（Worship Leader）。具体这个职位要做什么，目前不重要。可以确定的是，文本数据已经按照我们期望的方式整理好了。不过 S 师姐想问，为什么在文本中有很多 \n 呢？这是因为，在文本数据中，\n 是一个特殊的字符，称为换行符（Newline Character），它用于在文本中表示一行的结束和另一行的开始。

好了，现在数据已经准备完毕，可以动手进行下一步工作了。

7.2.2 麻烦的文本数据——向量化

在第 5 章和第 6 章中，小 L 他们的任务都是用图像数据训练生成式模型。而这次的文本数据和

图像数据还是有很大区别的。比如，图像数据是由连续的像素点组成的，这些像素点代表了颜色空间中的点。在图像中，我们可以很容易地调整一个像素点的颜色（如让它变得更蓝），因为颜色空间是连续的。但文本数据由离散的单元（字符或单词）组成，这些单元之间的变化不是连续的。例如，单词 apple 和 orange 之间的变化不是简单的颜色渐变或位置微调，而是完全不同的词汇和概念。

因此，对于图像数据，由于像素值的变化是连续的，我们可以很容易地计算损失函数关于单个像素的梯度，从而确定应该如何改变像素的颜色以最小化损失。这使得反向传播算法在图像数据上非常有效。然而，对于文本数据，由于它是由离散的单元组成的，我们不能直接应用相同的反向传播算法。因为单词或字符之间的变化不是连续的，所以我们不能简单地通过调整梯度来微调一个单词使它更接近另一个单词。

所以对于文本数据，我们需要找到一种替代的方法来解决这个问题。也就是要把文本数据转换为一种更适合机器学习算法处理的格式，比如，使用向量化（Vectorization）技术将单词映射到高维向量空间中，这样单词之间的变化就可以被表示为向量之间的连续变化。这样一来，我们才可以在这些向量上应用反向传播算法来训练模型。

文本向量化是自然语言处理中的一个核心概念，它指的是将文本数据（如单词、句子或文档）转换为计算机可以直接处理的数值形式的过程。由于计算机无法直接理解和处理人类语言中的文本，因此我们需要将文本转换为数学表示，以便进行进一步的分析和建模。具体要怎样做呢？我们来看下面的代码。

```
# VOCAB_SIZE：词汇表大小，即模型将学习的词汇（或标记）的数量
VOCAB_SIZE = 10000

# MAX_LEN：输入序列的最大长度
MAX_LEN = 200

# EMBEDDING_DIM：嵌入向量的维度
EMBEDDING_DIM = 100

# N_UNITS：神经元数
N_UNITS = 128

# VALIDATION_SPLIT：验证集的比例
VALIDATION_SPLIT = 0.2

# SEED：随机数生成器的种子
SEED = 42
```

```python
# LOAD_MODEL: 指示是否加载预训练的模型
LOAD_MODEL = False

# BATCH_SIZE: 批处理大小，即每次梯度更新时使用的样本数
BATCH_SIZE = 32

# EPOCHS: 模型训练的轮次
EPOCHS = 25

# 使用 from_tensor_slices() 方法从文本数据中创建一个 Dataset 对象
text_ds = (
    tf.data.Dataset.from_tensor_slices(text_data)

    # 使用 .batch(BATCH_SIZE) 方法将 Dataset 对象中的 tensors 分成多个批次
    .batch(BATCH_SIZE)
    # 使用 .shuffle(1000) 方法随机打乱 Dataset 对象中的元素
    .shuffle(1000)
)
# 创建一个 TextVectorization 层，用于将文本数据向量化
vectorize_layer = layers.TextVectorization(
    # 将所有文本转换为小写
    standardize="lower",
    # 设置词汇表的最大大小。这限制了模型学习的词汇的数量
    # 超出这个数量的词汇将在训练时被忽略或替换为特殊标记 [UNK]
    max_tokens=VOCAB_SIZE,

    # 指定输出模式
    # int 表示输出将是一个整数张量，其中每个整数对应词汇表中的一个词
    output_mode="int",

    # 设置输出序列的长度，通常设置为略大于输入文本的最大长度
    output_sequence_length=MAX_LEN + 1,
)
# 使用定义好的 TextVectorization 层来学习词汇表
vectorize_layer.adapt(text_ds)

# 获取 TextVectorization 层学习到的词汇表
vocab = vectorize_layer.get_vocabulary()
```

```python
# 遍历并打印出词汇表中的前 10 个词及其索引
for i, word in enumerate(vocab[:10]):
    # 枚举函数 enumerate() 会同时返回索引（i）和值（word）
    # 这里我们使用 f-string 来格式化输出，显示索引和对应的词汇
    print(f"{i}: {word}")
```

运行上面的代码，会得到如下所示的结果。

```
0: 
1: [UNK]
2: ,
3: and
4: .
5: to
6: the
7: of
8: -
9: a
```

在上面的代码中，adapt() 方法会遍历 text_ds 中的每个文本样本，计算词汇频率，并构建词汇表。然后 get_vocabulary() 方法返回构建好的词汇表，它是一个 Python 列表，其中包含了按频率排序的词汇。接下来，我们使用了 enumerate() 函数来同时获取词汇的索引和词汇本身，并使用 f-string 来格式化输出。

需要说明的是，索引 0 对应的是空字符串 ("")，这表示填充词（Padding Token）。索引 1 的 [UNK] 表示未知词（Unknown Token），用于表示在词汇表中找不到的词汇。在文本处理中，当遇到不在训练数据词汇表中的词汇时，通常会将其替换为 [UNK] 标记。索引 2～9 对应的是常见的标点符号和停用词，包括常见的标点符号（如逗号","和连字符"-"）和英语中的高频停用词（如 and、.、to、the、of、a）。这些词汇在文本中非常普遍，但由于它们通常不包含太多关于文本内容的有用信息，因此在自然语言处理任务中可能会被过滤掉或忽略。然而，在构建词汇表时，它们仍然会被包括在内，因为它们是文本数据的一部分。

看起来，词汇表结果反映了 TextVectorization 层在适应给定文本数据集时学到的词汇分布和特性。现在我们可以试着用这个层把之前的示例文本转化为向量了，使用的代码如下。

```
# 使用之前已学习词汇表的 TextVectorization 层来处理示例数据
example_tokenized = vectorize_layer(example_data)

# 将 Tensor 对象转换为 NumPy 数组以便查看其内容
print(example_tokenized.numpy())
```

运行这段代码，会得到如下所示的结果：

```
[   1  486  119   16   28 1032   45    5   27    9  139    7   17 6484
   88   21   26  290   12    6  549 2559  486    5  180    6  328    5
  174    1   12 9166   10 7656 3491    2 2136    3 1277    4  137  619
    7  318   26   21  290   12   14   33  161 1149   12    6   49   29
  220   17    1   32    5 4344 2829 1151    2 2784    1    1   10   17
    1  604    4 2764   13 3075   29  205    1   17   32    2    3  184
    1  421    5  174    1    4    6  874  318   29 1703   63  648   18
    9  139    7   17 6484  313    4   33   49   16  205   12 1620  134
   16 1121    5  658   33 4947    3   25    5  902  119  706 1024    4
   38    5   54   14    8    9 3194    2  562  857   11 9166 8658    8
    1  479    5    6  165    2  328    3  207  185    0   17 6484    8
   43    5  220   17    1 9835    5  308  226    2 2210 2055    1   20
 1990   14    1    2    1    2  273    4    4    4   19    8  509    1
    3   15   13 5176  527    8    1    2  294  336  782    2    1   26
   46   13   71  282 1075]
```

通过运行上面的代码，我们得到了向量化后的结果，该结果原本是一个包含了文本数据对应整数序列的 Tensor 对象。然后用 .numpy() 方法将该 Tensor 对象的内容转换为 NumPy 数组，这样我们就可以直接查看或处理这些数据了。可以看到，我们得到的序列是一个一维数组。该数组包含了从文本数据中提取并映射到词汇表中相应索引的词，每个词都被替换成了其在词汇表中的整数索引。这个向量化结果就是我们后续模型训练的输入，经过这样的处理，机器学习模型就可以以数值的形式处理文本数据了。

现在我们完成了文本向量化的工作，可以准备进行 LSTM 网络模型的训练了。

7.2.3 搭建LSTM网络模型

之前我们说过，LSTM 网络是一种特殊类型的 RNN。当它作为文本生成模型时，作用是预测给定的一系列先前单词的下一个单词。例如，我们有一道完形填空题，题干是"就是这个 feel 倍儿_____"，模型要能预测出下一个字应该是"爽"，而不是"惨"。

为了实现这一目标，我们需要准备训练数据，其中包括输入序列（即模型的输入）和目标变量（即我们想要模型预测的内容）。具体的做法就是将整个序列向右移动一个单词来创建目标变量。在实际操作中，我们通常会考虑将整个序列中除了最后一个单词以外的所有单词作为输入，而将每个单词之后的那个单词作为对应的目标变量。通过这种操作，我们就可以为 LSTM 网络模型准备大量的训练样本了，每个样本都包含一个输入序列和一个对应的目标单词。具体的代码如下。

```
# 定义函数,用于准备模型训练或预测的输入
def prepare_inputs(text):
    # 在 text 的最后一个维度上增加一个维度
    # 确保文本数据的形状与 TextVectorization 层要求的输入形状相匹配
    text = tf.expand_dims(text, -1)

    # 使用 vectorize_layer 函数将文本转换为数值序列
    tokenized_sentences = vectorize_layer(text)

    # x 是目标序列(除了最后一个元素)的集合,用于预测下一个词
    # 这里的切片操作是为了获取每个序列的前 n-1 个元素
    x = tokenized_sentences[:, :-1]

    # y 是目标序列的下一个词(即每个序列的第 2 到最后一个元素)
    # 这里的切片操作是为了获取第 2 到最后一个元素,作为预测目标
    y = tokenized_sentences[:, 1:]

    # 返回处理好的输入数据和标签
    return x, y

# 使用 map() 方法将 prepare_inputs 函数应用于数据集中的每个元素
# 准备模型训练所需的输入和标签
train_ds = text_ds.map(prepare_inputs)
```

在准备好训练数据之后,我们就可以开始搭建 LSTM 网络模型了,使用的代码如下。

```
# 第一步:定义模型的输入层
# shape=(None,) 表示序列的长度是动态的,可以接收任意长度的序列
# dtype="int32" 表示输入数据是 32 位的整数,这通常是词在词汇表中的索引
inputs = layers.Input(shape=(None,), dtype="int32")

# 第二步:添加嵌入层
# Embedding 层将输入的整数序列转换为固定大小的密集向量
# VOCAB_SIZE 是词汇表的大小,EMBEDDING_DIM 是嵌入向量的维度
x = layers.Embedding(VOCAB_SIZE, EMBEDDING_DIM)(inputs)

# 第三步:添加 LSTM 网络层
# N_UNITS 是 LSTM 网络单元的数量
# return_sequences=True 表示返回整个序列的输出
# 而不仅仅是最后一个时间步的输出
```

```python
x = layers.LSTM(N_UNITS, return_sequences=True)(x)

# 第四步：添加全连接层
# 该层将 LSTM 网络层的输出转换为与词汇表大小相同的向量
# 使用 Softmax() 激活函数
# 使得每个时间步上的输出都可以解释为词汇表中每个词的概率分布
outputs = layers.Dense(VOCAB_SIZE, activation="softmax")(x)

# 第五步：定义模型
# 将输入和输出层连接起来，形成完整的模型
lstm = models.Model(inputs, outputs)

# 第六步：可视化模型
plot_model(lstm)
```

运行上面的代码，得到结果如图 7-2 所示。

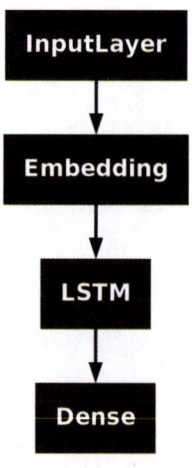

图 7-2　LSTM 模型结构

从图 7-2 中可以看到，我们的 LSTM 模型结构并不复杂——它只包含了 4 个层，分别是输入层（Input Layer）、嵌入层（Embedding）、LSTM 层和一个作为输出层的 Dense 层。其中，输入层和输出层都在前面的章节中涉及过，不需要再给 S 师姐她们介绍了。但嵌入层和 LSTM 层还是第一次出现，我们还是让小 L 给 S 师姐简单做个讲解吧。

7.2.4　嵌入层和LSTM层

首先是嵌入层。嵌入层在自然语言处理任务时特别有用，因为它能够将离散的、高维的词汇表示（通常是整数索引）转换为连续的、低维的向量表示。这种转换有助于模型捕捉词汇之间的语义

关系。

我们可以把嵌入层看成一个查找表（或称嵌入矩阵），其中的每一行都对应词汇表中的一个词。当模型遇到一个整数索引（即一个词的 ID）时，它会在这个查找表中查找对应的行，从而得到一个向量。这个向量的长度是嵌入层的一个参数，称为嵌入维度（Embedding_size）。嵌入层的工作原理如图 7-3 所示。

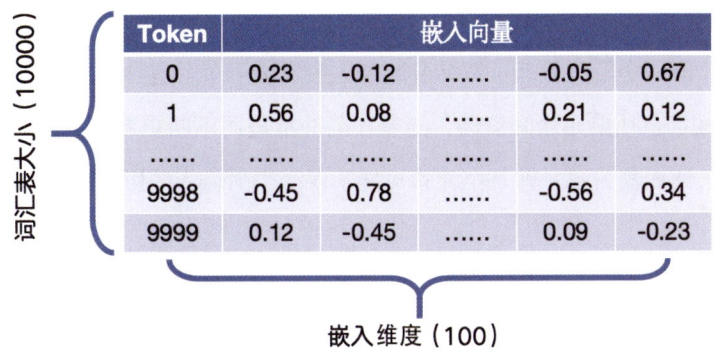

图 7-3　嵌入层的工作原理

在图 7-3 中可以看到，我们嵌入向量的维度是 100，这也是之前我们通过代码 EMBEDDING_DIM = 100 进行设置的。嵌入层中的这些向量（即嵌入向量）不是预先定义的，而是模型在训练过程中学习得到的。它们作为模型的权重进行更新，以最小化某个损失函数（如交叉熵损失）。因此，嵌入向量能够捕捉到词汇之间的语义相似性。

而嵌入层学习的权重数量是由词汇表的大小（即词汇的数量）乘以嵌入向量的维度决定的。比如，我们这里的词汇表大小为 10000，嵌入向量的维度为 100，那么嵌入层就需要学习 10000 × 100 = 1000000 个权重。这些权重在训练过程中会逐渐调整，以更好地表示词汇之间的语义关系。

这里需要记住的是：**嵌入层是深度学习模型中用于处理自然语言的一种有效方式，它能够将离散的词汇表示转换为连续的向量表示，从而允许模型捕捉到词汇之间的语义关系。**

其次是 LSTM 层。前面 C 飘飘已经给 S 师姐介绍过 LSTM 单元的结构了，在上面搭建的 LSTM 层中，包含了 128 个 LSTM 单元（通过 N_UNITS=128 指定的）。那这个 LSTM 层是如何处理嵌入向量的呢？请看图 7-4。

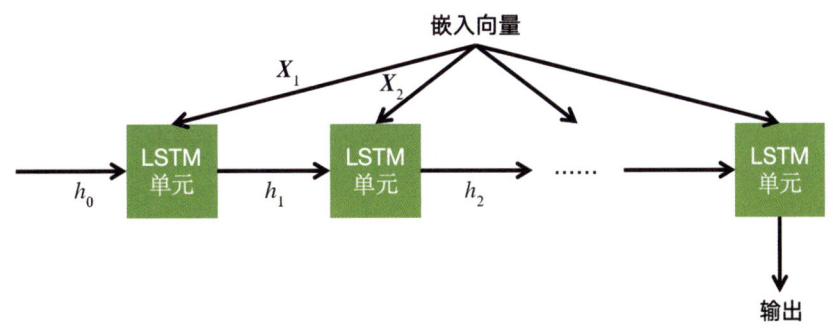

图 7-4　LSTM 层的工作原理

图 7-4 描述了 LSTM 层的基本工作原理，特别是通过每个单元状态在时间步上的更新来展示信息的流动和处理过程。在 LSTM 中，每个时间步对应输入序列中的一个元素（也就是我们的嵌入向量，X_1、X_2 等），而单元则负责处理和存储这些元素的信息，以生成一个能够反映整个序列信息的输出。

在每个时间步上，LSTM 的隐藏状态（如 h_0、h_1 等）会根据当前的输入（即当前词的嵌入向量）和前一个时间步上的隐藏状态进行更新。这个过程就是所谓的混合（Blended），意味着新信息（当前输入）和旧信息（前一个隐藏状态）被结合起来，生成了一个既包含历史信息又反映当前输入的新的隐藏状态。隐藏状态在单元之间流动，随着序列的推进而不断更新。这种更新机制使得 LSTM 能够捕获序列中的长期依赖关系，即某个元素可能不仅受当前输入的影响，还受之前多个时间步上的输入的影响。

在 LSTM 处理完整个输入序列后，最后一个时间步上的隐藏状态通常被用作输出。这个输出可以视为是对整个序列的某种表示或编码，可以用于进一步的任务了。

嵌入层和 LSTM 层我们就让小 L 先简单介绍到这里，接下来该训练我们的 LSTM 模型了。

7.2.5　LSTM模型的训练

前面我们已经搭建好了 LSTM 模型，现在可以准备训练它了。开始训练之前，我们还需要先对其进行编译。使用的代码如下：

```
# 创建 SparseCategoricalCrossentropy 类的实例，用于计算损失
# SparseCategoricalCrossentropy 损失函数，适用于多类别分类问题
# 它自动将整数标签转换为独热编码，并计算交叉熵损失
loss_fn = SparseCategoricalCrossentropy()

# 这里我们使用熟悉的 Adam 优化器
lstm.compile(optimizer="adam", loss=loss_fn)
```

运行上面的代码之后，我们就完成了 LSTM 模型的编译。而为了能让我们看到模型在经过每个训练轮次后的生成能力如何，我们还可以定义一个类，让模型在每个训练周期结束时生成文本。使用的代码如下：

```
class TextGenerator(callbacks.Callback):
    """
    一个继承自 Keras 回调的文本生成器类
    在每个训练周期结束时，根据给定的起始提示生成文本
```

参数：
    index_to_word (list)：词汇索引到词汇的映射列表
    top_k (int, optional)：生成文本时考虑的候选词汇数量，默认为 10
"""
def __init__(self, index_to_word, top_k=10):
    self.index_to_word = index_to_word # 词汇索引到词汇的映射
    self.word_to_index = { # 词汇到词汇索引的映射
        word: index for index, word in enumerate(index_to_word)
    }

def sample_from(self, probs, temperature):
    """
    根据概率分布和温度参数采样下一个词

    参数：
        probs (np.array)：词汇的概率分布
        temperature (float)：控制概率分布的"温度"，影响采样结果的随机性

    返回：
        tuple：采样得到的词汇索引和对应的调整后的概率分布
    """
    probs = probs ** (1 / temperature) # 概率分布，"温度"越高概率分布越平滑
    probs = probs / np.sum(probs) # 归一化概率分布
    return np.random.choice(len(probs), p=probs), probs # 根据概率分布采样

def generate(self, start_prompt, max_tokens, temperature):
    """
    根据给定的起始提示生成文本

    参数：
        start_prompt (str)：文本生成的起始提示
        max_tokens (int)：生成文本的最大词汇数量
        temperature (float)：采样时的"温度"参数

    返回：
        list：包含生成过程中每个步骤的提示和词汇概率分布的列表
    """
    # 将起始提示转换为词汇索引列表，未知词汇使用索引 1 表示
    start_tokens = [
        self.word_to_index.get(x, 1) for x in start_prompt.split()

```python
        ]
        sample_token = None
        info = []  # 存储生成过程中的信息

        # 循环生成文本，直到达到最大词汇数量或采样到结束符
        while len(start_tokens) < max_tokens and sample_token != 0:
            x = np.array([start_tokens])  # 将索引列表转换为模型可接收的格式
            y = self.model.predict(x, verbose=0)  # 预测下一个词汇的概率分布
            sample_token, probs = self.sample_from(y[0][-1], temperature)
            # 采样下一个词汇
            info.append({"prompt": start_prompt, "word_probs": probs})
            # 记录生成信息
            start_tokens.append(sample_token)
            # 将采样到的词汇索引添加到列表中
            start_prompt = start_prompt + " " + self.index_to_word[sample_token]
            # 更新提示字符串

        print(f"\ngenerated text:\n{start_prompt}\n")  # 打印生成的文本
        return info  # 返回生成过程中的信息

    def on_epoch_end(self, epoch, logs=None):
        """
        在每个训练周期结束时调用，生成文本

        参数：
            epoch (int): 当前训练周期数
            logs (dict, optional): 训练日志，包含损失值和准确率等信息，但在此方法中
未使用
        """
        self.generate("JD for", max_tokens=100, temperature=1.0)
        # 使用固定提示和参数生成文本
```

到此，我们就做好了模型训练前的准备，可以使用下面的代码进行模型的训练了：

```python
# 定义模型检查点回调函数
model_checkpoint_callback = ModelCheckpoint(
    filepath=".weights.h5",      # 保存模型权重的文件路径
    save_weights_only=True,      # 仅保存模型权重，不保存模型结构
    save_freq="epoch",           # 每个 epoch 结束时保存一次
    verbose=0,                   # 不打印日志信息
)
```

```
# 定义 TensorBoard 回调函数
tensorboard_callback = TensorBoard(log_dir="./logs")  # 指定日志的保存目录

# 训练模型
lstm.fit(
    train_ds,  # 训练数据集
    epochs=EPOCHS,  # 训练轮次
    callbacks=[model_checkpoint_callback, tensorboard_callback,
               text_generator]
)
```

运行上面的代码,我们会看到模型的训练进程就开始了。在第一轮训练结束后,我们可以看到类似下面所示的结果。

```
Epoch 1/25
3870/3871 ──────────────────────── 0s 41ms/step - loss: 5.9058
generated text:
JD for insurance assistance plans ( physician ) is named select
publications so and we the career opportunity for homeowners , a full time -
including and challenging veterinary centers focused on financial air we'll
engage agency virtually the customer game and provide [UNK] plans , designing ,
and aluminum broadband thinking from their career information making for both
ways of all students' day and service of it's innovation and other notice of the
following work . summary you currently seeking a product associate company at
the [UNK] of a full company unit c : focus
```

从第一轮训练的结果来看,生成的文本看起来非常混乱,包含了许多无意义的词汇和语法错误(如 [UNK] 表示未知词汇,通常是模型在词汇表中找不到相应词汇时的占位符)。这是因为模型还没有学习到足够的有效信息来生成有意义的文本,或者模型的参数还没有被充分训练。当然,这种现象非常正常,因为我们才刚刚完成了第一轮的训练。接下来,我们需要等待很长一段时间,直到 25 轮训练全部完成。

等训练完全结束之后,我们就可以试试看模型的效果如何了。比如,我们可以用下面这段代码,让它写一个市场营销社交媒体专员(Marketing Social Media Specialist)的职位描述。

```
info = text_generator.generate(
    "JD for Marketing Social Media Specialist",
    max_tokens=300, temperature=1.0
)
```

运行这段代码,会得到类似下面所示的结果。

generated text:

JD for Marketing Social Media Specialist [UNK] beach es es us position [UNK] is seeking a comprehensive solutions resolutions coordinator with expertise in support of an accredited high - pressure , optimal safety efficiency and plan of [UNK] programs and [UNK] for [UNK] farm and family - related matters . ideal candidates will be trained to follow on these requirements is essential . these critical time planning and coordination of work independently and as necessary to receive parents and families during their account by providing tailored solutions to ensure they are proactive sensitive work . our assistant manager will additionally be ready to make an impact with the client support and providing operational guidance to the supporting [UNK] and competency 2 years (6 - 10 years of experience in the " determine type of eye charts using appropriate ingredients . prepare ms office manager will provide accurate and friendly counseling support services in legal services . providing recommended progress [UNK] with [UNK], complete , and / or correct correct dashboards . develop at a cross - functional team of a single primary focus findings to project specific management environment by implementing resources solutions for new people with federal and frequent fit their specific details master of company goals . analyzes the plan of production requirements including liaising with carrier visits , including talent of business / vendor meetings and contractor for satisfied customers . involved in receiving information data and specifically around the [UNK] required for the application of a conditional trend from global [UNK] (e . g . outlook ; and to [UNK] in section learn - out) , the practice seeks to close out of the control and repair center [UNK] a safe & demanding work environment as the [UNK] - and respect for

从上面的代码运行结果来看，尽管生成的文本在语义和语法上存在诸多问题，但模型确实在尝试生成关于市场营销社交媒体专员职位的描述。这种尝试本身就体现了模型的创意性和对输入数据的响应能力。尽管结果不够准确，但它是模型在理解和学习输入数据后的一种输出。

在生成的文本中，我们可以找到一些与市场营销社交媒体专员职位相关的关键词，如 social media、marketing、solutions、coordinator 等。尽管这些关键词在文本中的上下文可能不准确，但它们表明模型在某种程度上捕捉到了与职位相关的某些特征。

从小 L 的视角来看，模型能够生成文本本身就证明了 LSTM 模型在处理序列数据方面的能力。尽管结果不理想，但这为进一步优化模型提供了基础。于是，他们又添加了更多的训练数据，增加了模型训练的轮次，让生成的文本质量越来越好。而且，在将生成的职位描述用于实际招聘之前，T 市的工作人员会进行人工审核，确保它的准确性和专业性。当然，这个优化的过程十分漫长，本书略去不表。总之，这次 LSTM 模型在一定程度上降低了 T 市的工作压力，解决了他们的一部分问题。

注意：当 LSTM 用于文本生成时，它并不是直接生成具体的文字，而是会为词汇表中的每个单词输出一个概率。这个概率分布代表了给定当前上下文（如已经生成的文本序列）时，下一个单词是各个单词的可能性。这使得文本生成过程变得灵活且可能产生多种不同的输出，即生成的文本是随机的（Stochastic）。为了进一步控制这个随机过程的"确定性程度"，我们引入了一个温度参数（Temperature）。这个参数会调整概率分布的"尖锐度"或"平坦度"。较高的温度会使得概率分布更加平坦，各个单词之间的概率差异减小，从而增加生成文本的多样性；而较低的温度会使得概率分布更加尖锐，某些单词的概率远高于其他单词，从而使生成过程更加倾向于选择特定的单词，即增加确定性。

就在小 L 他们以为可以松一口气的时候，T 市的负责人却急匆匆地赶了过来。他们又遇到了一个新的问题，想请小 L 他们帮忙。

7.3 像素的艺术——PixelCNN

原来，T 市为了吸引年轻人，举办了首届像素艺术展，这无疑是一个充满创意与前瞻性的文化活动——像素艺术（Pixel Art）是一种独特的数码艺术形式，它以屏幕的最小显示单位——像素为作画基础，通过矩阵排列的方式创作出具有独特视觉效果的图像。像素艺术作为数字时代的一种独特表现形式，以其简洁、复古而又富有创意的特点深受年轻人喜爱。通过举办像素艺术展，T 市希望能够结合传统艺术与现代数字技术，为年轻人打造一个既熟悉又新颖的艺术体验空间。

这次展会的主要展品和设施倒是都准备好了，但主办方却遇到了一个困难——他们本来想用像素风的壁纸装饰展厅的墙面，让展厅的整体风格更符合此次展会的特点。但没想到原本负责设计这些壁纸的设计师突然生病，没办法继续工作了。眼看展会开幕的日子越来越近，临时找新的设计师已经来不及。这可怎么办呢？负责人又想到了小 L 他们，既然他们之前能够帮 N 村的银饰工坊绘制图像，那估计要画一些像素风的壁纸应该也不是难事吧。

听了负责人的需求之后，小 L 心想，既然是像素艺术展，那不如就用像素卷积神经网络（Pixel Convolutional Neural Network，PixelCNN）的模型来解决这个问题。

PixelCNN 也是一种基于概率的生成模型，同 LSTM 网络一样，它也属于自回归模型的一种。PixelCNN 的核心思想是通过学习像素间的依赖关系来生成高质量的图像。其实只听名字也大概能猜到，它是通过逐个预测像素点来生成整体图像的，而且采用了 CNN 的结构，通过卷积操作来并行学习图像中所有像素的分布。但是与一般的 CNN 不同的是，它有两个特殊的组件——掩码卷积层（Masked Convolutional Layers）和残差块（Residual Blocks）。这些都是什么呢？不要急，我们跟着小 L 一起，在完成这个任务的过程中慢慢了解这些概念。

7.3.1 像素风小英雄来帮忙

和之前的任务一样，小 L 他们要完成这个展厅壁纸的设计工作，就需要先找到训练数据集。恰好网上有一个名为小小英雄 TinyHero 的数据集，该数据集包含了以 64×64 像素分辨率呈现的复古像素风格角色图像。每个角色都是随机生成的，具有多种特征，包括性别、体型、肤色及装备。如果把这个数据集稍微简化一下并且拿来训练 PixelCNN，应该是个不错的选择。提供这个数据集的是一位名为 Volodymyr Pivoshenko 的网友。

大家可以把数据下载下来进行实验，也可以直接在 Kaggle 平台上创建 Notebook 来加载这个数据。使用的代码如下。

```python
# 导入要用的库
import os
from PIL import Image
import numpy as np
import pandas as pd
import matplotlib.pyplot as plt
import matplotlib.image as mpimg
import tensorflow as tf
from tensorflow.keras import datasets, layers, models, optimizers, callbacks
from tensorflow.keras.preprocessing.image import load_img, img_to_array
import keras
from keras import layers
from keras import ops
from tqdm import tqdm
# 设置图像显示的大小
plt.figure(dpi=300)

# 指定文件夹路径
# 如果是在 Kaggle 平台上实验用下面这一行
# folder_path = '/kaggle/input/pixel-characters-dataset/data/2'
# 如果是在本地实验，把下面的路径换成你存放数据的路径
folder_path = 'data/pixel characters/2'

# 获取文件夹中所有的 .png 文件，并排序
png_files = sorted([
    os.path.join(folder_path, f)
    for f in os.listdir(folder_path) if f.endswith('.png')
])
```

```
# 假设我们只想显示后 9 个图像
for i, file in enumerate(png_files[-9:]):
    # 使用 matplotlib 读取并显示图像
    img = load_img(file)
    plt.subplot(3, 3, i+1)  # 创建一个 3×3 的子图布局
    plt.imshow(img)
    plt.axis('off')   # 不显示坐标轴
plt.savefig('插图/图 7-5.png', dpi=300)
# 显示图像
plt.show()
```

运行这段代码，会得到如图 7-5 所示的结果。

图 7-5　像素风小英雄数据集中的部分图像

从图 7-5 中可以看到，原始的数据集包含 64×64 像素的小英雄画像，看起来很是呆萌可爱。不过接下来我们还需要处理一下它们。首先，作为展厅的壁纸，它们有点儿太"花"了，会给人一种过于复杂的感觉；其次，它们的尺寸有点大，如果能缩小一些，会节省很多模型训练和推理的时间；此外，我们还需要将原始的 .png 图像文件，转换成可以用来训练模型的数组。

要完成上述这些工作，使用下面的代码就可以了。

```
# 定义一个处理图像的函数
def convert_directory_to_numpy_array(directory, target_size=(28, 28)):
    images = []
    for filename in os.listdir(directory):
        if filename.lower().endswith('.png'):
            # 构建完整的文件路径
            img_path = os.path.join(directory, filename)
```

```python
        # 加载图像并转换为灰度图
        img = load_img(img_path, target_size=target_size,
                       color_mode='grayscale')

        # 将图像转换为NumPy数组
        img_array = img_to_array(img)
        # 添加数组到列表中
        images.append(img_array)
    # 将列表中的数组堆叠成一个大的NumPy数组
    images_array = np.stack(images, axis=0)
    # 如果需要的话，可以再次检查数组的形状
    print(images_array.shape)
    return images_array


# 调用函数
images_array = convert_directory_to_numpy_array(folder_path)


# 下面的代码行执行了一个阈值操作，目的是将图像进行二值化处理
# 使用 np.where 函数对 images_array 数组中的每个元素进行判断
# 如果元素的值小于 0.33 乘以 256
# 即小于85，这里假设是对图像亮度进行阈值分割，低于这个亮度的认为是暗部
# 则将该位置的值设置为0（表示暗部或背景）
# 否则设置为1（表示亮部或前景）
# 这个操作实现了图像的简单二值化处理
data = np.where(images_array < (0.33 * 256), 0, 1)

# 将数据类型转换为 float32
data = data.astype(np.float32)


plt.figure(dpi=300)
for i, file in enumerate(data[:9]):
    plt.subplot(3, 3, i+1)  # 创建一个3×3的子图布局
    plt.imshow(file,cmap='Blues')
    plt.axis('off')   # 不显示坐标轴
plt.tight_layout()
plt.savefig('插图/图7-6.png', dpi=300)
# 显示图像
plt.show()
```

运行这段代码，会得到如图 7-6 所示的结果。

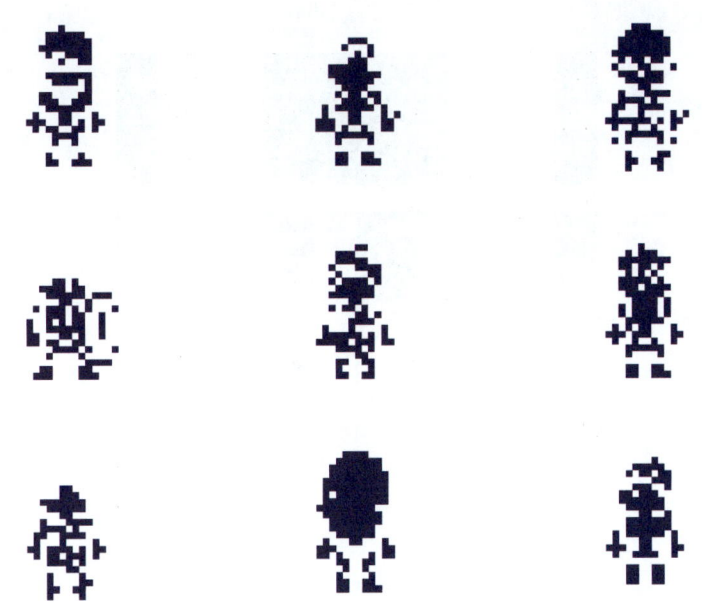

图 7-6 经过处理后的像素风图像数据

可以看到，经过我们的处理之后，原本"花里胡哨"的小英雄图像，现在变得更加简洁清爽。而且经过上面的转换，原来 64×64 像素的图像，现在也被转换为 28×28 的数组，可以用来快速训练我们的 PixelCNN 模型了。

7.3.2 创建掩码卷积层

对于 S 师姐和 C 飘飘来说，普通的卷积层已经是熟悉的"老朋友"了——它可以帮助我们提取图像的边缘、纹理等特征。但是，普通的卷积层在处理图像时并不考虑像素之间的顺序，也就是它们不会从左到右、从上到下来处理像素，而是平等地对待所有像素。这与文本数据不同，文本数据有明确的顺序，因此可以很容易地应用如 LSTM 网络这样的 RNN 来进行自回归处理。

所以要想在自回归的方式下使用卷积层进行图像生成，我们就得修改一下卷积层的行为，让它在预测某个像素的值时，只考虑该像素之前的像素。要实现这一点，我们可以通过创建一个掩码（Mask），让这个掩码与卷积核的权重矩阵相乘，将目标像素之后的所有像素的值置为零。经过修改后的卷积层，就是我们上面提到的**掩码卷积层**。

在小 L 要用到的 PixelCNN 模型中，有两种不同类型的掩码。

类型 A：这种类型的掩码会屏蔽中心像素的值。这意味着在预测中心像素的值时，不会考虑中心像素本身的值。

类型 B：与类型 A 不同，类型 B 的掩码不会屏蔽中心像素的值。这可以用于不同的上下文或生成策略中，具体取决于是否需要中心像素的值来辅助预测。

从图 7-7 中可以直观地看到这两种掩码类型的不同。

1	1	1	1
1	1	A=0 B=1	0
0	0	0	0
0	0	0	0

图 7-7　两种掩码类型方式的不同

从图 7-7 中可以看到，每一个格子代表图像的一个像素。我们的任务是预测图 7-7 中灰色格子的像素值，因此前面的绿色格子都要保留原始的像素值（所以乘以 1）；而它后面的黄色格子是需要"挡住"的（所以乘以 0）。而类型 A 是"挡住"当前格子的像素值（乘以 0），但类型 B 要保留当前格子的像素值（乘以 1）。具体要使用哪种类型的掩码，就取决于我们是否需要中心像素的值来辅助预测了。

要创建一个掩码卷积层，使用下面的代码就可以了。

```python
class PixelConvLayer(layers.Layer):
    """
    自定义的卷积层，用于在卷积核上应用特定类型的掩码

    参数：
        mask_type (str)：指定掩码的类型，影响卷积核中心的掩码
        - 如果为 A，则卷积核的左上角和上半部分的中心会被设置为 1，其余位置为 0
        - 如果为 B，则在 A 的基础上，卷积核的中心点也会被设置为 1
        **kwargs：  传递给 Conv2D 层的所有关键字参数，如 filters, kernel_size, strides 等
    """
    def __init__(self, mask_type, **kwargs):
        """
        初始化 PixelConvLayer
        """
        super().__init__()  # 调用父类 Layer 的构造函数
        self.mask_type = mask_type  # 保存掩码类型
```

```python
        self.conv = layers.Conv2D(**kwargs)  # 初始化 Conv2D 层

    def build(self, input_shape):
        """
        创建层的权重（如果尚未创建），并初始化掩码

        参数：
            input_shape (TensorShape)：输入张量的形状，用于确定卷积核的形状
        """
        self.conv.build(input_shape)  # 调用 Conv2D 层的 build() 方法

        # 获取卷积核的形状
        kernel_shape = ops.shape(self.conv.kernel)
        # 初始化掩码，所有元素为 0
        self.mask = np.zeros(shape=kernel_shape.numpy(), dtype=np.float32)
        # 设置卷积核的左上角和上半部分的中心为 1
        self.mask[:kernel_shape[0] // 2, ...] = 1.0
        self.mask[kernel_shape[0] // 2, :kernel_shape[1] // 2, ...] = 1.0
        # 如果掩码类型为 B，则设置卷积核的中心点为 1
        if self.mask_type == "B":
            self.mask[kernel_shape[0] // 2, kernel_shape[1] // 2, ...] = 1.0

    def call(self, inputs):
        """
        应用掩码到卷积核，并执行卷积操作

        参数：
            inputs (Tensor)：输入张量

        返回：
            Tensor：卷积后的输出张量
        """
        # 将 NumPy 数组掩码应用到卷积核上
        self.conv.kernel.assign(self.conv.kernel * self.mask)
        # 执行卷积操作
        return self.conv(inputs)
```

运行上面的代码之后，我们就定义好了一个掩码卷积层。现在就可以继续开展下一步工作了。

7.3.3 创建残差块

前面听小 L 说过,一个 PixelCNN 模型包含两个关键组件。一个是我们已经搭建好的掩码卷积层,另一个就是残差块。

残差块是一种特殊的神经网络层组合,它的作用是在将输出传递给神经网络的其他部分之前,将输出与输入相加。这种设计称为跳跃连接(Skip Connection),因为它为输入提供了一个直接到达输出的快速通道,无须完全通过中间的层。图 7-8 能帮助 S 师姐她们直观地理解一个残差块的结构。

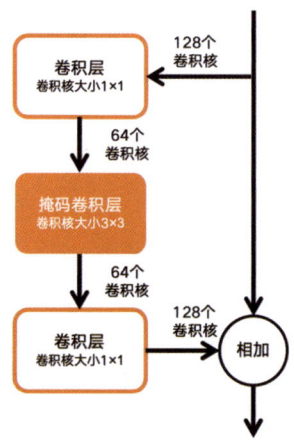

图 7-8 一个残差块的结构

残差块背后的原理是,如果没有跳跃连接,神经网络就需要通过中间层来找到一个恒等映射(即输入等于输出的映射),这可就要困难得多了。跳跃连接的存在使得神经网络更容易学习恒等映射,同时也使得神经网络能够更容易地学习到输入和输出之间的复杂变换,因为神经网络只需要学习输入和输出之间的残差(也就是差异),而不是完整的输出。

那么,为什么我们要在 PixelCNN 模型中添加残差块呢?原因是残差块可以帮助神经网络更好地捕捉图像数据中的复杂依赖关系,同时避免在训练过程中出现梯度消失或梯度爆炸的问题。通过堆叠多个残差块,PixelCNN 模型能够构建出更深的神经网络结构,从而具有更强的特征提取和表示能力,这对于生成高质量的图像数据很有帮助。

要创建一个残差块,用下面的代码就可以了。

```
class ResidualBlock(layers.Layer):
    def __init__(self, filters, **kwargs):
        """
        初始化 ResidualBlock 类

        参数:
            filters (int): 输出卷积层的过滤器(卷积核)数量
```

```python
        **kwargs: 关键字参数，用于传递给父类 Layer 的构造函数
        """
        super().__init__(**kwargs)
        # 第一个卷积层，使用 1×1 的卷积核，减少或保持特征图的深度
        self.conv1 = layers.Conv2D(
            filters=N_FILTERS, kernel_size=1, activation="relu"
        )
        # 自定义的 PixelConvLayer，用于卷积操作
        # 这里使用了 N_FILTERS // 2，也是为了减少特征图的深度
        self.pixel_conv = PixelConvLayer(
            mask_type="B",
            filters=N_FILTERS // 2,
            kernel_size=3,
            activation="relu",
            padding="same",
        )
        # 第二个卷积层，再次使用 1×1 的卷积核
        self.conv2 = layers.Conv2D(
            filters=N_FILTERS, kernel_size=1, activation="relu"
        )

    def call(self, inputs):
        """
        定义 ResidualBlock 的前向传播逻辑
        参数：
            inputs: 输入张量，通常为特征图

        返回：
            输出张量，经过残差块处理后的特征图
        步骤：
        1. 通过第一个 1×1 卷积层处理输入
        2. 将 conv1 的输出传递给自定义的 PixelConvLayer 进行进一步处理
        3. 通过第二个 1×1 卷积层处理 pixel_conv 的输出，以恢复特征图的深度
        4. 将 conv2 的输出与原始输入（inputs）相加，实现残差连接
        """
        x = self.conv1(inputs)
        x = self.pixel_conv(x)
        x = self.conv2(x)
        return layers.add([inputs, x])  # 使用加法层将输入与输出相加
```

运行上面的代码，我们就完成了残差块的创建。下面要做的事情是把掩码卷积层和残差块堆叠起来并进行训练。

7.3.4 训练PixelCNN模型

有一说一，其实PixelCNN模型跟S师姐她们前面见过的自编码器还真有点相似之处。自编码器是通过编码器部分将输入数据压缩成较低维度的表示，然后通过解码器部分将这个表示解码回原始输入数据。虽然PixelCNN模型不是典型的自编码器结构，但它也试图通过其神经网络层来"重建"或"生成"与输入相似的图像。

但是，与自编码器不同的地方在于，在PixelCNN模型中，神经网络使用了MaskedConv2D层，这些层确保了在预测每个像素时，不会有来自该像素之后位置的信息流入。这种设计是为了保持像素生成过程的因果性，即每个像素的预测仅依赖于其之前的像素。这种约束使得PixelCNN模型能够让它生成的图像保持像素之间的自然依赖关系，类似于它们在真实图像中的出现顺序。

接下来我们就把PixelCNN模型"组装"起来，然后用前面处理好的像素小英雄数据来训练它，代码如下。

```python
# input_shape 和 RESIDUAL_BLOCKS 已经定义
# input_shape 表示输入图像的尺寸（高度，宽度，通道数）
# RESIDUAL_BLOCKS 表示残差块的数量

# 输入层，指定输入数据的形状和批次大小
inputs = layers.Input(shape=input_shape, batch_size=128)

# 第一个 PixelConvLayer，使用 mask_type="A"
# padding="same" 表示卷积后的输出尺寸与输入相同
x = PixelConvLayer(
    mask_type="A", filters=128, kernel_size=7,
    activation="relu", padding="same"
)(inputs)

# 堆叠多个残差块
for _ in range(RESIDUAL_BLOCKS):
    x = ResidualBlock(filters=128)(x)

# 接下来是两个 PixelConvLayer，掩码类型选择 B
# 用于进一步处理特征或调整特征图的尺寸
for _ in range(2):
```

```python
    x = PixelConvLayer(
        mask_type="B",
        filters=128,
        kernel_size=1,
        strides=1,   # strides=1 表示不改变特征图的尺寸
        activation="relu",
        padding="valid",   # padding="valid" 表示不进行填充,输出尺寸可能会减小
    )(x)

# 输出层,使用 Conv2D 层将特征图转换为最终的输出
# 因为是单个通道的图像,使用 Sigmoid 激活函数将输出限制在 0~1 之间
out = layers.Conv2D(
    filters=1, kernel_size=1, strides=1, activation="sigmoid",
    padding="valid"
)(x)

# 创建模型
pixel_cnn = Model(inputs, out)

# 编译模型,使用 Adam 优化器和 binary_crossentropy 损失函数
adam = Adam(learning_rate=0.0005)
pixel_cnn.compile(optimizer=adam, loss="binary_crossentropy")
```

运行上面的代码,我们就完成了 PixelCNN 模型的"组装"。可以看到,这个 PixelCNN 模型中,输入层之后便是一个掩码卷积层,这里的掩码类型设置为 A。其后是 5 个残差块,然后又添加了 2 个掩码卷积层,它们的掩码类型是 B。这样做的原因是,第一个掩码卷积层的掩码类型 A 通过限制对即将预测像素的访问,确保了模型的自回归性质;而最后两个掩码卷积层采用掩码类型 B,是为了放宽限制并允许信息在神经网络中传播,增强了模型的复杂特征捕捉能力。

下面我们开始 PixelCNN 模型的训练,这里使用的代码就很简单了。

```python
# 训练 PixelCNN 模型
pixel_cnn.fit(
    x=data,                  # x 参数是输入数据,这里使用 data 作为输入

                             # 使用相同的 data 作为 x 和 y,为了简化示例
    y=data,                  # y 参数是目标数据

    batch_size=128,          # batch_size 参数定义了每次梯度更新时使用的样本数
```

```
    epochs=50,                    # epochs 参数定义了整个数据集将被遍历多少次

    validation_split=0.1,    # validation_split 指定验证集的比例

    verbose=1                     # verbose 参数控制训练过程中的信息输出
)
```

运行这段代码之后,就可以看到模型开始训练了。因为前面小 L 缩小了训练数据的尺寸,所以不需要太长的时间,模型就完成了 50 轮的训练。可以看到最后一轮的训练结果如下所示。

```
Epoch 50/50
7/7 ━━━━━━━━━━━━━━━━━━━━ 1s 97ms/step - loss: 0.0897 - val_loss: 0.0866
```

从最后一轮的训练结果来看,模型在训练集中的损失值为 0.0897,这是一个相对较低的数值。同时,验证集上的损失值(0.0866)略低于训练集上的损失值,这还真是一个好的迹象,表明模型没有出现明显过拟合的现象。

看起来模型还不错,咱们可以试试让它画几个图,看看表现怎么样,使用的代码如下。

```
# pixel_cnn 是已经训练好的 PixelCNN 模型
# 设置生成图像的批量大小
batch = 4
# 初始化一个零矩阵,其形状与 PixelCNN 模型的输入相匹配
pixels = np.zeros(shape=(batch,) + (pixel_cnn.input_shape)[1:])
# 解构 pixels 的形状以便后续使用
batch, rows, cols, channels = pixels.shape

# 使用嵌套循环遍历图像的每个像素和颜色通道
for row in tqdm(range(rows)):    # 显示进度条
    for col in range(cols):
        for channel in range(channels):
            # 对于当前像素位置,使用 PixelCNN 模型预测下一个像素的概率
            probs = pixel_cnn.predict(pixels)[:, row, col, channel]
            # 通过比较预测的概率和一个随机均匀分布来决定像素的值(0 或 1)
            pixels[:, row, col, channel] = ops.ceil(
                probs - keras.random.uniform(probs.shape)
            )

# 定义一个函数,用于将模型生成的像素值转换为可显示的图像格式
def deprocess_image(x):
```

```
    x = np.stack((x, x, x), axis=2)
    # 将像素值从 [0, 1] 范围缩放到 [0, 255] 范围
    x *= 255.0
    # 裁剪像素值到 [0, 255] 范围,并转换为无符号 8 位整型
    x = np.clip(x, 0, 255).astype("uint8")
    return x

# 遍历生成的图像批次,并将每个图像保存到文件中
for i, pic in enumerate(pixels):
    # 移除最后一个通道维度,然后调用 deprocess_image 函数处理图像
    # 注意:图像是单通道的,如果是多通道的则不需要 np.squeeze 函数
    keras.utils.save_img(
        "generated_image_{}.png".format(i),
        deprocess_image(np.squeeze(pic, axis=-1))
    )
```

运行上面的代码之后,我们就完成了调用训练好的模型进行画图的工作。这时会有 4 张 PNG 格式的图像文件出现在指定的目录中,它们的样子如图 7-9 所示。

图 7-9　PixelCNN 模型生成的像素风图像

看到了图 7-9 之后,这次像素艺术展的负责人可算是松了一口气——模型生成的像素风图像看起来还挺可爱。左上角那张有点儿像一个戴着头盔滑滑板的小孩儿,右上角和左下角的图像像两只小恐龙,而右下角的有点儿像"吃豆人"游戏里的角色。虽然这些图像不能作为艺术节的展品,但是用来装饰一下展厅的墙面还是没问题的。

后来,小 L 用这个 PixelCNN 模型又生成了很多图像,并让布展公司用它们铺满了展厅的墙体。前来观展的年轻人都觉得这次的展厅风格非常符合展会的特点,纷纷给出了好评。这次展会的成功举办,让 T 市的负责人再次看到了生成式模型的厉害之处。

7.4 小结与练习

在本章中，小 L 他们先是用 LSTM 网络模型帮助 T 市完成了为跨境电商项目生成了英文 JD 的任务，而后又使用 PixelCNN 模型帮助像素艺术展完成了展厅装饰的工作。有趣的是，这次帮助到 T 市的两个模型虽然用途不同，但它们都属于自回归模型，也就是一种利用序列中的先前值来预测未来的值的方法。比如，LSTM 网络是根据一句话中前面的词来预测后面的词，而 PixelCNN 模型是利用前面的像素值来预测后面的像素值。

本章留给 S 师姐的作业如下。

习题1：下载本章用到的职位描述数据集，或直接在Kaggle平台上载入它。

习题2：处理上述数据集并将其向量化。

习题3：使用处理好的文本数据训练一个LSTM网络模型，并尝试修改参数，观察模型性能的变化。

习题4：尝试使用不同的温度参数，用训练好的LSTM网络生成不同的职位描述。

习题5：下载本章用到的像素小英雄数据集，或直接在Kaggle平台上载入它。

习题6：将像素小英雄数据集处理成适合训练模型的格式。

习题7：尝试训练不同掩码类型、不同残差块数量的PixelCNN模型，并观察它们所生成图像的质量。

第 8 章 四季花海的泼天富贵——标准化流模型

在第 7 章中，小 L 他们用生成式模型一口气帮助 T 市解决了两个问题，获得了大家认可的同时，也确实累得够呛。为了让他们好好休息一下，W 处长给小 L 等人放了几天假，让他们回 N 村玩一玩，放松一下疲惫的身心。

到了 N 村，小 L 他们自然要去拜访一下 Z 书记。当他们来到村委会的时候，却发现 Z 书记并不在办公室。听村委会同事说，Z 书记最近忙"疯"了——今年 N 村的桃花节要开幕了，作为村里的招牌景区，四季花海在这个节日中一直充当着接待全国游客的重要角色。但据说在今年，Z 书记在景区接待的任务上遇到了难题。这到底是怎么一回事呢？我们往下看。

本章的主要内容有：

- ◆ 什么是标准化流模型
- ◆ 变量置换的概念
- ◆ 雅可比行列式的概念
- ◆ 什么是 RealNVP 模型
- ◆ RealNVP 模型中的仿射耦合层
- ◆ RealNVP 模型的训练与使用

8.1 暴涨的游客数量

事情是这样的：为了推动乡村旅游发展、拉动当地的经济，Y省文旅厅今年做了大量的宣传工作，比如，在热门社交媒体平台上创建了官方账号，发布了很多关于四季花海的高清图片、短视频、旅游攻略、活动预告等内容，展示景区的美丽风光和独特魅力。此外，省文旅厅还邀请了一堆知名"网红"、旅游博主到四季花海进行实地探访，并发布他们的体验视频或图文。这些"网红"和旅游博主拥有大量的粉丝，他们的推荐和分享迅速扩大了景区的影响力。因此，在今年桃花节开幕的前一个月，四季花海周边的酒店就接到了大量的预订单。从这些酒店预订的数量反推，今年桃花节四季花海迎来的游客数量将会是往年的2倍！

游客数量的暴涨，对于四季花海来说，肯定是泼天的富贵，但同时也带来了一定的挑战——随着游客数量的不断增加，管理难度肯定会相应提升，N村不仅需要投入更多的人力和物力来确保游客的安全和舒适，还需要加强景区的管理和维护工作。而这些工作都需要采取更加科学有效的管理手段，比如，对游客的密度分布做出比较准确的预估，这有助于景区更好地规划资源配置、优化游客体验，并应对可能出现的安全和秩序问题。

好消息是，四季花海收集了以往游客的密度分布数据。在往年桃花节期间，四季花海平均每天接待的游客数量为3000人，他们在景区内的密度分布如图8-1所示。

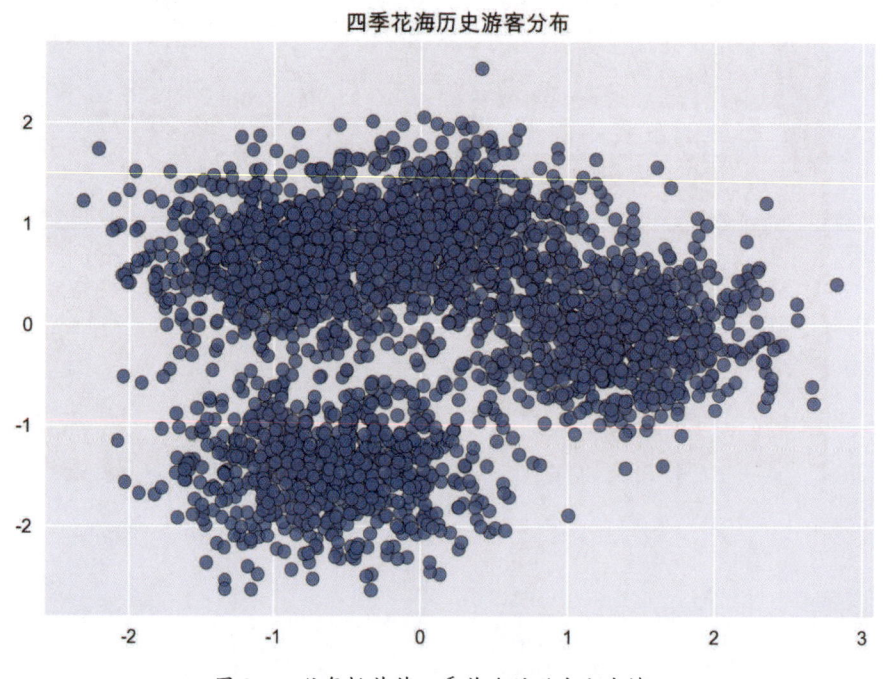

图 8-1 往年桃花节四季花海的游客分布情况

在图 8-1 中，大致可以看出游客的分布呈现出几个明显的簇群，这代表了四季花海中不同区域或景点大概的游客分布。每个簇群中的点密度反映了该区域或景点的受欢迎程度或游客访问频率。图像中数据点的重叠表示在某些区域内游客密度较高，而数据点之间的间隙则是游客密度较低的区域。

本来，根据这些历史数据，Z 书记完全可以安排人力物力，来维持景区的秩序。当然，以往他也是这样做的。但今年游客数量成倍增长，游客的分布又会是怎样的呢？又该如何规划这次的景区管理呢？正是这些问题，让 Z 书记他们焦头烂额。

了解这个情况之后，本来在休假的小 L 他们决定帮 Z 书记一把。不过这一次，C 飘飘主动请缨来完成任务，让小 L 只是从旁协助指导。

那么这次的工作该如何入手呢？不如试试标准化流模型（Normalizing Flow Model），小 L 提醒 C 飘飘。

8.2 什么是标准化流模型

要搞清楚什么是标准化流模型，我们就要先说说什么是标准化流（Normalizing Flow，也称正则化流、归一化流等），从它的名字我们可以看出来，这个名词是由两部分组成的，一部分是标准化（Normalize），另一部分是流（Flow）。下面我们先来解释一下这两部分都是做什么用的。

8.2.1 标准化流模型的两部分

首先来说标准化，这部分的功能是将复杂的数据分布转换为简单的目标分布（如单高斯分布、均匀分布等）。这一过程类似于数据预处理中的标准化，即将数据调整为具有特定均值和方差的形式，但标准化流的处理更为精细和复杂。通过构造一种可逆的变换，标准化流能够将任意的数据分布转换为简单的目标分布，这种转换过程体现了标准化的概念。

数据的分布可能需要经过多个相同的操作组合才能达到标准化的效果。这个组合的过程被形象地称为"流"。这种流式处理方式使得标准化流能够处理复杂的数据分布，并将其逐步转换为简单的目标分布。

其实，标准化流模型和我们之前研究过的变分 VAE 在本质上有着相似的目标，不过它们的实现方式有所不同。

在 VAE 中，主要任务是学习两个映射函数。

编码器负责将复杂的数据分布（如游客密度分布数据）映射到一个更简单的分布（通常是高斯分布），这样我们就可以从这个简单分布中轻松采样。编码器学习的是从数据 x 到隐变量 z 的条件

分布 $q(z|x)$ 的近似，这个分布是真实后验 $p(z|x)$ 的近似。

解码器负责将隐变量 z 从简单分布映射回复杂的数据分布，以生成新的数据点。解码器模型化的是条件概率分布 $p(x|z)$，即给定隐变量 z 下数据 x 的分布。

在 VAE 中，编码器和解码器是两个完全独立的神经网络。它们共同工作，以最小化重构误差（即原始数据 x 和通过编码–解码过程生成的数据之间的差异），以及隐变量 z 的先验分布（通常是标准高斯分布）与编码后 z 的分布之间的差异。

而标准化流模型也是将复杂的数据分布转换为简单的分布，但它采用的方法更为直接和连续。标准化流通过构建一个可逆的、可微分的变换链（即"流"），将原始数据分布逐渐转换为目标分布（如标准高斯分布）。这个变换链是由一系列简单的变换步骤组成的，每个步骤都保持变换的可逆性和可微分性。

与 VAE 相比，标准化流模型不需要显式地学习一个编码器来近似后验分布 $p(z|x)$，而是通过变换链直接定义了一个从 x 到 z 的可逆映射。这样，标准化流模型在理论上可以更精确地模拟数据的潜在分布，因为它避免了 VAE 中因编码器近似后验分布而产生的误差。

具体是如何做到的呢？在标准化流模型中，解码函数被设计为编码函数的精确逆函数，并且这个逆函数需要能够快速计算。这种设计使得标准化流模型具有可追踪性（Tractability）的属性，即能够高效地计算数据的对数似然和其他相关统计量。但是，神经网络本身并不默认是可逆函数。这样一来，我们就不能简单地使用任意神经网络作为编码函数，还要期望它有一个易于计算的逆函数。这就提出了一个问题：如何在保持深度学习灵活性和强大功能的同时，创建一个可逆的过程，让它能够在复杂分布（如四季花海游客的分布）和简单分布（如标准正态分布）之间进行转换呢？

要理解这个问题，我们就要让小 L 给 C 飘飘介绍一个概念——变量置换（Change of Variables）。

8.2.2 变量置换

变量置换是一种在积分、微分或更一般的数学表达式中，通过改变变量来简化问题的方法。在概率论和统计学中，这可以用于将复杂的随机变量转换为更容易处理的变量。用数学的语言让 C 飘飘理解这个概念是没有问题的，但是对于 S 师姐来说，就显得过于艰涩难懂了。

于是小 L 从背包里拿出来一袋子方形软糖，然后在桌子上摆放了一个长方形的格子，这个格子长 3 格，宽 2 格。然后他把软糖倒进这个长方形格子中，每个格子放的软糖数量不同，如图 8-2 所示。

从图 8-2 中我们可以看到，小 L 一共有 20 颗软糖，分别放在这 6 个格子中，格子中的数字也可以看成是一个概率分布的概念，只不过这里的"概率"变成了"软糖密度"。格子的背景色越深，就代表这个格子的"软糖密度"越大。

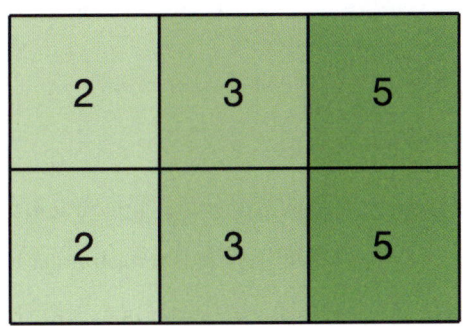

图 8-2 小 L 在格子中放置软糖的数量

现在,假设我们让 S 师姐把这些软糖"转移"到一个更小的、正方形的盘子里,这个新盘子每边都是 1 格长,总共 1 格的面积。但是,S 师姐不能直接把软糖从大格子倒到小盘子里,因为那样软糖就会堆成一座小山,而且丢失了它们原本的分布状态。所以她需要想一个聪明的方法。

这个方法是什么呢?首先把原来每一格的软糖都"捏小"并"移动"到正确的位置。拿图 8-2 中的第一行来说,我们可以把软糖都捏成原来 $\frac{1}{3}$ 的横边长,这样就可以塞进小的正方形盘子里的第一行中。如果要用数学公式来表达的话呢,可以是

$$z_1 = \frac{x_1}{3}$$

同样地,我们还可以把第一行和第二行的软糖都捏成原来 $\frac{1}{2}$ 的竖边长,然后把第二行的软糖也塞进小的盘子中。在这个维度上,数学公式就可以是

$$z_2 = \frac{x_2}{2}$$

注意:我们假设这里用的软糖材质很特别,捏小它的横边长不会影响它的竖边长,同样,捏小竖边长也不会影响它的横边长。

通过这个过程,S 师姐就成功地把原来的格子中的软糖分布"转移"到了小盘子上,而且小盘子上的每一点都对应着大格子上原来某一点的"软糖密度",只是经过了缩放和移动。"软糖密度"对应着概率分布,"大格子"对应着原始的定义域,"小盘子"对应着变换后的单位正方形,"缩放和移动"对应着变量置换的过程。这个过程如图 8-3 所示。

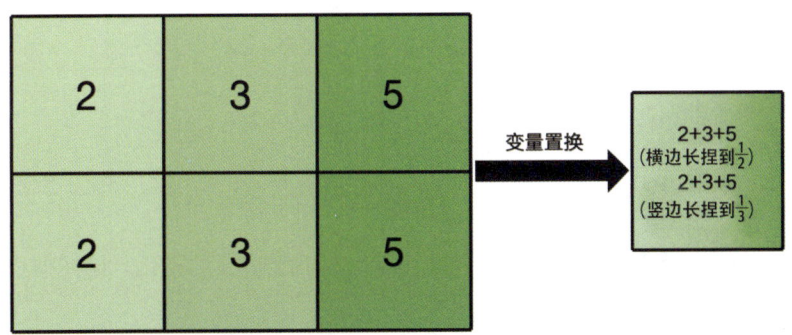

图 8-3 把软糖捏小后放进小盘中的过程,可以看成是一种变量置换

177

但是，C 飘飘发现了一个问题——假如原始的软糖朝向我们这一面的面积代表原来的概率分布 P，经过上面"捏小"的过程之后，这些软糖的面积只有原来的 $\frac{1}{6}$ 了。虽然这对软糖来说没啥影响，但是对于概率来说，$\frac{1}{6}$ 并不是一个有效的概率分布。

为了确保变换后的分布仍然是一个有效的概率分布，我们需要对其进行标准化（也称归一化）。标准化的方法是将变换后的分布乘以一个标准化因子（Normalization Factor），这个因子等于原始区域面积与变换后区域面积的比值。但有的时候，直接计算这个比值可能并不总是可行的，特别是在更复杂的变换或更高维度的空间中。不过我们有个好消息——有一个更通用的方法来计算这种面积的变化，也就是使用变换的雅可比行列式（The Jacobian Determinant）的绝对值。

说到这，就又要介绍一个新的概念——雅可比行列式。

8.2.3 雅可比行列式是什么

要用学术一点的语言来说，雅可比行列式是一个与向量值函数的导数相关的数学概念，广泛应用于向量微积分学、概率论、统计学和物理学等领域。它是一个方阵的行列式，这个方阵由向量值函数的一阶偏导数按一定的方式排列形成。

我们还是先从软糖的例子说起，假设没有被捏小之前的软糖在格子中的总面积是 x，捏小放在盘子里之后的面积是 z，那它的雅可比可以表达为

$$J = \frac{\partial z}{\partial x}$$

这里要给文科专业的 S 师姐解释一下，公式中的 $\frac{\partial z}{\partial x}$ 表示求 z 关于 x 的偏导数，可以理解为计算 x 的变化如何影响 z。

而现在我们知道，这些软糖的原始面积可以用横边长 x_1 乘以竖边长 x_2 得到，而捏小后的面积可以用 z_1 乘以 z_2 来计算，这样我们就可以得到雅可比矩阵为

$$J = \frac{\partial z}{\partial x} = \begin{bmatrix} \frac{\partial z_1}{\partial x_1} & \frac{\partial z_1}{\partial x_2} \\ \frac{\partial z_2}{\partial x_1} & \frac{\partial z_2}{\partial x_2} \end{bmatrix}$$

因为我们把横边长捏小到了原来的 $\frac{1}{3}$，所以 $\frac{\partial z_1}{\partial x_1}$ 的值就是 $\frac{1}{3}$；而竖边长捏小到了原来的 $\frac{1}{2}$，所以 $\frac{\partial z_2}{\partial x_2}$ 的值就是 $\frac{1}{2}$。但由于我们捏小横边长的动作不会影响竖边长的变化，同样捏小竖边长的动作

也不会影响横边长的变化，因此 $\frac{\partial z_1}{\partial x_2}$ 和 $\frac{\partial z_2}{\partial x_1}$ 的值都是0。这样一来，这个雅可比矩阵就变成了

$$J = \begin{bmatrix} \frac{1}{3} & 0 \\ 0 & \frac{1}{2} \end{bmatrix}$$

可以看到，上面的雅可比矩阵 J 就记录了我们是如何捏小这些软糖的。如果我们计算这个矩阵的行列式，就会看到软糖原来的总面积和捏小后软糖面积的关系。行列式的计算方法是

$$\det \begin{pmatrix} a & b \\ c & d \end{pmatrix} = ad - bc = \frac{1}{3} \times \frac{1}{2} - 0 \times 0 = \frac{1}{6}$$

上面的计算结果也印证了经过捏小之后，软糖的面积就变成了原来的 $\frac{1}{6}$。而这个数值也被称为缩放因子。在概率论中，一个随机变量的概率分布函数（或概率密度函数，对于连续随机变量）在整个定义域上的积分必须等于1，这是概率分布的一个基本性质。当我们对这个随机变量进行某种变换时，变换后的随机变量的概率分布可能会发生变化，因此我们需要确保变换后的概率分布仍然满足这个性质。为了确保这一点，我们需要将变换后的概率分布乘以（或除以）这个缩放因子，以确保其积分仍然为1。

注意：正常情况下，矩阵的行列式是有正负性的。所以我们需要取雅可比行列式的绝对值来保证得到的值是正值。

现在如果我们把上面的例子推广到高维空间，假设有一个从 n 维欧几里得空间到 m 维欧几里得空间的映射函数 $f(x)$，其中 $x = (x_1, x_2, \cdots, x_n)$ 是输入向量，$z = (z_1, z_2, \cdots, z_m)$ 是输出向量，那么从 x 到 z 的变量置换过程用公式表示为

$$P_x(x) = P_z(z) |\det(\frac{\partial z}{\partial x})|$$

其中，$P_x(x)$ 代表原始数据的分布；$P_z(z)$ 代表变量置换后得到的一个简单分布（例如，正态分布）。这样一来，我们就得到了前面说的从 x 到 z 的可逆映射，即可以根据隐变量 z 映射到原始域中的数据 x。

那么，这个技术就可以用来帮助 Z 书记预测今年四季花海的游客分布。假如我们先把历史游客分布数据看成 x，就可以映射到一个简单分布的隐变量 z；再把隐变量 z 还原到原始域，就可以生成新的游客分布数据，以供参考。

说到这里，C 飘飘有疑问了。我们前面用过的各种神经网络，它们的工作方式都是单向的，怎么能实现从 x 到 z 的可逆映射呢？巧了，我们有一种称为 RealNVP（Real-valued Non-volume Preserving Transformations）的模型可以实现这一点。接下来咱们就看看怎么创建这个模型。

8.3 RealNVP模型

这个RealNVP模型,并没有一个广泛认可的中文名字。但是根据其全称,我们可以将其直译为"实值非体积保持变换"。这个名称直接反映了RealNVP模型的核心特性,即它是一种在变换过程中不保持数据空间体积的实值变换方法。

RealNVP模型在深度学习和生成式模型中还是很常用的,特别是在基于流的生成式模型中。它通过仿射耦合层(Affine Coupling Layer)来实现数据的非线性变换,这种变换在保持数据可逆性的同时,能够学习数据的复杂分布。和GAN类似,RealNVP模型在生成式模型中有着广泛应用,用于构建概率模型并进行无监督学习。

8.3.1 什么是仿射耦合层

仿射耦合层是神经网络中的一种特殊层结构,尤其是在RealNVP模型这种可逆神经网络中得到了应用。这种层结构的设计旨在实现神经网络的可逆性,即神经网络的输入可以通过其输出和神经网络的参数(如权重和偏置)唯一地恢复出来。

在仿射耦合层中,输入特征通常被分为两个通道,这两个通道分别经过不同的仿射变换。具体来说,对于输入特征 x,可以将其分为 x_1 和 x_2 两部分,然后分别应用以下变换:

$$z_1 = x_1$$
$$z_2 = x_2 \odot \exp(s(x_1) + t(x_1))$$

其中,$\odot$ 表示逐元素乘法;s 和 t 是两个任意的函数(也就是神经网络层),用于对 x_2 进行变换。可以看到,在上面的变换中,x_1 直接作为 z_1 输出,而 x_2 则经过了一个由 $s(x_1)$ 和 $t(x_1)$ 控制的仿射变换。如果用图像来表示仿射耦合层的结构,可以是图8-4所示的这样。

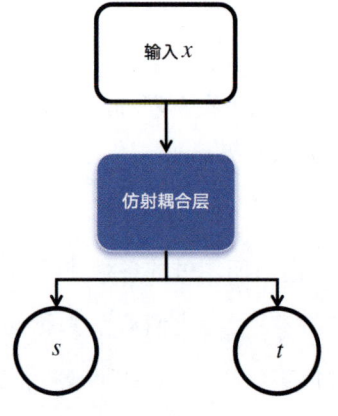

图8-4 仿射耦合层对输入数据的处理

C 飘飘决定直接用四季花海的历史游客分布数据进行实验，首先用下面的代码生成实验数据并进行可视化。

```python
# 下面导入一些必要的库并设置
# 导入 pandas
import pandas as pd
# 导入 NumPy 库
import numpy as np
# 导入可视化库
import matplotlib.pyplot as plt
from sklearn import datasets

import tensorflow as tf
from tensorflow.keras import (
    layers,
    models,
    regularizers,
    metrics,
    optimizers,
    callbacks,
)
import tensorflow_probability as tfp
# 设置可视化样式
plt.style.use('seaborn-v0_8')
# 指定字体，防止出现中文乱码
plt.rcParams['font.sans-serif'] = ['Arial Unicode MS']
# 这行代码让中文的负号 "-" 可以正常显示
plt.rcParams["axes.unicode_minus"]=False
data = datasets.make_blobs(3000, n_features=2, centers=4,
                           cluster_std=3, random_state=42
)[0].astype("float32")
norm = layers.Normalization()
norm.adapt(data)
normalized_data = norm(data)
plt.figure(dpi=300)
plt.scatter(normalized_data[:,0], normalized_data[:,1],
            edgecolors='k', alpha=0.8)
plt.title('四季花海历史游客分布')
plt.savefig('插图/图 8-1.png', dpi=300)
plt.show()
```

上面的代码，除了导入库的部分代码之外，其余代码就是用来生成四季花海的历史游客分布数据并进行可视化的。运行这段代码得到的结果和图 8-1 是完全一样的，这里我们就不重复展示了。

数据准备好之后，C 飘飘在小 L 的指导下开始搭建仿射耦合层，代码如下。

```
# 定义仿射耦合层中使用的维度，这里指定了耦合层的维度为 256
COUPLING_DIM = 256

# 指定仿射耦合层的层数，这里使用两层的仿射耦合层
COUPLING_LAYERS = 2

# 输入数据的维度
INPUT_DIM = 2

# 正则化系数，这里设置为 0.01
REGULARIZATION = 0.01

# 批处理大小，即每次训练时使用的样本数，这里设置为 256
BATCH_SIZE = 256

# 训练轮次，即整个数据集被遍历和更新的次数，这里设置为 30
EPOCHS = 30
def Coupling(input_dim, coupling_dim, reg):
    """
    构建仿射耦合层

    参数：
        input_dim (int)：输入数据的维度
        coupling_dim (int)：耦合层内部使用的隐藏层维度
        reg (float)：正则化系数，用于 L2 正则化

    返回：
        keras.models.Model：一个包含 s 和 t 两个输出的 Keras 模型，分别用于仿射变换的缩放和位移
    """
    # 输入层，接收指定维度的输入数据
    input_layer = layers.Input(shape=input_dim)

    # s 变换的路径，通过多个 Dense 层生成缩放因子 s
    s_layer_1 = layers.Dense(
        coupling_dim, activation="relu",
```

```python
    kernel_regularizer=regularizers.l2(reg)
)(input_layer)  # 第一层 Dense，使用 ReLU 激活函数和 L2 正则化
s_layer_2 = layers.Dense(
    coupling_dim, activation="relu",
    kernel_regularizer=regularizers.l2(reg)
)(s_layer_1)  # 第二层 Dense
s_layer_3 = layers.Dense(
    coupling_dim, activation="relu",
    kernel_regularizer=regularizers.l2(reg)
)(s_layer_2)  # 第三层 Dense
s_layer_4 = layers.Dense(
    coupling_dim, activation="relu",
    kernel_regularizer=regularizers.l2(reg)
)(s_layer_3)  # 第四层 Dense
s_layer_5 = layers.Dense(
    input_dim, activation="tanh",
    kernel_regularizer=regularizers.l2(reg)
)(s_layer_4)  # 最终层，输出缩放因子 s，使用 tanh 激活函数限制输出范围

# t 变换的路径，通过多个 Dense 层生成位移因子 t
t_layer_1 = layers.Dense(
    coupling_dim, activation="relu",
    kernel_regularizer=regularizers.l2(reg)
)(input_layer)  # 第一层 Dense
t_layer_2 = layers.Dense(
    coupling_dim, activation="relu",
    kernel_regularizer=regularizers.l2(reg)
)(t_layer_1)  # 第二层 Dense
t_layer_3 = layers.Dense(
    coupling_dim, activation="relu",
    kernel_regularizer=regularizers.l2(reg)
)(t_layer_2)  # 第三层 Dense
t_layer_4 = layers.Dense(
    coupling_dim, activation="relu",
    kernel_regularizer=regularizers.l2(reg)
)(t_layer_3)  # 第四层 Dense
t_layer_5 = layers.Dense(
    input_dim, activation="linear",
    kernel_regularizer=regularizers.l2(reg)
```

```
)(t_layer_4)  # 最终层，输出位移因子 t，使用线性激活

# 返回 Keras 模型，该模型接收输入层并输出 s 和 t
return models.Model(inputs=input_layer, outputs=[s_layer_5, t_layer_5])
```

这段代码定义了一个名为 Coupling 的函数，该函数创建了一个包含多个隐藏层的神经网络，用于生成仿射变换中的缩放因子 s 和位移因子 t。通过堆叠多个 Dense 层并使用不同的激活函数（如 ReLU 和 tanh），这个神经网络能够从输入数据中学习复杂的变换关系。此外，通过在每个 Dense 层中使用 kernel_regularizer=regularizers.l2(reg)，对权重应用了 L2 正则化。最后，该函数返回一个 Keras 模型，该模型接收输入数据并输出对应的 s 和 t 值。

8.3.2 仿射耦合层对数据的处理

看了代码，C 飘飘就有一个问题了——这个仿射耦合层中，使用的不就是普通的 Dense 层吗？看起来也没有什么特别的呀！没错，耦合层的架构设计可能并不具有特别高的创新性或复杂性。真正使耦合层变得独特的是它对输入数据的处理方式。当数据通过耦合层时，它可能会经历一系列复杂的操作，比如，如何对数据进行掩蔽和转换。目的就是从输入数据中提取有用的信息或将其转换为更适合后续处理的形式。

图 8-5 可以帮助 C 飘飘她们更直观地理解仿射耦合层处理数据的方式。

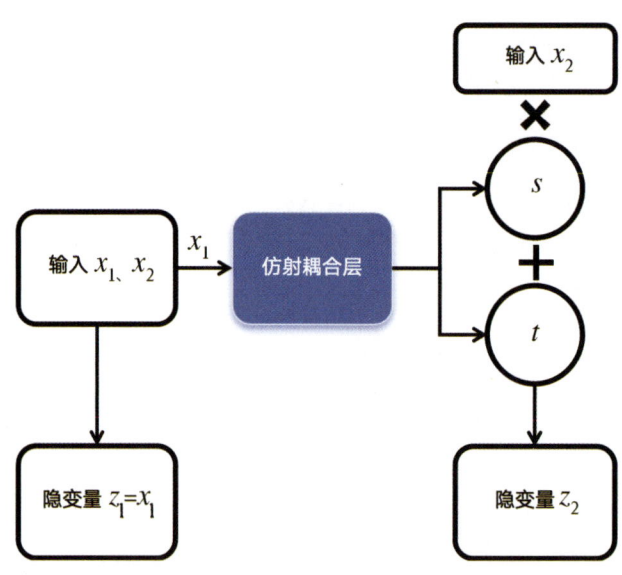

图 8-5　仿射耦合层处理输入数据的方式

因为我们这里的数据是二维的，所以每个数据点有两个特征：x_1 和 x_2。如果我们选择维度 d 为 1，那么在这个耦合层中，只有第一个特征 x_1 会被考虑，而第二个特征 x_2 则会被置为零（即被"屏蔽"）。因此，当数据点 (x_1, x_2) 被送入这个耦合层时，它实际上只"看到"了 $(x_1, 0)$。而如果数据的维度更高（如

D 维），则只有数据的前 d 个维度被传递到耦合层，而剩下的 $D-d$ 个维度则完全被置为零。这种处理方式允许神经网络专注于数据的特定部分，而忽略其他部分。

那么我们为什么要费劲地去构建一个会隐藏这么多信息的耦合层呢？要说清楚这一点，我们还是要细细探究一下这个结构下的雅可比矩阵。

$$\frac{\partial z}{\partial x} = \begin{bmatrix} 1 & 0 \\ \frac{\partial z_2}{\partial x_1} & \text{diag}(\exp[s(x_1)]) \end{bmatrix}$$

在上面这个矩阵中，左上角的值是 1，这是因为我们输出的 z_1 就等于 x_1，而右上角的值是 0，这是因为 z_1 的值和 x_2 没有任何关系。而左下角的计算是 z_2 关于 x_1 的偏导数，右下角是一个对角矩阵，这个对角矩阵由我们通过仿射耦合层得到的缩放因子 s 的自然指数函数填充（因为最后一个 s 层我们使用了 tanh 激活函数）。这样一来，我们就得到了一个下三角矩阵。

那什么是下三角矩阵呢？它是一种特殊的矩阵，其所有非零元素都位于主对角线（从左上角到右下角的对角线）或主对角线的下方。换句话说，矩阵的上方（即主对角线上方）的所有元素都是零。图 8-6 是一个下三角矩阵的示意图。

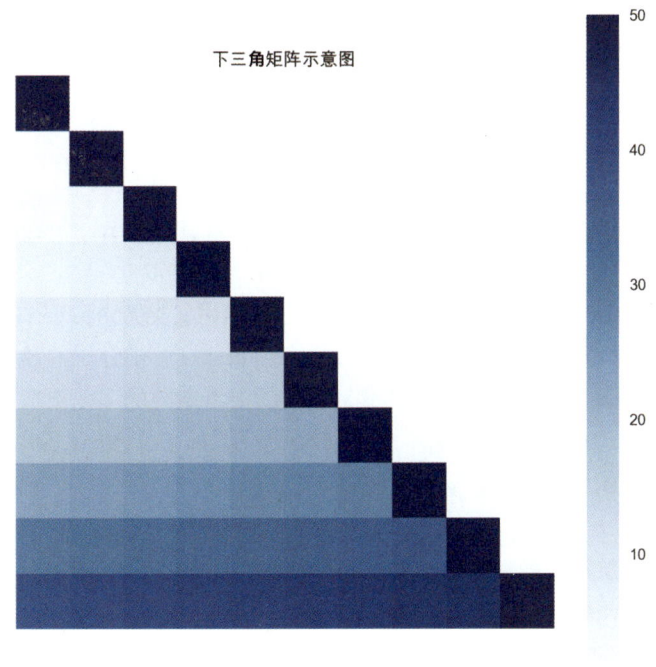

图 8-6　一个下三角矩阵的示意图

下三角矩阵行列式的计算有一个非常简单的性质：行列式等于主对角线上所有元素的乘积。一般情况下，在计算行列式时，通常需要用到各种行或列的变换和组合，但对于下三角矩阵来说，由于上方的元素都是零，这些变换和组合变得非常简单，最终只涉及主对角线上的元素。也就是说，现在我们的雅可比行列式的计算方法已变为

$$\det(J) = \exp\left[\sum_j s(x_1)_j\right]$$

这样做的一个好处是，极大地降低了行列式的计算复杂度。此外，我们还可以很容易地将隐变量 z 还原成 x，也就是前面提到过的逆函数，数学表达式为

$$x_1 = z_1$$
$$x_2 = (z_2 - t(x_1)) \odot \exp(-s(x_1))$$

从上面的式子可以看到，当我们用原始数据 x 的分布 $P_x(x)$ 得到隐变量的分布 $P_z(z)$ 之后，就可以再用逆函数将 $P_z(z)$ 映射回原始数据的分布 $P_x(x)$。需要说明的是，我们这里还原的是原始数据的分布，而不是原始的每一个数据点。对于四季花海这个任务来说，我们并不是要去还原每一个游客所在的位置，而是要去找到他们在景区中哪些位置的密度较高就可以了。

大致了解了仿射耦合层的工作原理之后，我们就可以开始定义 RealNVP 模型的训练过程了。

8.3.3 RealNVP模型的训练方式

和前几章学习过的模型一样，这里我们也需要自定义一个 RealNVP 模型的类，并且指定它的训练过程，使用的代码如下：

```
class RealNVP(models.Model):
    # 初始化函数，设置模型的基本参数和层
    def __init__(
        self, input_dim, coupling_layers, coupling_dim, regularization
    ):
        super(RealNVP, self).__init__()  # 调用父类 Model 的初始化方法
        self.coupling_layers = coupling_layers  # 耦合层的数量
        # 初始化先验分布，这里使用的是对角线协方差矩阵的多元正态分布
        self.distribution = tfp.distributions.MultivariateNormalDiag(
            loc=[0.0, 0.0], scale_diag=[1.0, 1.0]
        )
        # 生成用于耦合层掩码的数组，交替选择特征
        self.masks = np.array(
            [[0, 1], [1, 0]] * (coupling_layers // 2), dtype="float32"
        )
        # 用于追踪训练损失的指标
        self.loss_tracker = metrics.Mean(name="loss")
        # 创建耦合层列表
        # 每个耦合层具有相同的输入维度、耦合维度和正则化方式
        self.layers_list = [
```

```python
            Coupling(input_dim, coupling_dim, regularization)
            for i in range(coupling_layers)
        ]

    # 返回模型需要跟踪的指标列表
    @property
    def metrics(self):
        return [self.loss_tracker]

    # 模型的前向传播，处理输入数据 x，并根据是否训练选择不同的方向
    def call(self, x, training=True):
        log_det_inv = 0   # 对数行列式逆的初始值
        direction = 1   # 默认方向为正向
        if training:
            direction = -1   # 如果在训练阶段，则反向传播
        for i in range(self.coupling_layers)[::direction]:
        # 根据方向遍历耦合层
            # 使用掩码选择部分特征进行变换
            x_masked = x * self.masks[i]
            reversed_mask = 1 - self.masks[i]   # 计算反向掩码
            s, t = self.layers_list[i](x_masked)   # 调用耦合层得到变换参数
            s *= reversed_mask   # 将 s 应用于未被掩码的部分
            t *= reversed_mask   # 将 t 应用于未被掩码的部分
            gate = (direction - 1) / 2   # 计算门控因子
            # 执行仿射变换，并更新 x
            x = (
                reversed_mask
                    * (x * tf.exp(direction * s)
                        + direction * t *tf.exp(gate * s))+ x_masked
            )
            # 更新对数行列式逆的值
            log_det_inv += gate * tf.reduce_sum(s, axis=1)
        return x, log_det_inv   # 返回变换后的 x 和对数行列式逆

# 计算给定数据 x 的对数损失
def log_loss(self, x):
    y, logdet = self(x)   # 通过模型得到变换后的数据和对应的对数行列式逆
    log_likelihood = self.distribution.log_prob(y) + logdet   # 计算对数似然度
    return -tf.reduce_mean(log_likelihood)   # 负对数似然度均值作为损失
```

```python
# 定义模型的训练步骤
def train_step(self, data):
    with tf.GradientTape() as tape:
        loss = self.log_loss(data)  # 计算损失
    g = tape.gradient(loss, self.trainable_variables)  # 计算梯度
    self.optimizer.apply_gradients(zip(g, self.trainable_variables))
    # 梯度更新
    self.loss_tracker.update_state(loss)  # 更新损失追踪器
    return {"loss": self.loss_tracker.result()}  # 返回训练损失

# 定义模型的测试步骤
def test_step(self, data):
    loss = self.log_loss(data)  # 计算测试损失
    self.loss_tracker.update_state(loss)  # 更新损失追踪器
    return {"loss": self.loss_tracker.result()}  # 返回测试损失
```

通过运行上面的代码，我们就完成了 RealNVP 模型类的定义。需要解释一下的是，生成了一个交替的掩码数组 masks，它用于在耦合层中分割输入数据的维度。掩码是成对出现的（[[0, 1], [1, 0]]），然后再根据 coupling_layers 的数量重复这些对。那么为什么要这样做呢？

原因是在 RealNVP 模型中，输入数据会"流经"一系列耦合层。这些层通过变换输入数据的不同部分（通常是维度的一半）来更新数据的表示。然而，如果模型只是简单地将输入数据的某一部分（如我们这里的 x_1）保持不变，并只更新其余部分，那么这可能会限制模型的表达能力或学习能力。

为了解决这个问题，我们可以使用这样一个策略：堆叠多个耦合层，但在每一层中交替使用不同的掩码模式（Masking Pattern）。在这个过程中，每个耦合层都会将输入数据分成两部分，例如，一半对一半，然后只更新其中的一部分，而保持另一部分不变。然后，在堆叠下一个耦合层时，会改变掩码模式，即原本保持不变的部分现在会被更新，而原本被更新的部分现在则保持不变。

通过这种方式，即使初始的输入数据中有部分元素在某一层中保持不变，它们也有机会在后续的层中被更新。这种堆叠和交替掩码的模式不仅解决了数据元素可能无法被充分更新的问题，而且还为模型提供了一个更深的神经网络架构。更深的神经网络通常能够学习更复杂的数据表示，因为它们有更多的参数和更多的非线性变换，从而能够捕捉到数据中更细微和复杂的模式。这个过程如图 8-7 所示。

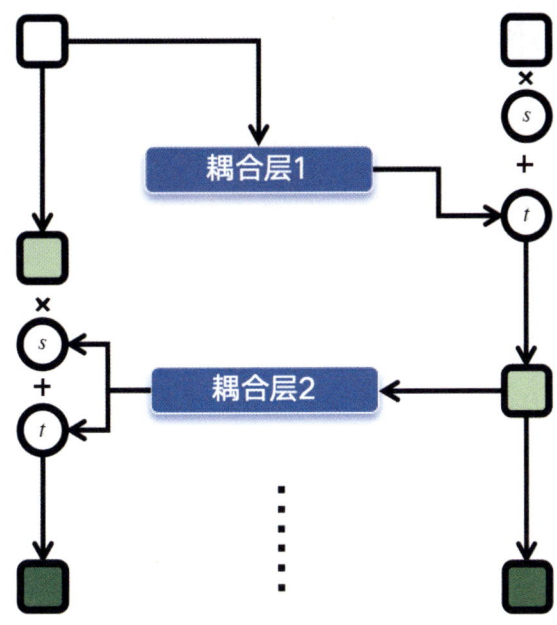

图 8-7 在不同的耦合层中交替掩码的模式

需要强调的是,当我们把这些耦合层堆叠起来之后(即一个耦合层的输出是下一个耦合层的输入),这个复合函数的雅可比矩阵的行列式计算也是很简单的。因为线性代数中有一个基本性质:矩阵乘积的行列式等于这些矩阵行列式的乘积。也就是

$$\det(A \cdot B) = \det(A)\det(B)$$

在我们的 RealNVP 模型中,这可以应用于每一层的雅可比矩阵,让整个复合函数的雅可比矩阵行列式的计算变得直接和高效。

而且,因为 RealNVP 模型是由多个层组成的神经网络,我们需要计算这个神经网络的逆变换,上面这种堆叠的方式让我们可以分别计算每一层的逆,并将它们以相反的顺序组合起来,从而得到整个神经网络的逆。

此外,这里还要解释一下代码中定义损失函数的部分。因为我们的任务是训练 RealNVP 模型来学习四季花海游客密度的复杂分布,让模型能够学会从简单分布中生成与历史游客分布相似的样本,这个训练过程的核心是优化(即最小化)数据的负对数似然。我们已经知道,对数似然是衡量模型参数在给定数据下好坏的指标。负对数似然则是其相反数,通常用于优化过程中,因为我们希望最小化这个值以找到最佳参数。具体来说,对于给定的数据集 X 和模型 $p(X)$(即数据 X 在模型下的概率分布),负对数似然是 $-\log(p(X))$。这个值越小,表示模型生成的数据与真实数据越相似,即模型对数据的拟合越好。这里负对数似然的计算方法是

$$-\log(P_x(x)) = -\log(P_z(z)) - \log\left(\left|\det\left(\frac{\partial z}{\partial x}\right)\right|\right)$$

下面我们就开始训练 RealNVP 模型,看看它的表现如何。

8.3.4 RealNVP模型的训练与评估

由于我们在前文中已经定义好了 RealNVP 模型的类，现在要做的就是初始化一个它的实例，并且进行编译，使用的代码如下。

```python
# 初始化一个 RealNVP 模型实例
model = RealNVP(
    input_dim=INPUT_DIM,                # INPUT_DIM 是之前定义的输入数据维度
    coupling_layers=COUPLING_LAYERS,    # COUPLING_LAYERS 是耦合层数量
    coupling_dim=COUPLING_DIM,          # 每个耦合层中更新数据的维度
    regularization=REGULARIZATION,      # REGULARIZATION 是正则化参数
)

# 编译模型，准备训练
# 使用 Adam 优化器，并设置学习率为 0.0001
model.compile(optimizer=optimizers.Adam(learning_rate=0.0001))
```

运行以上代码，就完成了模型实例的初始化以及编译的工作。也可以添加以下代码，让我们可以看到模型在训练过程中的表现。

```python
# 设置 TensorBoard 回调，用于记录训练过程中的各种信息，并存储在 "./logs" 目录下
tensorboard_callback = callbacks.TensorBoard(log_dir="./logs")


# 定义一个用于生成和显示图像的回调函数，继承自 callbacks.Callback
class ImageGenerator(callbacks.Callback):
    def __init__(self, num_samples):
        # 初始化时接收要生成的样本数量
        self.num_samples = num_samples

    def generate(self):
        # 从数据空间转换到潜在空间
        z, _ = model(normalized_data)  # model 是已定义的 RealNVP 模型

        # 从潜在空间采样并转换回数据空间
        # model 的 distribution 属性可以采样
        samples = model.distribution.sample(self.num_samples)
        # 使用 model 的 predict() 方法从潜在空间样本生成数据空间样本
        x, _ = model.predict(samples, verbose=0)
        # 返回生成的数据、潜在空间表示和采样的潜在空间样本
```

```python
        return x, z, samples

    def display(self, x, z, samples, save_to=None):
        # 使用 matplotlib 显示四个子图
        # 原始数据空间
        # 数据空间到潜在空间的映射
        # 潜在空间
        # 潜在空间到数据空间的映射
        f, axes = plt.subplots(2, 2)
        f.set_size_inches(8, 5)

        # 显示原始数据空间
        axes[0, 0].scatter(
            normalized_data[:, 0], normalized_data[:, 1], color="r", s=1
        )
        axes[0, 0].set(title="Data space X", xlabel="x_1", ylabel="x_2")
        axes[0, 0].set_xlim([-2, 2])
        axes[0, 0].set_ylim([-2, 2])

        # 显示数据空间到潜在空间的映射
        axes[0, 1].scatter(z[:, 0], z[:, 1], color="r", s=1)
        axes[0, 1].set(title="f(X)", xlabel="z_1", ylabel="z_2")
        axes[0, 1].set_xlim([-2, 2])
        axes[0, 1].set_ylim([-2, 2])

        # 显示潜在空间采样
        axes[1, 0].scatter(samples[:, 0], samples[:, 1], color="g", s=1)
        axes[1, 0].set(title="Latent space Z", xlabel="z_1", ylabel="z_2")
        axes[1, 0].set_xlim([-2, 2])
        axes[1, 0].set_ylim([-2, 2])

        # 显示潜在空间到数据空间的映射
        axes[1, 1].scatter(x[:, 0], x[:, 1], color="g", s=1)
        axes[1, 1].set(title="g(Z)", xlabel="x_1", ylabel="x_2")
        axes[1, 1].set_xlim([-2, 2])
        axes[1, 1].set_ylim([-2, 2])

        plt.subplots_adjust(wspace=0.3, hspace=0.6)
```

```
        if save_to:
            plt.savefig(save_to)
            print(f"\nSaved to {save_to}")

        plt.show()

    def on_epoch_end(self, epoch, logs=None):
        # 每个 epoch 结束时,如果 epoch 是 10 的倍数,则生成并显示图像
        if epoch % 10 == 0:
            x, z, samples = self.generate()
            self.display(
                x,
                z,
                samples,
                save_to="generated_img_%03d.png" % (epoch),  # 保存图像
            )


# 创建 ImageGenerator 实例,设置要生成的样本数量为 6000
img_generator_callback = ImageGenerator(num_samples=6000)
```

上面的代码有助于我们看到模型在训练过程中生成能力的提升。下面我们就可以使用模型的 fit() 方法开始模型的训练了,代码如下。

```
model.fit(
    normalized_data,  # 训练数据
    batch_size=BATCH_SIZE,  # 每个批次的大小
    epochs=EPOCHS,  # 训练的总轮次
    callbacks=[tensorboard_callback, img_generator_callback],
    # 回调函数列表
)
```

因为我们设置的训练轮次并不多,只有 30 次。所以用不了多长时间,就可以完成模型的训练了。在训练过程中,可以看到我们通过定义好的回调参数,得到了模型在不同轮次中生成的数据空间,如图 8-8 所示。

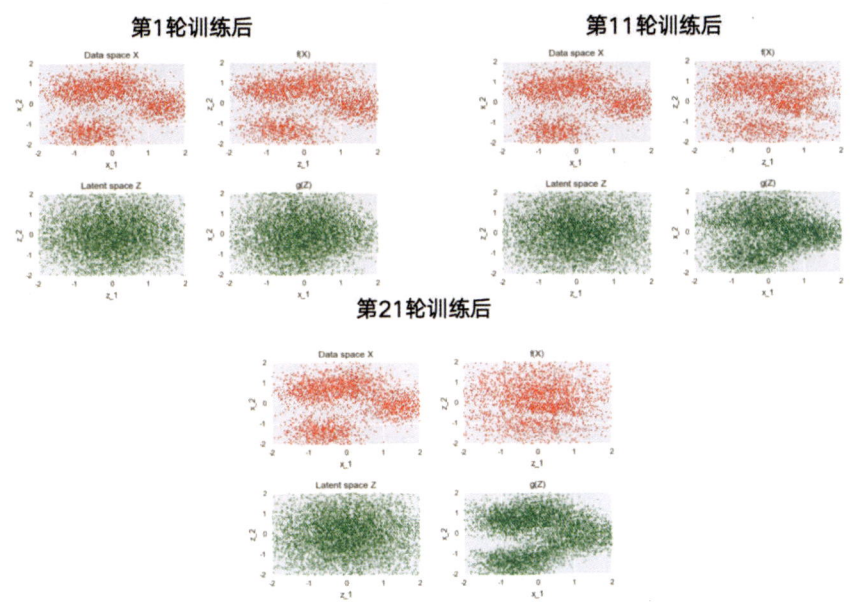

图 8-8 不同训练轮次后模型的表现

图 8-8 中是模型分别在第 1 轮、第 11 轮和第 21 轮训练后的表现。这里的图片有点小，可能看不太清楚。但大体上可以看到，在第 1 轮训练过后，模型还没有"掌握"如何将原始数据空间映射到潜在空间中，而它生成的数据空间，也和原始数据空间的分布完全"风马牛不相及"；但在第 21 轮训练过后，我们看到它生成的数据空间（右下角的子图）和原始数据空间（左上角的子图）就已经相当接近了。当然，这一点我们也可以从模型损失函数的下降中看到。

为了能够更加清晰地观察一下 RealNVP 模型的最终效果，我们可以使用下面的代码查看完成全部 30 轮训练之后，模型给出的游客密度预估。

```
z, _ = model(normalized_data)
# 因为今年游客数量比往年多一倍，所以我们生成 6000 个样本
samples = model.distribution.sample(6000)
x, _ = model.predict(samples)
f, axes = plt.subplots(2, 2, dpi=300)
f.set_size_inches(20, 15)

axes[0, 0].scatter(normalized_data[:, 0], normalized_data[:, 1],
                   edgecolor='k',alpha=0.6)
axes[0, 0].set(title=" 原始游客分布数据空间 ", xlabel="x", ylabel="y")
axes[0, 1].scatter(z[:, 0], z[:, 1], color="r",
                   edgecolor='k',alpha=0.8)
axes[0, 1].set(title=" 数据空间到潜在空间的映射 ", xlabel="x", ylabel="y")

axes[1, 0].scatter(samples[:, 0], samples[:, 1], color="g",
```

```
                  edgecolor='k', alpha=0.8)
axes[1, 0].set(title=" 潜在空间采样 ", xlabel="x", ylabel="y")
axes[1, 1].scatter(x[:, 0], x[:, 1], edgecolor='k',alpha=0.4)
axes[1, 1].set(title=" 生成预估的游客分布 ", xlabel="x", ylabel="y")
plt.savefig(' 插图 / 图 8-9.png', dpi=300)
plt.show()
```

运行这段代码，我们会得到如图 8-9 所示的结果。

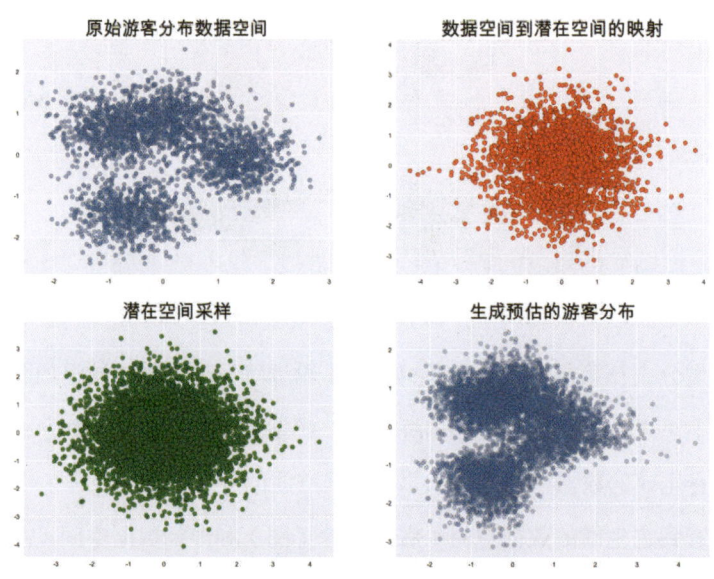

图 8-9　RealNVP 模型预估游客分布的过程

从图 8-9 中我们可以看到，左上角的子图就是我们用来训练模型的历史游客分布数据，右上角的子图则是模型在原始的数据空间学习到的潜在空间；而左下角的子图是我们采样 6000 个样本时的潜在空间，右下角的子图是模型把采样的潜在空间映射回原始数据空间，得到数量暴增后的游客分布的预估。

仔细观察图 8-9，小 L 他们发现，游客数量暴增之后，虽然他们仍然会在四季花海中几个著名的景点聚集（也就是和训练数据呈现出同样的分布），但是由于数量急剧增加，导致原本比较"空旷"的区域，现在也会挤满人，这会给景区带来一定的安全隐患。因此，小 L 他们建议 Z 书记在相应的区域也增加安保人手，防止意外发生。

在观看了 RealNVP 模型对四季花海未来游客分布的预估之后，Z 书记采纳了小 L 等人的建议。桃花节开幕之后，他在游客比较密集的区域增加了安保人员，有效疏导了人流；还在这些区域增加了食品饮料供应点，让游客在游览的同时，还能品尝到当地的特色小吃。这样一来，不仅避免了安全事故的发生，还显著地提升了游客们的游览体验。从此之后，四季花海美名远扬，成了全国人民津津乐道的热门景区。当然，这也给 N 村未来的财政收入带来了巨大贡献。

8.4 小结与练习

在这一章中，回到 N 村"奉命休假"的小 L 等人，发现老领导 Z 书记为了应对今年的桃花节忙到焦头烂额——在省文旅厅的大力宣传下，今年桃花节期间，四季花海景区将会迎来相当于往年人数两倍的游客。对于景区而言，这"泼天的富贵"降临的同时，也给景区的接待能力带来了极大挑战。

为了帮助 Z 书记解决这一大难题，小 L 他们用四季花海的历史游客分布数据，训练了一种称为 RealNVP 的标准化流模型，并用模型对今年桃花节期间，四季花海中游客的分布做出了预估。这次预估，让 Z 书记从容地应对了游客数量暴增的挑战，还让四季花海"一举成名"，为未来村里财政收入的增长提供了更强劲的驱动力。

当然，除了本章用到的 RealNVP 模型，标准化流模型家族还有很多成员，如 FFJORD、GLOW 等。不过，这些模型交给 C 飘飘她们自己去了解就好了。眼下还是安排一些习题，帮助她们巩固一下本章学到的知识。

习题1：使用sklearn库中的make_blobs函数生成一些数据，模拟游客分布数据。

习题2：创建仿射耦合层，尝试使用不同的耦合层维度。

习题3：尝试改变上述耦合层的层数和正则化系数。

习题4：定义RealNVP模型的训练方式，理解掩码模式是如何变换的。

习题5：增加模型训练的轮次，观察其性能的表现。

习题6：使用训练好的模型生成新的数据，观察它们与原始数据的差异。

第 9 章 愿你一路生花——扩散模型

在第 8 章中,小 L 他们用一种称为 RealNVP 的标准化流模型,帮助 N 村四季花海景区预估了今年桃花节期间游客的密度分布。让 Z 书记可以根据模型生成的数据部署安保措施和服务设施,成功地接待了数量激增的游客。在接住了这泼天富贵的同时,也收获了各方的赞誉。

虽说事情是办完了,可小 L 他们几个人的假期也"余额不足"了。于是 S 师姐和 C 飘飘撺掇小 L 给 W 处长打电话,问问能不能再让他们多玩几天。可没想到电话里的 W 处长不仅没给他们增加假期,反而还催促他们赶快回到工作岗位。这是怎么回事呢?让我们继续往下看。

本章的主要内容有:

- 什么是扩散模型
- 去噪扩散模型的前向扩散和反向扩散
- 去噪扩散模型中的 U-Net 架构
- 去噪扩散模型的实现

9.1 你看花儿开得多好

事情是这样的,这次 N 村的"名利双收",可是把别的村子给"馋哭了"。他们纷纷向省文旅厅提出申请,让厅里帮忙也给自己做做宣传。毕竟 N 村四季花海景区有的,别的村子也有。要知道,Y 省可是以盛产鲜花闻名天下的,当地的百姓平时还会用鲜花做馅包饺子吃呢!但是这下可给省文旅厅出了个难题——要给这么多村子做宣传,总要有素材吧。那就涉及要聘用摄影团队到各个村子里拍摄鲜花的照片,但这个成本是省里承担,还是让各个村子自己承担呢?

于是省文旅厅也来求助省科技厅,看能不能用科技手段来降低这部分成本。不用说,这项工作还得小 L 他们来做。这也是 W 处长催促小 L 他们赶快回来上班的原因。

既然是兄弟单位的求助,小 L 他们自然会尽心尽力帮忙。几个人马不停蹄地从 N 村赶到省文旅厅,看看如何能够提供一些支持。在了解了需求之后,小 L 觉得生成式模型应该能派上用场。但在开始动手之前,还需要了解一下省文旅厅有没有什么数据能够用来训练模型。

好消息是,以前省文旅厅为了宣传工作,拍摄了不少花花草草的照片。这些照片如图 9-1 所示。

图 9-1 省文旅厅以往拍摄的花草照片

> 注意:实际上这个数据集名为 Oxford 102 Flowers Dataset(简称 Oxford 102 Flowers 或 Flower-102),是由牛津大学工程科学系于 2008 年发布的一个花卉图像分类数据集。大家可以在 Kaggle 平台上下载这个数据集,也可以直接在 Kaggle 平台上创建 Notebook 进行实验。

既然有这么多现成的照片，为什么不直接用在宣传素材中呢？原来这些照片在之前的宣传中就已经用过了，再重复使用的话，省文旅厅怕给大家带来一种"炒冷饭"的感觉。总之，有数据就是好事。恰好小 L 他们最近在探索一个称为扩散模型（Diffusion Models）的东西，那就试试看这个模型，能不能帮助到省文旅厅的同事。

9.2 什么是扩散模型

扩散模型是一类在深度学习中广泛应用的生成式模型，据说它的灵感源自于物理学中的扩散过程，如墨水在水中的扩散。这类模型通过模拟数据从复杂分布到简单噪声分布的"扩散"过程，并学习逆过程来从噪声中重构出高质量的数据样本。自 2015 年扩散模型被提出以来，该领域已经涌现出大量的研究成果，并产生了许多变体。这些变体在保持扩散模型核心思想的基础上，通过不同的方式进行了改进和拓展。比如，这里小 L 打算使用的降噪扩散模型（Denoising Diffusion Model，DDM）。

一般来说，扩散模型的核心思想在于其包含两个主要过程：前向扩散（Forward Diffusion）和反向扩散（Reverse Diffusion）。

前向扩散： 这个过程是给数据（如图像）逐步添加噪声，直至数据变成纯粹的噪声分布（如高斯噪声）。这一过程可以看作是一系列逐渐添加噪声的过程，每一步都使数据更加接近噪声分布。这一过程的目的是简化数据结构，便于后续的反向扩散过程。

反向扩散： 与前向扩散相反，反向扩散是从纯粹的噪声开始，通过一系列逆步骤逐步"去噪"，最终生成接近原始数据分布的样本。而这一逆过程涉及复杂的概率分布估计，以确保生成的样本具有高保真度和多样性。

而 DDM 是扩散模型的一个具体实现变体，其核心思想是通过训练一个深度学习模型来逐步去除图像中的噪声。在这个过程中，模型学习的是如何在一个小的时间步长内去除图像中的一小部分噪声，并通过不断迭代这个过程，最终从纯随机噪声中生成出一张清晰的图像。

下面我们先来了解一下，DDM 中的前向扩散和反向扩散分别是怎样的。

9.2.1 DDM 的前向扩散

DDM 的前向扩散是怎样一个过程呢？就在小 L 正在想如何给 S 师姐她们解释这个概念时，他突然瞥见了一位省文旅厅同事办公桌上摆着一张老照片——照片里是一个坐着的小婴儿，应该是这个同事自己儿时的照片。看得出这张照片已历经沧桑，随着时间的推移，这张照片已经因为各种原因逐渐变得模糊发黄，就像是被一层层的"噪声"覆盖了一样。

现在，假设我们有一个神奇的"噪声添加器"，它可以在照片上添加一层非常细微的、几乎看不见的"雪花点"或"模糊效果"，这些其实就是高斯噪声。而且每次使用这个"噪声添加器"时，我们都可以控制添加的噪声量。

假如这位同事的照片最初的状态如图 9-2 所示。

图 9-2　虚拟的同事儿时照片

假如我们用这个"噪声添加器"在照片上操作，每次只添加一点点噪声，然后看结果。这样重复很多次，我们就会发现照片变得越来越模糊，越来越难看清原来的细节。这个过程中，我们生成了一个照片序列：从最开始非常清晰的照片，到逐渐变得模糊，再到最后几乎看不出原来内容的照片，就像图 9-3 所示的这样。

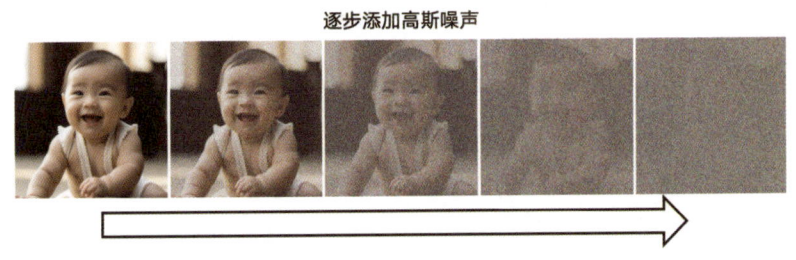

图 9-3　给照片逐步添加高斯噪声，模拟前向扩散的过程

在图 9-3 中可以看到，随着我们不断地添加高斯噪声，同事儿时的照片也越来越模糊。一开始像是蒙上一层"雪花"，到后面"雪花"越来越重，直到完全看不到照片中婴儿的样子。用技术语言来说，给定一个初始图像 X_0，目标是在 T（如 $T=200$）个步骤中逐渐修改这个图像，直到它变得与标准高斯噪声（均值为 0，方差为 1）在视觉上或统计上无法区分。

在这个过程中我们实际上是定义了一个函数 q，该函数的作用是对给定的图像 X_{t-1} 添加一定量的高斯噪声（其中 t 是一个时间步，从 1 开始），以生成一个新的图像 X_t。这里的高斯噪声具有方差 β_t，其中 β 是一个控制噪声强度的参数，而 t 则用于控制噪声随时间增加的量。如果用数学公式来表达添加噪声过程的每一步，可以是

$$q(x_t | x_{t-1}) = N(x_t; \sqrt{1-\beta_t} x_{t-1}, \beta_t I)$$

其中，x_t 是第 t 步加噪的数据；β_t 是一个在 (0,1) 之间的小常数，用于控制第 t 步添加的噪声量。随着 t 的增加，β_t 通常也会增加，意味着噪声量逐渐增大。$\sqrt{1-\beta_t}$ 是信号保留因子，它决定了前一步数据 x_{t-1} 在生成当前步 x_t 时的权重。$\beta_t I$ 是协方差矩阵，其中 I 是单位矩阵，表示噪声是各向同性的（即在所有的方向上噪声的强度都是相同的）。

由于这个过程通常被建模为一个固定的马尔可夫链，所以我们还可以直接写出从 x_0 到 x_t 的表达式，而不需要通过中间步骤 $x_1, \cdots, x_{t-1}$。这样一来，式子就变成了

$$q(x_t | x_0) = N(x_t; \sqrt{\bar{\alpha}_t} x_0, (1-\bar{\alpha}_t) I)$$

其中，α_t 就等于 $1-\beta_t$；而 $\bar{\alpha}_t$ 就是 $\prod_{s=1}^{t} \alpha_s$。这个式子表明，x_t 可以看作是原始数据 x_0 经过一个缩放（由 $\bar{\alpha}_t$ 控制）并加上一些噪声（由 $(1-\bar{\alpha}_t)I$ 控制）得到的。随着 t 的增加，$\bar{\alpha}_t$ 逐渐减小，意味着原始信号 x_0 的影响逐渐减弱，而噪声的影响逐渐增强。

现在小 L 已经给 S 师姐她们讲清楚了什么是前向扩散，但 C 飘飘却提出了一个问题——在具体操作中，我们到底要如何控制每一步中添加的噪声呢？这就要说到一个新的概念扩散计划（Diffusion Schedule）了。

9.2.2 扩散计划

扩散计划在扩散模型中扮演着至关重要的角色。它们定义了在前向扩散过程和反向扩散过程中，噪声如何被逐步添加到数据（如图像）中，以及随后如何从噪声中逐步恢复出原始数据。这些计划通常通过一系列的时间步来实现，每个时间步都对应着一定的噪声水平或数据状态的变化。

扩散计划有几个关键的要素，一是噪声水平。在每个时间步上，扩散计划会指定一个噪声水平，该水平决定了在当前时间步上需要向数据中添加多少噪声。在前向扩散过程中，噪声水平通常逐渐增加，直到数据完全变为噪声；在反向扩散过程中，噪声水平则逐渐降低，以恢复出原始数据。

二是时间步长。扩散计划要定义整个扩散和去噪过程中需要多少个时间步。时间步的数量会影响模型的性能和计算成本。较多的时间步通常能生成更高质量的图像，但也会增加计算负担。

三是方差调度（Variance Schedule）。这是扩散计划中用于控制噪声水平变化的一种方式，它指定了在不同时间步下噪声方差的变化规律。例如，常用的线性方差调度，即噪声方差随时间步线性增加。要实现这种线性方差调度，我们可以使用下面的代码。

```
def linear_diffusion_schedule(diffusion_times):
    # 定义扩散过程中的最小和最大噪声率
    min_rate = 0.0001   # 最小噪声率，避免完全无噪声的情况
```

```
    max_rate = 0.02        # 最大噪声率，控制噪声添加的上限

    # 根据扩散时间线性插值噪声率
    betas = min_rate + diffusion_times * (max_rate - min_rate)

    # 计算每个时间步上的保留率（即未被噪声覆盖的部分）
    alphas = 1 - betas

    # 计算累积保留率（即从前一时间步到当前时间步，数据被保留的累积比例）
    alpha_bars = tf.math.cumprod(alphas)

    # 计算信号率，即数据在当前时间步上被保留的平方根比例
    # 用于在反向扩散过程中估计原始信号的强度
    signal_rates = tf.sqrt(alpha_bars)

    # 计算噪声率，即在当前时间步上添加的噪声的平方根比例
    # 用于在反向扩散过程中估计需要去除的噪声量
    noise_rates = tf.sqrt(1 - alpha_bars)

    # 返回噪声率和信号率
    return noise_rates, signal_rates
```

这段代码定义了一个线性扩散计划，它根据给定的扩散时间（Diffusion Time）来计算每个时间步上的噪声率和信号率。这些值在扩散模型的训练和采样过程中用于控制噪声的添加和去除，从而逐步将原始数据转换为噪声，然后再从噪声中恢复出原始数据。

注意：为了节省篇幅，这里省略了导入库的代码。完整的代码大家可以下载随书赠送的资源包，打开对应章节的 Notebook 文件查看。

需要特别说明一下的是，尽管线性扩散计划是一种简单且直观的方法，但它也有一些局限性。比如，线性扩散计划可能在前向扩散过程的末尾引入过多的噪声，导致样本质量下降。所以常用的扩散计划还包括余弦扩散计划（Cosine Diffusion Schedule）和偏移余弦扩散计划（Offset Cosine Diffusion Schedule）。

与线性扩散计划相比，余弦扩散计划通过其两端平滑、中间线性下降的特性，能更好地平衡不同分辨率图像下的噪声添加过程，从而提高模型的整体性能。而且，这种扩散计划提供了一种更加灵活的噪声调度方式——通过调整余弦函数的参数，可以精确地控制噪声添加的速度和幅度，从而更精细地调整模型的训练过程。要定义一个余弦扩散计划，可以用下面的代码。

```
def cosine_diffusion_schedule(diffusion_times):
```

```python
# 将 diffusion_times 乘以 π/2, 然后应用余弦函数来计算信号衰减率
# 在扩散过程中, 这可以视为保留信号(或信息)的比例
signal_rates = tf.cos(diffusion_times * math.pi / 2)

# 同样的 diffusion_times 乘以 π/2, 但这次应用正弦函数来计算噪声添加率
# 噪声添加率与信号衰减率互补, 即两者之和接近于 1
noise_rates = tf.sin(diffusion_times * math.pi / 2)

# 返回噪声添加率和信号衰减率
return noise_rates, signal_rates
```

这段代码定义了一个余弦扩散计划的函数,它接收一个 diffusion_times 张量作为输入,代表扩散过程中的时间步或迭代次数。函数内部,通过计算这些时间步与 π/2 的乘积,然后分别应用余弦和正弦函数,来计算在每个时间步上的信号衰减率和噪声添加率。

而偏移余弦扩散计划是基于余弦函数进行设计的,但它引入了一个偏移量(Offset)来调整噪声添加的起始点。通过调整偏移量,可以精细地控制噪声的添加过程。要实现偏移余弦扩散计划,可以使用下面的代码。

```python
def offset_cosine_diffusion_schedule(diffusion_times):
    # 设置信号衰减率的最小值和最大值, 这些值用于调整扩散过程中的信号保留量
    min_signal_rate = 0.02
    max_signal_rate = 0.95

    # 根据信号衰减率的最大值和最小值, 计算余弦函数中的起始角度和结束角度
    # 使用 acos 函数从信号衰减率反推出对应的角度
    start_angle = tf.acos(max_signal_rate)
    end_angle = tf.acos(min_signal_rate)

    # 根据 diffusion_times 计算每个时间步上的扩散角度
    # 通过将扩散时间映射到起始角度和结束角度之间来实现偏移余弦扩散计划
    diffusion_angles = (start_angle
                        + diffusion_times * (end_angle - start_angle))

    # 使用计算出的扩散角度计算信号衰减率
    signal_rates = tf.cos(diffusion_angles)

    # 同样使用扩散角度计算噪声添加率, 与信号衰减率互补
    noise_rates = tf.sin(diffusion_angles)
```

```
# 返回噪声添加率和信号衰减率,这两个值随时间变化
# 且受到最小和最大信号衰减率的约束
return noise_rates, signal_rates
```

这段代码定义了一个偏移余弦扩散计划的函数,它基于余弦函数创建了一个具有偏移量的扩散计划。它通过计算每个时间步上对应的扩散角度,并使用这些角度来计算信号衰减率和噪声添加率,这样就实现了一个具有偏移特性的余弦扩散计划。

这三种扩散计划具体会如何影响原始数据的信号衰减呢?图 9-4 可以帮助 S 师姐她们直观地进行观察。

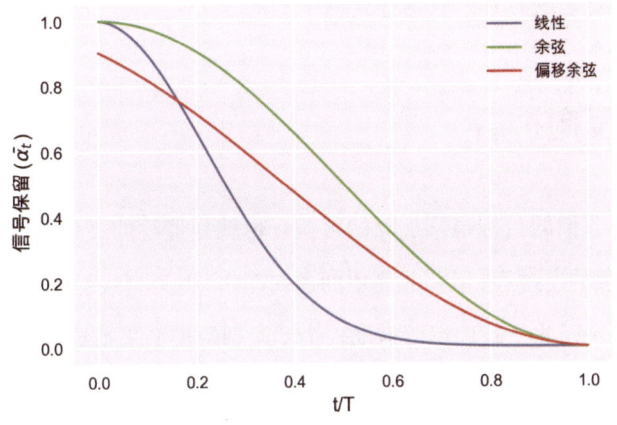

图 9-4　三种不同扩散计划下的信号衰减

从图 9-4 中可以看到,随着时间步的增加,线性扩散计划下信号衰减得最快。在这种计划中,噪声是线性地添加到图像中的。也就是说,从图像处理的开始到结束,信号的衰减速度保持相对恒定。而余弦扩散计划采用了一种更为渐进的方式添加噪声——信号衰减速度在开始时较慢,然后逐渐加快,在达到某个峰值后又逐渐减慢,整个过程类似于余弦函数的形状。而偏移余弦扩散计划相当于将余弦扩散计划的曲线"向下"移动了一些,使得在初始时间步上就出现了信号衰减。

同样地,图 9-5 可以让我们看到噪声添加的过程。

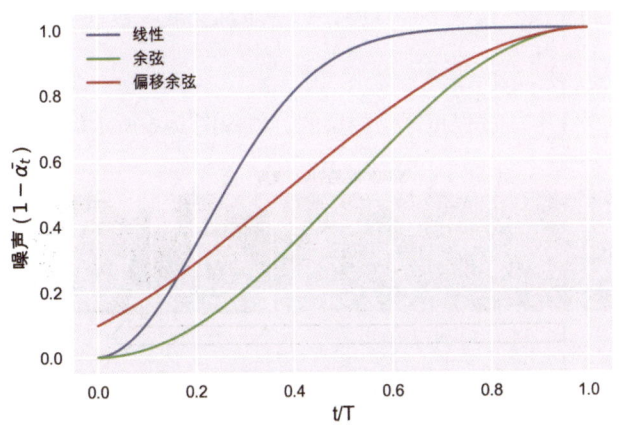

图 9-5　不同的扩散计划下噪声添加的过程

可以看到，图 9-5 中噪声添加的过程恰好像是把图 9-4 中信号衰减的过程"反过来"了——线性扩散计划添加噪声的方式非常"激进"，而余弦扩散计划和偏移余弦扩散计划则显得更加"温和"。这种"温和"的方式有助于模型在训练的早期阶段更好地捕捉图像的细节和结构，随着训练的深入，噪声的逐渐增加，也给了模型更多的机会去适应和学习如何在噪声存在的情况下恢复图像信息。

而且这种渐进的噪声添加方式也可以提高训练的效率，使模型在训练过程中可以更加平稳地过渡，而不是突然面对大量的噪声。同时，它还有助于提高生成图像的质量，使模型有更多的机会去优化和细化图像的细节。

到这里，C 飘飘的问题也得到了解答，她明白了在前向扩散过程中，噪声是如何被添加到原始数据中的。接下来，小 L 就要解释什么是反向扩散了。

9.2.3 DDM的反向扩散

在反向扩散过程中，我们的目标是从加噪的数据（也就是最终的高斯噪声）中逐步恢复出原始数据。这个过程是前向扩散的逆过程，但并非简单的逆向操作，因为直接逆向加噪过程是不可行的（尤其是当噪声级别很高时）。因此，我们需要借助一个学习到的模型来指导这个过程。

在这个过程中，我们的目标是构建一个神经网络 $p_\theta(x_{t-1}|x_t)$，它能够逆转前向扩散过程中的噪声添加过程，也就是构建一个近似于前向扩散过程反向分布 $q(x_{t-1}|x_t)$ 的神经网络 $p_\theta(x_{t-1}|x_t)$。下面让我们来逐步分析。

首先，神经网络 $p_\theta(x_{t-1}|x_t)$ 被设计为接收一个在某一噪声级别 t 下的数据样本 x_t，并能够预测（或生成）在更低噪声级别 $t-1$ 下的数据样本 x_{t-1}。这个神经网络通过参数 θ 来学习如何去除或逆转 x_t 中的噪声。

其次，一旦我们训练好了神经网络 $p_\theta(x_{t-1}|x_t)$，就可以从随机噪声 $N(0, I)$ 开始（这对应于前向扩散过程的最终状态，即完全的高斯噪声），通过多次应用反向扩散过程，也就是多次使用 $p_\theta(x_{t-1}|x_t)$ 进行迭代，来生成一个新的图像。在这个过程中，每一步都会减少数据中的噪声，直到最终生成一个清晰的图像。

这个过程看起来和图 9-3 中的过程正好是相反的，就像图 9-6 所示的这样。

图 9-6 反向扩散通过学习到的去噪函数来逐步减少数据中的噪声

因为反向扩散过程是从随机噪声开始的，并且每一步都是随机的，因此每次进行反向扩散过程都可能会生成不同的图像。这样一来，DDM 就成了一种强大的生成式模型，能够用于图像生成、超分辨率、图像编辑等多种任务。

说到这里，C 飘飘又有疑问了。既然扩散模型也是通过神经网络将随机噪声转换为有意义的输出，那不就和前面我们用过的 VAE 一样吗？

C 飘飘说的有一定的道理，但反向扩散过程和 VAE 在处理数据的方式上存在着关键区别。在 VAE 中，有 2 个主要部分：编码器和解码器。编码器的作用是将输入数据（如图像）转换为潜在空间中的表示（通常是一个低维向量），这个表示可以看作是输入数据的"噪声"版本或压缩形式。而解码器则尝试从这个潜在表示中重建原始输入数据。因此，在 VAE 中，从图像到噪声的转换（即前向扩散过程）是模型的一部分，它是通过训练学习得到的。

相比之下，在扩散模型中，从噪声到数据的转换（即反向扩散过程）是通过神经网络学习的，但从数据到噪声的转换（即前向扩散过程）是预先定义的，并不涉及任何可学习的参数。这个前向扩散过程通常是通过逐渐在数据中添加高斯噪声来实现的，直至数据完全变成随机噪声。然后，模型学习一个反向扩散过程，通过逐步去除这些噪声来从随机噪声中恢复出原始数据。

此外，在扩散模型中，神经网络结构还有一个特殊的地方，那就是模型实际上包含了两个神经网络副本。

一个神经网络副本是参与训练的神经网络。这个神经网络使用梯度下降等优化算法进行训练，以最小化损失函数并学习如何从噪声中恢复出原始图像。

另一个神经网络副本是指数移动平均（Exponential Moving Average，EMA）网络。EMA 网络不是直接通过训练得到的，而是通过对参与训练的神经网络的权重进行指数移动平均得到的。在每个训练步骤后，EMA 网络的权重都会根据当前训练步骤的权重和之前步骤的 EMA 权重进行更新，更新方式涉及一个衰减因子（又称平滑系数），用于控制历史权重对当前 EMA 权重的影响程度。

这种策略的好处在于，EMA 网络不像参与训练的神经网络那样容易受到训练过程中短期波动和尖峰的影响。由于它是对过去多个训练步骤权重的平滑处理，因此更加稳定和鲁棒。在生成任务中，我们希望模型能够产生稳定且一致的输出，而不是因为训练过程中的一些偶然波动而产生差异较大的结果。因此，在需要从神经网络中生成输出时，我们通常使用 EMA 网络而不是参与训练的神经网络。

那该如何实现上面说的这种神经网络结构呢？这确实有些复杂，小 L 查了很多资料，发现一种称为 U-Net 的架构是比较合适的。

9.3 用于去噪的U-Net

其实只听名字也能猜到，U-Net 这个架构长得就像字母 U。它原本是一种在生物医学图像分割领域非常流行的 CNN 架构。由 Olaf Ronneberger、Philipp Fischer 和 Thomas Brox 在 2015 年的 MICCAI 国际医学影像分析竞赛上首次提出。U-Net 结合了 CNN 和反卷积（或上采样），通过下采样捕获全局信息，上采样恢复细节，从而实现高精度的图像分割。这种独特的 U 型结构和跳跃连接使得 U-Net 在图像分割任务中表现出色，尤其是在处理少量训练数据时。

虽说 U-Net 最初是为图像分割任务设计的，但其架构的灵活性和强大的特征提取能力让它也可以应用于去噪任务。在去噪任务中，U-Net 的输入是含噪图像，输出是恢复后的清晰图像。

9.3.1 U-Net的整体架构

和 VAE 的结构有一点相似——VAE 是由编码器和解码器组成的，而 U-net 也是由两个主要部分组成的，即下采样（对应编码器的作用）部分和上采样（对应解码器的作用）部分。在下采样部分，输入图像在空间维度上被压缩（即图像变小），但在通道维度上被扩展（即特征图的数量增加）。这个过程通常通过卷积层和池化层实现，用于提取图像的高级特征。而在上采样部分，这个过程被逆转：特征图在空间维度上被扩展（图像变大），同时通道数减少，这通常通过反卷积层（又称转置卷积层）或上采样层以及卷积层实现，目的是恢复图像的原始尺寸或生成所需的输出。

与 VAE 不同的是，U-Net 在上、下采样对应形状相同的层之间引入了跳跃连接。这些跳跃连接允许神经网络中的信息绕过某些层直接流向后面的层，这样做的好处是可以在解码的过程中保留更多的图像细节信息，从而在上采样时更好地恢复图像。

也就是说，VAE 结构是顺序的，即数据从输入层流经神经网络中的每一层，直到输出层。在 VAE 的结构中，没有跳跃连接来直接传递信息。而 U-Net 的设计则更加灵活，通过跳跃连接可以实现信息的快速传递和融合。图 9-7 可以让我们直观地理解 U-Net 架构。

看了图 9-7，S 师姐恍然大悟——这 U-Net 的架构果然是一个 U 型的样子！需要说明的是，如果我们的任务要求输出图像与输入图像具有相同的形状，U-Net 就成了一个非常自然而且有效的神经网络架构选择。

举例来说，在图像去噪的应用场景中，我们有一张被噪声污染的图像，目标是预测并去除这些噪声，恢复出原始的清晰图像。这里的关键是，恢复后的图像（即去除噪声后的图像）需要与原始被污染的图像具有完全相同的形状，因为它们的像素维度必须一一对应，以便进行像素级的操作或比较。

U-Net 因其独特的架构特点而非常适合这种需求。由于它是一种对称的神经网络结构，由下采样块（Down Block）和上采样块（Up Block）两部分组成，两者通过跳跃连接相连。下采样块部分通过一系列的卷积残差块和池化层（或步长大于 1 的卷积层）逐渐减小特征图的尺寸，而上采样块部分则通过上采样层和卷积层逐步恢复特征图的尺寸，直至达到与输入图像相同的分辨率。同时，跳跃连接使得神经网络能够在上采样过程中融合来自下采样块的多尺度特征信息，这有助于更准确地重建细节，生成高质量的输出图像。

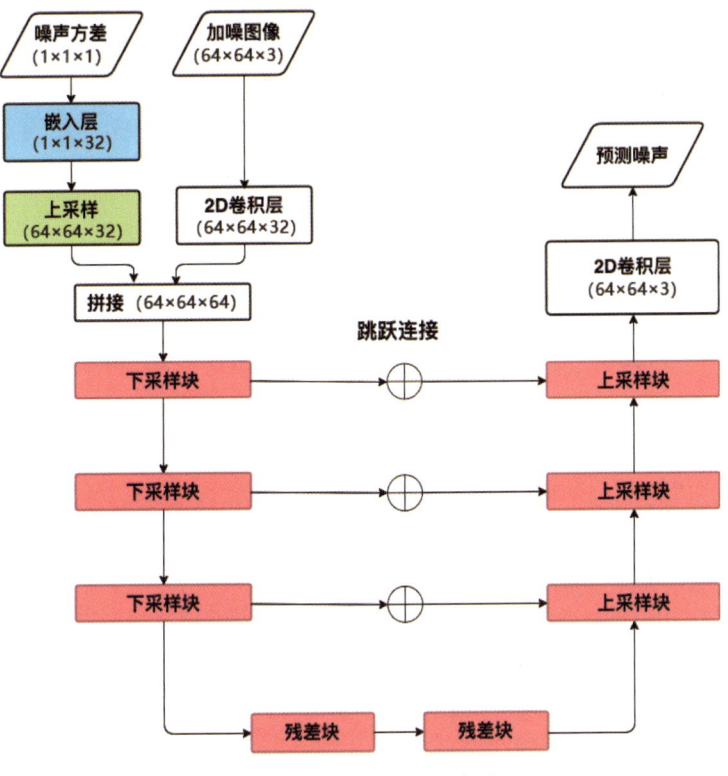

图 9-7 U-Net 架构示意图

而图 9-7 中还有两个残差块，它们的作用是增强特征提取和传输能力。这种设计有助于捕获多尺度特征，提高模型对全局和局部信息的利用能力，并解决梯度消失问题。

那么具体如何用代码实现一个 U-Net 架构呢？我们继续往下看。

9.3.2 U-Net中关键组件的实现

既然我们现在已经知道了 U-Net 中有哪些关键组件，那接下来就是分别用代码把它们实现出来。首先是 U-Net 中的残差块，因为后面在定义其他组件时要用到它，代码如下。

```
def ResidualBlock(width):
    """
    定义一个残差块（ResidualBlock）
    该块包含两个卷积层和一个可选的 1×1 卷积层用于调整输入特征的通道数
    以及批归一化（BatchNormalization）和跳跃连接（Skip Connection）

    参数:
        width (int): 指定卷积层的输出通道数
```

```
        返回：
            function: 一个函数，该函数接收一个特征图 x 作为输入，并返回经过残差块处理后
的特征图
        """
        def apply(x):
            """
            应用残差块

            参数：
                x (Tensor): 输入特征图，其形状为 (batch_size, height, width, channels)

            返回：
                Tensor: 经过残差块处理后的特征图
            """
            input_width = x.shape[3]  # 获取输入特征图的通道数
            if input_width == width:  # 如果输入的通道数与残差块的输出通道数相同
                residual = x  # 直接将输入特征图作为残差连接
            else:  # 如果通道数不同，使用 1×1 卷积层调整通道数
                residual = layers.Conv2D(width, kernel_size=1)(x)

            # 对输入特征图进行批归一化处理
            # 但不进行缩放和平移（即 center=False, scale=False）
            x = layers.BatchNormalization(center=False, scale=False)(x)

            # 第一个卷积层，使用 Swish 激活函数
            x = layers.Conv2D(
                width, kernel_size=3, padding="same",
                activation=activations.swish
            )(x)

            # 第二个卷积层，不使用激活函数
            x = layers.Conv2D(width, kernel_size=3, padding="same")(x)

            # 将处理后的特征图与残差连接相加
            x = layers.Add()([x, residual])

            return x  # 返回经过残差块处理后的特征图
```

```
    return apply    # 返回构建好的函数 apply()
```
运行上面的代码，我们就完成了残差块的定义。接下来就可以开始定义图 9-7 中所示的 U-Net 架构左边这一条里面的下采样块，代码如下。

```
def DownBlock(width, block_depth):
    """
    定义一个下采样块（DownBlock），该块包含多个残差块（ResidualBlock）和一个平均
池化层（AveragePooling2D）

    参数：
        width (int): 指定残差块中卷积层的通道数
        block_depth (int): 指定下采样块中残差块的数量

    返回：
         function: 一个函数，该函数接收一个元组 (x, skips) 作为输入，其中 x 是当前
层的输入特征图，skips 是一个列表，用于存储跳跃连接中需要保留的特征图。函数返回经过下采
样处理后的特征图 x
    """
    def apply(x):
        """
        应用下采样块

        参数：
             x (tuple): 一个元组，包含当前层的输入特征图 x 和一个列表 skips，用于
存储跳跃连接中的特征图

        返回：
            Tensor: 经过残差块处理和平均池化后的特征图
        """
        x, skips = x    # 解包输入元组，获取当前层的输入特征图和跳跃连接列表
        for _ in range(block_depth):
            x = ResidualBlock(width)(x)    # 应用指定数量的残差块
            skips.append(x)    # 将每个残差块的输出添加到跳跃连接列表中
            x = layers.AveragePooling2D(pool_size=2)(x) # 用平均池化层进行下采样
        return x    # 返回处理后的特征图

    return apply    # 返回构建好的函数 apply()
```

通过上面的代码，我们就完成了下采样块的定义。接下来的工作，自然就是完成上采样块的搭建，代码如下。

```python
def UpBlock(width, block_depth):
    """
    定义一个上采样块（UpBlock），该块包含上采样层和多个残差块（ResidualBlock）
    并利用跳跃连接将之前保存的特征图与上采样后的特征图进行拼接。

    参数：
        width (int)：指定残差块中卷积层的通道数
        block_depth (int)：指定上采样块中残差块的数量

    返回：
        function：一个函数，该函数接收一个元组 (x, skips) 作为输入，其中 x 是当前层
    的输入特征图，skips 是一个列表，包含之前层中用于跳跃连接的特征图。函数返回经过
    上采样和残差块处理后的特征图 x
    """
    def apply(x):
        """
        应用上采样块

        参数：
            x (tuple)：一个元组，包含当前层的输入特征图 x 和一个列表 skips，skips
    中的元素用于跳跃连接

            返回：
                Tensor：经过上采样和残差块处理后的特征图
        """
        x, skips = x  # 解包输入元组，获取当前层的输入特征图和跳跃连接列表
        # 使用双线性插值进行上采样
        x = layers.UpSampling2D(size=2, interpolation="bilinear")(x)

        for _ in range(block_depth):  # 遍历残差块的数量
            # 从 skips 列表中弹出一个特征图，并与上采样后的特征图进行拼接
            x = layers.Concatenate()([x, skips.pop()])
            # 将拼接后的特征图传递给 ResidualBlock 进行处理
            x = ResidualBlock(width)(x)

        return x  # 返回处理后的特征图

    return apply  # 返回构建好的函数 apply()
```

到这里，我们就完成了 U-Net 中残差块、下采样块和上采样块的创建。接下来是不是就可以将

它们"组装"起来了呢？我们继续往下看。

9.3.3 U-Net的"组装"

说到这里，细心的C飘飘又提出了一个问题——虽然我们现在有了几个关键的组件，但是图9-7中，噪声方差还经过了一个嵌入层呢，这是一个什么东西，又起到什么作用呢？

原来，这个嵌入层的作用是将噪声方差转换为一个独特的高维向量，以便在神经网络中进一步使用时能够提供更复杂的表示。这个想法最初来源于一种编码技术，该技术用于将句子中单词的离散位置编码成向量，以便机器学习模型能够更有效地处理这些位置信息。而现在，这个想法被扩展到了连续值的领域。

而在我们的U-Net中，用来实现上述目的的技术称为正弦位置嵌入（Sinusoidal Embedding）。它是通过正弦和余弦函数来生成位置编码（Positional Encoding），这种编码方式能够捕捉输入值之间的相对位置关系，而不仅仅是绝对位置，这对于处理序列数据或任何需要保持位置敏感性的任务尤为重要。

要创建一个正弦位置嵌入，我们可以使用下面的代码：

```python
def sinusoidal_embedding(x):
# 生成一个频率序列，从1.0开始的对数空间到1000.0结束
# 数量为32//2（因为正弦和余弦函数对会加倍这个数量）
frequencies = tf.exp(
    tf.linspace(
        tf.math.log(1.0),   # 起始频率的对数值
        tf.math.log(1000.0),   # 结束频率的对数值
        32 // 2,   # 频率的数量
    )
)

# 将频率转换为角速度，用于后续的正弦和余弦计算
angular_speeds = 2.0 * math.pi * frequencies

# 根据角速度和输入x计算正弦和余弦值
# 然后将它们沿着一个新的轴（axis=3）拼接起来
# 这里假设x的shape是[batch_size, ..., num_positions]
# 因此生成的embeddings会增加一个维度
embeddings = tf.concat(
    [tf.sin(angular_speeds * x), tf.cos(angular_speeds * x)], axis=3
)
```

```
# 返回拼接后的 embeddings，其 shape 是 [batch_size, ..., num_positions, 32]
return embeddings
```

运行上面的代码，我们就完成了正弦位置嵌入的创建。为了理解它如何处理噪声方差，我们可以用下面的代码来将这个过程可视化。

```
# 初始化一个空列表，用于存储不同 y 值对应的正弦余弦嵌入结果
embedding_list = []

# 使用 NumPy 库的 arange 函数生成一个 0~1（不包括 1），步长为 0.01 的数组
for y in np.arange(0, 1, 0.01):
    # 对于每个 y 值，调用 sinusoidal_embedding 函数
    # 并传入一个四维数组 [[[[y]]]]
    # 然后从返回的嵌入结果中提取出第一个元素（去掉多余的维度）
    embedding_list.append(
        sinusoidal_embedding(np.array([[[[y]]]]))[0][0][0])

# 将 embedding_list 转换为一个 NumPy 数组，并通过 transpose 转置
# 使得行代表不同的嵌入维度，列代表不同的 y 值
embedding_array = np.array(np.transpose(embedding_list))

# 创建一个图形和坐标轴对象，设置 dpi 为 300 以提高图形质量
fig, ax = plt.subplots(dpi=300)

# 设置 x 轴的刻度位置和标签，这里通过 np.arange 函数和 np.round 函数生成刻度标签
# 模拟噪声方差的概念
ax.set_xticks(np.arange(0, 100, 10),
              labels=np.round(np.arange(0.0, 1.0, 0.1), 1))

# 设置 y 轴和 x 轴的标签及字体大小
ax.set_ylabel(" 嵌入维度 ", fontsize=8)
ax.set_xlabel(" 噪声方差 ", fontsize=8)

# 使用 pcolor() 方法绘制热力图
plt.pcolor(embedding_array, cmap="Blues")

# 添加颜色条，并设置其方向和标签
plt.colorbar(orientation="horizontal", label=" 嵌入值 ")

# 显示图形
```

```
plt.show()
```

运行上面的代码，会得到如图 9-8 所示的结果。

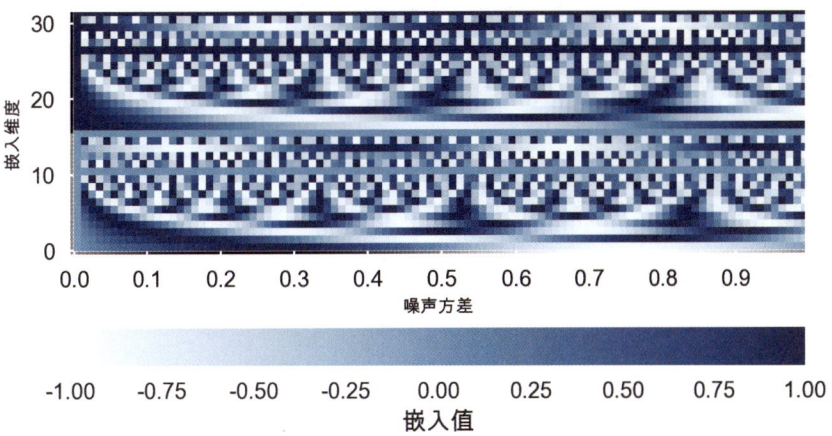

图 9-8　正弦位置嵌入对噪声方差的处理

从图 9-8 中我们可以看到，在图像的上半部分中，横轴代表噪声方差的模拟值，从 0～1 线性变化，当然，这些值被用作演示，并不是真正的噪声方差。而纵轴代表嵌入向量的不同维度。可以看到，正弦位置嵌入生成的是高维向量（一个维度为 32 的向量），纵轴上的每个点都对应于这个向量中的一个维度。颜色的深浅表示嵌入向量中对应维度的值的大小。较深的蓝色代表较大的值，而较浅的蓝色（或接近白色的区域）代表较小的值。从下面的颜色条中可以看到，由于正弦和余弦函数的周期性，这些值会在正负之间变化，要说明的是，颜色深浅并不对应于噪声方差的大小，而是反映了当前噪声方差下正弦或余弦波的值。通过这样的处理，原本 1 维的噪声方差，就变成了 32 维的向量。

在创建好这个正弦位置嵌入之后，我们就可以完整地组装 U-Net 了。使用的代码如下：

```
# 定义输入层，用于接收带噪声的图像
noisy_images = layers.Input(shape=(IMAGE_SIZE, IMAGE_SIZE, 3))

# 使用 1×1 的卷积核对输入图像进行初步的特征提取，输出通道数为 32
x = layers.Conv2D(32, kernel_size=1)(noisy_images)

# 定义另一个输入层，用于接收噪声方差，这里假设噪声方差是一个 1×1×1 的张量
noise_variances = layers.Input(shape=(1, 1, 1))

# 应用 sinusoidal_embedding 函数，生成噪声嵌入
noise_embedding = layers.Lambda(sinusoidal_embedding)(noise_variances)

# 使用上采样层将噪声嵌入扩展到与图像相同的尺寸，使用最近邻插值
```

```
noise_embedding = layers.UpSampling2D(size=IMAGE_SIZE,
interpolation="nearest")(noise_embedding)

# 将原始图像特征和噪声嵌入进行拼接
x = layers.Concatenate()([x, noise_embedding])

# 初始化一个列表,用于存储跳跃连接
skips = []

# 使用 DownBlock 模块进行下采样和特征提取,每个模块接收当前特征和 skips 列表
x = DownBlock(32, block_depth=2)([x, skips])
x = DownBlock(64, block_depth=2)([x, skips])
x = DownBlock(96, block_depth=2)([x, skips])

# 使用 ResidualBlock 模块进行特征转换,不改变空间维度
x = ResidualBlock(128)(x)
x = ResidualBlock(128)(x)

# 使用 UpBlock 模块进行上采样和特征融合,每个模块也接收当前特征和 skips 列表
x = UpBlock(96, block_depth=2)([x, skips])
x = UpBlock(64, block_depth=2)([x, skips])
x = UpBlock(32, block_depth=2)([x, skips])

# 使用 1×1 的卷积核将特征图的通道数减少到 3,用于输出最终的图像
# 使用 zeros 初始化器初始化卷积核,可能意味着在训练初期输出图像接近于零
x = layers.Conv2D(3, kernel_size=1, kernel_initializer="zeros")(x)

# 定义 U-Net 模型,包含两个输入(noisy_images 和 noise_variances)和一个输出(x)
unet = models.Model([noisy_images, noise_variances], x, name="unet")
```

到这里,U-Net 的组装就完成了。看到这里,S 师姐忍不住欢呼起来——太不容易了,在写了这么多大段大段的代码之后,我们终于完成了 U-Net 的搭建。接下来是不是就可以用它来"画花花"了?虽然小 L 不愿意给 S 师姐"泼冷水",但后面确实还有很多工作要做呢!我们继续往下看。

9.4 DDM的训练

虽说我们现在已经搭建了 DDM 的主体部分——U-Net,但是还需要定义模型的编译、前向扩散

和反向扩散的过程、训练的步骤,以及测试的步骤等。说到这,S 师姐的心态都要"崩"了,要搞一个扩散模型居然这么麻烦吗?答案是肯定的,上述这些工作在构建和训练 DDM 中起着至关重要的作用。它们共同决定了模型的性能、生成质量和实用性。因此,在进行这些工作时需要仔细考虑和精心设计,这样才能确保模型能够达到预期的效果。所以小 L 一边安抚 S 师姐,一边着手开始下一步的工作。

9.4.1 创建DDM的基本框架

现在要做的第一件事是,定义 DDM 的主体结构,并在模型中设置一个预处理数据的归一化层,再把已经创建好的 U-Net "塞"进去。还要创建一个前面提到过的 EMA 副本,并指定扩散计划。要完成这些工作,可以使用下面的代码。

```
class DiffusionModel(models.Model):
    """
    DiffusionModel 类定义了去噪扩散模型的主体结构
    该类继承自 Keras 的 Model 类,并添加了特定的层、属性及编译方法
    """
    def __init__(self):
        """
        初始化 DiffusionModel 实例

        - super().__init__() 调用父类 Model 的构造函数
        - self.normalizer:实例化一个归一化层,用于对输入数据进行预处理
        - self.network:引用 U-Net 作为模型的核心网络
        - self.ema_network:使用模型的克隆函数创建 self.network 的一个 EMA 副本,
用于模型评估
        - self.diffusion_schedule:设定扩散计划 offset_cosine_diffusion_schedule
        """
        super().__init__()

        self.normalizer = layers.Normalization() # 归一化层
        self.network = unet # unet 是已经定义好的 U-Net 模型
        self.ema_network = models.clone_model(self.network) # 创建 EMA 副本
        self.diffusion_schedule = offset_cosine_diffusion_schedule # 扩散计划

    def compile(self, **kwargs):
        """
        编译 DiffusionModel
```

```
            - super().compile(**kwargs) 调用父类 Model 的编译方法，并传递所有关键
字参数
            - self.noise_loss_tracker：实例化一个 Mean 类型的度量指标，用于跟踪噪
声损失，并命名为 n_loss

            由于 DiffusionModel 的训练过程通常较为复杂，涉及多个时间步上的噪声预测，
因此这里的 compile () 方法主要设置了自定义的度量指标，并未直接设置优化器和损失函数。
            """
            super().compile(**kwargs)
            self.noise_loss_tracker = metrics.Mean(name="n_loss")

    @property
    def metrics(self):
        """
        返回 DiffusionModel 的度量指标列表

        这里只返回了自定义的噪声损失度量指标 self.noise_loss_tracker
        在训练过程中，这个度量指标将被用于跟踪和记录模型的噪声损失
        """
        return [self.noise_loss_tracker]
```

上述代码片段定义了一个 DDM 的基本框架，包括模型的结构、训练过程中可能需要的度量指标，以及一种通过 EMA 模型进行权重平滑的方法。然而到这里还不够，要实际训练和使用这个模型，还得编写额外的代码来定义优化器、损失函数、训练循环，以及如何处理多个时间步上的噪声预测等。来，我们继续！

9.4.2 DDM中的图像生成框架

下面的代码仍然是 DiffusionModel 类的一部分，作用是定义 DDM 如何去噪并生成新的图像。我们先看代码，然后再详细介绍它的作用。

```
    def denormalize(self, images):
        """
        将归一化后的图像数据反归一化到原始尺度

        参数：
            - images: 归一化后的图像数据
```

返回：
    - 反归一化后的图像数据
    """
    images = (self.normalizer.mean
              + images * self.normalizer.variance**0.5)
    return tf.clip_by_value(images, 0.0, 1.0)

def denoise(self, noisy_images, noise_rates, signal_rates, training):
    """
    根据给定的噪声图像、噪声率和信号率，使用模型去噪并预测原始图像

    参数：
        - noisy_images：含有噪声的图像数据
        - noise_rates：噪声率，用于指示图像中噪声的强度
        - signal_rates：信号率，用于指示图像中信号的强度
        - training：布尔值，指示当前是否在训练模式

    返回：
        - pred_noises：模型预测的噪声，形状与 noisy_images 相同
        - pred_images：预测的去噪图像，形状与 noisy_images 相同
    """
    if training:
        network = self.network
    else:
        network = self.ema_network
    pred_noises = network([noisy_images, noise_rates**2],
                          training=training)
    pred_images = ((noisy_images
                    - noise_rates * pred_noises) / signal_rates)

    return pred_noises, pred_images

def reverse_diffusion(self, initial_noise, diffusion_steps):
    """
    通过反向扩散过程从初始噪声中生成图像

    参数：
        - initial_noise：初始噪声图像

            - diffusion_steps: 反向扩散的总步数

        返回：
            - pred_images: 通过反向扩散过程生成的图像，形状与 initial_noise 相同
        """
        num_images = initial_noise.shape[0]
        step_size = 1.0 / diffusion_steps
        current_images = initial_noise
        for step in range(diffusion_steps):
            diffusion_times = tf.ones((num_images, 1, 1, 1)) - step * step_size
            noise_rates, signal_rates = self.diffusion_schedule(diffusion_times)
            pred_noises, pred_images = self.denoise(current_images,
                noise_rates, signal_rates, training=False
)
            next_diffusion_times = diffusion_times - step_size
            next_noise_rates, next_signal_rates = self.diffusion_schedule(
                next_diffusion_times
)
            current_images = (
                next_signal_rates * pred_images + next_noise_rates * pred_noises
)
        return pred_images

    def generate(self, num_images, diffusion_steps, initial_noise=None):
        """
        生成指定数量的图像

        参数：
            - num_images: 要生成的图像数量
            - diffusion_steps: 反向扩散的步数
            - initial_noise: 初始噪声图像，如果为 None，则自动生成

        返回：
            - generated_images: 通过反向扩散过程生成的图像，形状为 [num_images, height, width, channels]，并已反归一化到 [0.0, 1.0] 范围内
        """
        if initial_noise is None:
            initial_noise = tf.random.normal(
                shape=(num_images, IMAGE_SIZE, IMAGE_SIZE, 3)
)

```python
        generated_images = self.reverse_diffusion(
            initial_noise, diffusion_steps
        )
        generated_images = self.denormalize(generated_images)
        return generated_images
```

上面的代码主要是实现了 DDM 中的图像生成框架，其中 denormalize() 方法用于将模型生成的归一化图像转换回原始图像空间。而 denoise() 方法用于去噪，也就是给定带有噪声的图像（noisy_images）和噪声率（noise_rates）与信号率（signal_rates），模型尝试预测噪声并据此恢复原始图像。需要说明的是，在训练模式下，它使用的是 self.network；但在推理或评估模式下，使用的则是 self.ema_network。

与此同时，reverse_diffusion() 方法实现了前向扩散过程的逆过程，即从初始噪声开始，逐步去噪以生成图像。最后，generate() 方法是生成图像的入口点，它首先生成或接收初始噪声图像，然后，使用 reverse_diffusion() 方法从初始噪声开始，通过指定的扩散步数生成图像。最后，将生成的图像通过 denormalize() 方法转换回原始图像空间，并返回生成的图像。

到这里，工作还没有结束，还要进一步明确 DDM 的训练和测试过程。

9.4.3 定义DDM的训练与测试步骤

话不多说，我们直接来看如何定义 DDM 的训练步骤，具体代码如下。

```python
def train_step(self, images):
    # 使用归一化器对输入图像进行归一化处理，以准备训练
    images = self.normalizer(images, training=True)

    # 生成随机噪声，形状与输入图像相同，用于添加到图像中
    noises = tf.random.normal(shape=(BATCH_SIZE, IMAGE_SIZE, IMAGE_SIZE, 3))

    # 随机生成扩散时间，用于控制噪声和信号的混合比例
    diffusion_times = tf.random.uniform(
        shape=(BATCH_SIZE, 1, 1, 1), minval=0.0, maxval=1.0
    )

    # 根据扩散时间计算噪声率和信号率
    noise_rates, signal_rates = self.diffusion_schedule(diffusion_times)

    # 根据噪声率和信号率，将噪声添加到图像中生成含噪图像
```

```
noisy_images = signal_rates * images + noise_rates * noises

# 使用 tf.GradientTape 函数记录梯度信息
with tf.GradientTape() as tape:
    # 预测噪声和去噪后的图像
    pred_noises, pred_images = self.denoise(
        noisy_images, noise_rates, signal_rates, training=True
    )

    # 计算预测噪声与实际噪声之间的损失
    noise_loss = self.loss(noises, pred_noises)

# 计算损失函数对可训练权重的梯度
gradients = tape.gradient(noise_loss, self.network.trainable_weights)

# 使用优化器更新神经网络权重
self.optimizer.apply_gradients(
zip(gradients, self.network.trainable_weights)
)

# 更新噪声损失跟踪器
self.noise_loss_tracker.update_state(noise_loss)

# 使用 EMA 更新神经网络的另一个副本的权重
for weight, ema_weight in zip(
    self.network.weights, self.ema_network.weights
):
    ema_weight.assign(EMA * ema_weight + (1 - EMA) * weight)

# 返回训练过程中的度量指标
return {m.name: m.result() for m in self.metrics}
```

上述代码定义了模型的训练步骤，它的主要作用是通过迭代地优化模型参数，使得模型能够学会从含噪图像中恢复出原始图像。下面我们再来定义模型的测试步骤，代码如下。

```
def test_step(self, images):
    # 对测试图像进行归一化处理
    images = self.normalizer(images, training=False)

    # 生成随机噪声
```

```python
noises = tf.random.normal(shape=(BATCH_SIZE, IMAGE_SIZE, IMAGE_SIZE, 3))

# 随机生成扩散时间
diffusion_times = tf.random.uniform(
    shape=(BATCH_SIZE, 1, 1, 1), minval=0.0, maxval=1.0
)

# 计算噪声率和信号率
noise_rates, signal_rates = self.diffusion_schedule(diffusion_times)

# 生成含噪图像
noisy_images = signal_rates * images + noise_rates * noises

# 在测试模式下预测噪声和去噪后的图像
pred_noises, pred_images = self.denoise(
    noisy_images, noise_rates, signal_rates, training=False
)

# 计算噪声损失
noise_loss = self.loss(noises, pred_noises)

# 更新噪声损失跟踪器
self.noise_loss_tracker.update_state(noise_loss)

# 返回测试过程中的度量指标
return {m.name: m.result() for m in self.metrics}
```

上述的代码定义了 DDM 的测试步骤。与训练步骤不同的是，这个步骤主要用于模型的评估阶段。它使用的是模型的 EMA 副本。也就是说，在测试过程中，不会更新模型的参数。到这里，我们才完成了 DiffusionModel 类的定义，终于可以开始训练了。

9.4.4 DDM 的训练与调用

既然要开始训练模型，那我们就得先把训练数据准备好。使用的代码如下。

```
# 加载训练数据集，从指定目录的子目录中加载图像数据
# 参数解释
# 如果在 Kaggle 平台上实验，路径为 "/kaggle/input/pytorch-challenge-flower-dataset/dataset"
```

```python
# 如果在本地实验，改成你的文件存储路径
# labels=None：不加载标签
# image_size=(IMAGE_SIZE, IMAGE_SIZE)：调整图像大小
# batch_size=None：不直接在这里设置批次大小，稍后通过.batch()方法设置
# shuffle=True：在每个epoch开始时打乱数据
# seed=42：设置随机数种子以保证结果的可重复性
# interpolation="bilinear"：在调整图像大小时使用的插值方法
train_data = utils.image_dataset_from_directory(
    "/kaggle/input/pytorch-challange-flower-dataset/dataset",
    labels=None,
    image_size=(IMAGE_SIZE, IMAGE_SIZE),
    batch_size=None,
    shuffle=True,
    seed=42,
    interpolation="bilinear",
)

# 定义一个预处理函数，用于对图像进行归一化处理
# 参数 img：输入的图像数据
# 在函数内部首先将图像数据类型转换为float32，然后除以255.0进行归一化
def preprocess(img):
    img = tf.cast(img, "float32") / 255.0
    return img

# 使用map函数对训练数据集中的每个图像应用预处理函数
train = train_data.map(lambda x: preprocess(x))

# 通过repeat()方法重复整个数据集DATASET_REPETITIONS次
# 这在训练模型时非常有用，可以增加训练数据的多样性
train = train.repeat(DATASET_REPETITIONS)

# 使用batch()方法将数据集分批处理，每个批次包含BATCH_SIZE个图像
# drop_remainder=True 表示如果数据集大小不能被BATCH_SIZE整除
# 则丢弃剩余的数据
train = train.batch(BATCH_SIZE, drop_remainder=True)
```

运行上面的代码，我们就完成了训练数据的准备。接下来我们就可以初始化DDM实例，并且把数据"喂"给它。使用的代码如下。

```python
# 初始化DiffusionModel实例
```

```python
ddm = DiffusionModel()

# 使用训练数据对 DiffusionModel 中的 normalizer 进行适应，以便后续的数据处理
ddm.normalizer.adapt(train)


# 编译 DiffusionModel
# 设置优化器为 AdamW，带有学习率和权重衰减参数
# 损失函数使用均方绝对误差
ddm.compile(
    optimizer=tf.keras.optimizers.AdamW(
        learning_rate=LEARNING_RATE,    # 学习率
        weight_decay=WEIGHT_DECAY        # 权重衰减
    ),
    loss=tf.losses.mean_absolute_error,  # 损失函数
)


# 自定义一个回调类 ImageGenerator，继承自 Keras 的 callbacks.Callback
# 该类用于在每个 epoch 结束时生成指定数量的图像并保存
class ImageGenerator(callbacks.Callback):
    def __init__(self, num_img):
        self.num_img = num_img  # 初始化要生成的图像数量


# 覆盖 on_epoch_end() 方法，在每个 epoch 结束时调用
def on_epoch_end(self, epoch, logs=None):
    # 使用模型的 generate() 方法生成图像
    # num_images 指定生成图像的数量，diffusion_steps 指定扩散步骤数
    generated_images = self.model.generate(
        num_images=self.num_img,
        diffusion_steps=PLOT_DIFFUSION_STEPS,
    ).numpy()   # 转换为 NumPy 数组


    # 调用 display 函数展示生成的图像，并保存到指定路径
    # 这里的 display 函数已经定义好，可以在下载的完整代码中找到
    # "./output/generated_img_%03d.png" % (epoch) 是保存图像的路径
    display(
        generated_images,
        save_to="./output/generated_img_%03d.png" % (epoch),
    )
```

```
# 实例化 ImageGenerator 回调类，指定要生成的图像数量为 10
image_generator_callback = ImageGenerator(num_img=10)

# 训练 DiffusionModel
# 使用训练数据，设置训练轮次为 10，并添加多个回调函数
ddm.fit(
    train,
    epochs=10,
    callbacks=[
        model_checkpoint_callback,   # 模型检查点回调，用于保存模型
        tensorboard_callback,        # tensorboard 回调，用于可视化训练过程
        image_generator_callback,    # 自定义的图像生成回调
    ],
)
```

运行上面的代码，就会看到模型训练的过程。在这个过程中，我们还能看到每一轮训练结束之后，程序绘制出本轮训练完成后生成的图像，其中一部分如图 9-9 所示。

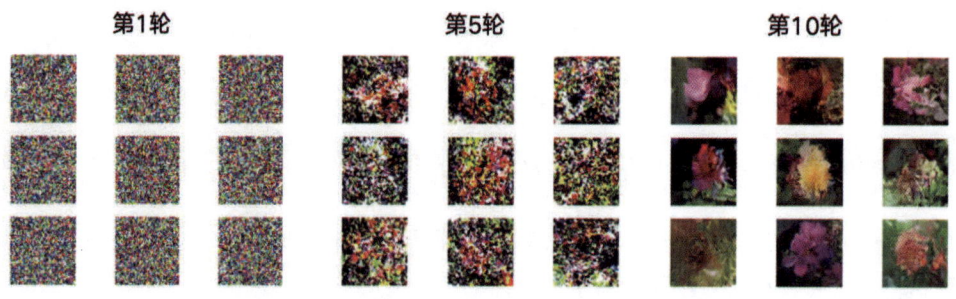

图 9-9　模型某些训练轮次结束后生成的图像

为了节约时间，我们只训练了 DDM10 轮。但让 S 师姐感到惊喜的是，经过这短短的 10 轮训练，模型已经能够生成"以假乱真"的鲜花图像了。从图 9-9 中可以看到，模型在经过 1 轮训练后还只能生成一些随机噪声。但在第 5 轮训练之后，就可以隐约看到鲜花的轮廓了。而最后一轮训练之后，模型生成的鲜花，花瓣儿和绿叶清晰可见，已然让 S 师姐她们分不清究竟是"真"的还是"假"的。

这真是一个振奋人心的好消息，在费尽周折之后，小 L 他们终于训练好了一个可以帮助省文旅厅生成宣传素材的模型。接下来，就可以使用这个模型生成鲜花图像了，代码如下。

```
# 使用 DiffusionModel 实例 ddm 的 generate() 方法生成指定数量的图像
# num_images=9 表示要生成的图像数量为 9 张
# diffusion_steps=20 表示生成图像时使用的扩散步骤数为 20
generated_images = ddm.generate(num_images=9, diffusion_steps=20).numpy()
```

```
# 调用预先定义好的display函数展示生成的图像
display(generated_images)
```

运行上述代码之后，会得到如图9-10所示的结果。

在上面的代码中，我们调用训练好的DDM生成了9张鲜花图像。可以看到，这组图像展现了不同颜色和种类的花朵，显示出DDM在生成图像时具有很好的多样性。它能够捕捉到各种花卉的特征，从而生成多种不同风格的图像。同时，这些花朵看起来像是在不同的季节或环境中生长的，这也反映了DDM在生成图像时的创造性。它不仅仅是在复制现有的图像，更是在此基础上进行了一些合理的想象和变化。

图9-10 调用模型生成的鲜花图像

看到模型生成的图像，省文旅厅的同事们也是喜笑颜开，他们不仅这一次无须考虑预算问题就可以获得大量的宣传素材，而且有了这个模型，以后也是"一劳永逸"，再也不用费劲儿去给花花草草拍照片了。

9.5 小结与练习

在本章中，小L等人又接到了新的任务——帮省文旅厅解决宣传素材不足的问题。为了能够生成"栩栩如生"的鲜花图像，这次小L使用了非常强大的DDM。当然，搭建一个如此强大的模型并

非易事,小L他们需要理解模型的前向扩散和反向扩散过程,并且明白如何使用U-Net架构实现这些过程。除此之外,他们还要仔细定义模型训练和测试的步骤。幸亏有一位名为Arham Shahbaz的网友贡献了他的代码,才让这些工作变得稍微轻松一些。

无论如何,结果是好的。小L他们训练的DDM不负众望,能够生成"以假乱真"的鲜花图像,帮助省文旅厅的同事们解决了一个难题。而对于这个DDM,C飘飘还感到"意犹未尽",她还想再细细研究一下代码,让自己能够更好地掌握这项技术。于是,她给自己布置了以下几道练习题。

习题1: 下载Oxford 102 Flowers Dataset,或直接在Kaggle平台上载入它。

习题2: 在随书资源包中找到本章代码,在本地或Kaggle平台上打开它。

习题3: 尝试修改代码中三种不同扩散计划部分的参数,并观察它们的区别。

习题4: 运行代码中正弦位置嵌入的部分,并通过可视化来理解它的工作原理。

习题5: 借鉴本书提供的代码,动手实现U-Net中的残差块、下采样块和上采样块。

习题6: 将上一步中的组件拼装成一个U-Net模型。

习题7: 实现一个完整的DDM类,并编译模型。

习题8: 适度增加模型的训练轮次,观察模型生成的图像的质量变化。

第 10 章 酒香也怕巷子深——试试 Transformer 模型

在第 9 章中，小 L 等人使用 DDM 帮助省文旅厅的同事们生成了诸多用于宣传的素材——鲜花图像数据。这样一来，省文旅厅以后再也不用花钱请摄影师去拍那些真实的花花草草了，也能够帮 Y 省的各个村子制作广告招揽游客了。

当然，想必读者朋友们已经能猜到，此时此刻小 L 他们一定又会接到新的任务。没错，他们不接任务，这书还怎么往下写呢？这不，省商务厅也打来电话，让小 L 他们去一下。去做什么呢？咱们接着往下看。

本章的主要内容有：

- 什么是 Transformer 模型
- 注意力机制是什么
- 因果掩码的作用
- Transformer 模块的组成
- 为什么要使用位置编码
- 徒手搭建并训练一个 GPT 模型

10.1 葡萄美酒怎么推

事情是这样的,在 Y 省有一个地方名为 X 县。这个县因为风景优美而闻名遐迩,甚至有古人专门写过游记来赞美它——且看那山川形胜,宛如丹青妙手绘就。远观重峦叠嶂,层林尽染,四季之色各异其趣,春则花团锦簇,夏则绿荫蔽日,秋则枫叶如火,冬则银装素裹,美不胜收。近观溪流潺潺,穿石绕林,清澈见底,水声叮咚,宛如天籁之音,洗涤人心之尘埃。又闻那风土人情,淳朴自然,民风古朴。百姓安居乐业,耕读传家,乐善好施,民风之淳朴,犹似桃源之境。更有那葡萄园绵延数里,绿浪翻滚,果实累累,宛如碧玉雕成,晶莹剔透,香气扑鼻,令人垂涎欲滴。

且说那日夜景象,更是如梦如幻。日落西山,红霞满天,映照在葡萄园上,宛如仙境。夜幕降临,月华如水,星辉点点,银河低垂,与地上的灯火交相辉映,构成一幅幅绝美的画卷。X 县之夜,静谧而神秘,令人心生向往,流连忘返,如图 10-1 所示。

图 10-1 X 县的风景如诗如画

此情此景，犹如诗中所云："山川之美，古来共谈。高峰入云，清流见底。两岸石壁，五色交辉。青林翠竹，四时俱备。晓雾将歇，猿鸟乱鸣。夕日欲颓，沉鳞竞跃。"X县之美，实乃天下无双，人间仙境也。

看到这，可能有细心的读者朋友发现了，X县盛产葡萄。是的，X县位于一个地势平坦的区域，拥有丰富的水资源；而且该县拥有较长的日照时间，昼夜温差大。这些因素都为葡萄的生长提供了良好的环境条件，因此X县的葡萄也得到广大文人墨客的赞美，就比如下面这一篇。

于X县之壤，育有一果，名曰葡萄，实乃天地之精华，自然之瑰宝也。观其形，圆润饱满，宛如碧玉雕成，晶莹剔透，似能映照人心之纯净；触其质，柔滑细腻，果皮之下，藏着汁水四溢、甘甜如饴的果肉，令人未尝先醉。

至若葡萄之生长，更是得天独厚。春日里，细雨绵绵，滋润其根；夏日中，烈日炎炎，锤炼其骨。秋风起时，葡萄渐熟，紫气东来，满园飘香，犹如仙子轻舞，洒下串串珍珠。冬日虽寒，然其根深扎沃土，蓄势待发，待来年春风再绿江南岸，又是一番丰收景象。

且说葡萄之味，酸甜交织，恰到好处。初尝之时，酸意袭人，唤醒味蕾；细品之下，甘甜如蜜，沁人心脾。更有那香气扑鼻，仿佛能穿越时空，勾起人们对美好生活的无限向往。

是以，X县之葡萄，非仅果中翘楚，更是人间至味。食之，不仅能解口腹之欲，更能滋养身心，令人心旷神怡，飘然若仙。真可谓：维韵葡萄甲天下，人间美味第一芳。

也就是说，X县出产的葡萄品质卓越，不仅口感绝佳，而且香气浓郁，为葡萄酒的酿造提供了优质的原料。因此，X县充分利用这一优势，大力发展葡萄酒产业，逐渐成了国内外知名的葡萄酒产区。

在这里，葡萄园遍布乡间。葡萄成熟之季，整个县都弥漫着浓郁的果香，吸引着众多游客和葡萄酒爱好者前来品尝和购买。而X县的葡萄酒企业也借此机会，不断提升酿造技艺，推出了一系列口感独特、品质上乘的葡萄酒产品，赢得了市场的广泛认可和赞誉。

凭借其优质的葡萄酒，X县不仅在国内市场上占有一席之地，而且有着积极寻求拓展国际市场的雄心壮志。还记得我们之前提到过的T市的跨境电商平台吗？正好为X县的葡萄酒走向世界提供了一个极佳的平台。

为了在国际市场进行推广，X县的同事们想了一个非常好的主意——他们联系了很多境外社交媒体的"网红"，让他们录制英文短视频来介绍X县的葡萄酒。这些"网红"通常拥有大量的粉丝，他们的推荐和分享能够迅速传播信息，可以精准地触达目标市场的潜在消费者。而且，粉丝往往对"网红"的推荐有较高的信任度，因此"网红营销"更容易产生购买转化。

但在具体的操作过程中，X县也遇到了一些实际的问题——"大网红"往往有自己的文案团队，可以提供从文案到录制的"一条龙"服务，但收费也非常高昂；"小网红"报价比较低，但因为没有团队，所以需要X县提供文案。因此，X县的同事打算请小L他们帮忙，训练一个可以撰写介绍葡萄酒文案的模型，让模型写好英文文案，再让"小网红"们录成短视频，这样就能节约不少经费开支了！

对于这种需求，小 L 等人自然是没法拒绝。反正之前他们也干过类似的项目——给 T 市训练写英文 JD 的模型。相信读者朋友们也已经十分清楚，要训练这样一个文本生成的模型，就要先有相关的训练数据。所以小 L 他们先是收集了一大堆介绍葡萄酒的英文文本，大致的样子就像下面这一段。

```
wine review : Quiévremont 2012 Vin de Maison Red (Virginia) : Ripe aromas
of dark berries mingle with ample notes of black pepper, toasted vanilla and
dusty tobacco. The palate is oak-driven in nature, but notes of tart red
currant shine through, offering a bit of levity. : Red Blend : Virginia
```

可以看到，这段文案是在谈论一款酒的香气和口感特征。Quiévremont 2012 Vin de Maison Red 是这款酒的名字，Virginia 是它的原产地。而后面一大段在说这款酒"成熟的深色浆果香气与丰富的黑胡椒、烘烤过的香草和略带尘土感的烟草气息交织在一起。口感上，这款酒以橡木桶风味为主导，但酸甜的红醋栗果味贯穿其中，为整体增添了一丝轻盈感。"还真别说，看了这样的描述，S 师姐她们都想尝尝看了。

注意：这段文本数据实际上来自一个名为 Wine Reviews 的数据集，它包含了超过 130000 条葡萄酒评论。其中的文本数据是品酒师或评论者对葡萄酒的味道、气味、外观、感觉等方面的描述。

现在搞定了训练数据集，接下来就可以准备模型训练的工作了。不过这一次，小 L 打算"整个活"，用一个时下更加流行的模型来干这件事——那就是大名鼎鼎的 Transformer 模型。这个名字，就连学文科的 S 师姐都觉得如雷贯耳。那么这个东西背后的原理是什么？又该如何实现呢？接下来咱们就让小 L 给 S 师姐她们介绍一下。

10.2 Transformer模型是什么

或许大家还记得小 L 他们是如何在第 7 章中用 LSTM 网络模型帮助 T 市生成英文 JD 的——这种自回归模型一次处理序列数据中的一个标记（Token），并不断更新一个隐藏向量，该向量捕获了输入的当前潜在表示。通过在这个隐藏向量上应用一个全连接层和 Softmax 激活函数，模型可以被设计用来预测序列中的下一个词。曾几何时，使用这种方法来构建文本生成模型是主流的做法。但是，Transformer 模型的出现，彻底改变了文本生成领域的研究方向。

2017 年，一个名为 Google Brain 的团队发表了一篇题目为 *Attention Is All You Need* 的论文，该论文因推广了注意力机制的概念而变得非常著名，这种机制现在被大多数最先进的文本生成模型所采用。

这篇论文提出了一种名为 Transformer 的强大神经网络模型，该模型特别适用于序列建模任务，而且它不需要复杂的循环或卷积架构，而是仅依赖注意力（Attention）机制。这种模型克服了 RNN 方法的一个关键缺点，即 RNN 难以并行化，因为它必须一次处理序列中的一个标记。相比之下，Transformer 模型具有高度的并行化能力，这使得它们能够在大型数据集上进行训练。现下大火的 GPT（Generative Pre-trained Transformer）模型，就使用了这种架构。

在 Transformer 模型中，自注意力机制（Self-Attention Mechanism）是它的核心。所以咱们就让小 L 给 S 师姐她们详细介绍一下这个"注意力"到底是什么。

10.2.1 Transformer模型中的注意力

为了让 S 师姐她们理解什么是注意力机制，小 L 先跟她们玩了一个填词游戏：

"一串串葡萄挂在藤蔓上，散发着_____。"

A. 香甜气息

B. 恶臭

C. 腥气

D. 磁场

显然，这是一道送分题。看到前面是"葡萄"，S 师姐毫不犹豫地选择了 A 选项。但如果我们把"葡萄"换成"咸鱼"呢？那就有可能选 C 甚至是 B 了。所以说，对于这个填空题来说，其实题干中真正重要的词就是"葡萄"，而"一串串""挂在""藤蔓"这几个词其实对于我们选出正确答案来说，并没有那么重要。

也就是说，在处理文本或日常交流时，我们大脑中的注意力机制会自动过滤掉不重要的信息，而聚焦于那些对我们有意义、与当前情境相关的内容。在这个填词游戏中，当"葡萄"出现时，我们的注意力自然而然地引导我们联想到其香甜的气息；而如果"咸鱼"出现时，我们的注意力则转向与之相关的气味特征。

Transformer 模型中的注意力机制就类似我们大脑中的注意力机制。它的设计目的非常明确：能够决定从输入信息的哪个部分提取信息，以便有效地提取有用信息，而不被无关的细节所干扰。这使得注意力机制在多种情况下具有高度适应性，因为它可以在推理时自行决定去哪里寻找信息。

通俗地讲，注意力机制在 Transformer 模型中的作用就像是一个智能选择器，它可以根据需要，从输入数据中筛选出最相关的信息，从而提高了模型的效率和准确性。

这里还要说一下，Transformer 模型中的注意力机制和 LSTM 网络等循环神经网络中的循环层有很大的区别——循环层试图构建一个通用的隐藏状态，这个状态在每个时间步上都能捕捉到输入的整体表示。然而，这种方法有一个弱点，许多已经被整合到隐藏向量中的词汇可能与当前立即要执行的任务（如预测下一个词汇）并不直接相关。

相比之下，注意力机制则不会遇到这个问题。因为它们可以根据上下文来选择如何组合附近词汇的信息。这意味着注意力机制能够更灵活地处理输入，只关注与当前任务直接相关的信息，而忽略那些不相关的信息。也正是因为注意力机制的灵活性，Transformer 模型能够根据上下文来选择性地关注输入中的信息，从而更准确地完成当前任务。

10.2.2 注意力头中的查询、键和值

那么注意力机制是如何做到这一点的呢？C 飘飘追问道。这就要从注意力机制中的查询（Query）、键（Key）和值（Value）这三个关键组件讲起了。

还是拿填词游戏来举例，我们把题干中的词看作是有自己主见的"小朋友"。而它们的"意见"对预测下一个词语的贡献，则根据它们对自己在预测方面专业知识的信心程度进行加权。比如，"散发着"是我们想要预测其后继词语的目标。其他前置单词则提供关于"散发着"之后可能出现什么单词的线索或"意见"。而每个前置单词的贡献（即其"意见"的重要性）是根据它对自己在预测"散发着"之后单词方面的信心来加权的。这种信心一般是基于这个词语在训练数据中与其他词语共现的频率或模式。

在我们的填词游戏中，"葡萄"这个词可能对贡献非常有信心，它之后更可能是与"香""甜"相关的词（因为葡萄通常与这些特征相关联）。因此，"葡萄"这个词的"意见"在预测过程中就会被赋予较高的权重。

而"一串串"这个词则可能不太有助于缩小"散发着"之后词语的可能性范围（因为"一串串"可以用在很多名词之前，如"一串串钥匙""一串串珍珠"等）。因此，"一串串"这个词的"意见"在预测过程中可能会被赋予较低的权重。

那现在，我们就可以把注意力机制当成是一个"信息检索系统"了。在这个填词游戏中，我们就好像在"查询"一个问题："散发着"这个词后面是什么？然后这个系统就去它存储的数据中找信息，这个信息就存储在一个包含键和值的数据结构中，而这些键和值由句子中的其他词语组成。每个词可以视为一个键，而与之相关联的值则代表这个词的某种属性或特征。

我们的查询与每个键之间的匹配程度或相关性，就可以用共鸣（Resonance）来表达。在注意力机制中，共鸣通常通过计算查询与每个键之间的点积（或其他相似度）来实现。共鸣越高，表示查询与键之间的相关性越强。最后，系统会根据查询与每个键之间的共鸣（也可以说是权重）来对值进行加权求和。这个加权求和的结果就是系统的输出，它代表了基于所有键（即句子中的其他单词）提供的信息，对查询结果（即"散发着"后面跟的是什么词）的最佳估计。

我们画个图，S 师姐就更容易理解了，如图 10-2。

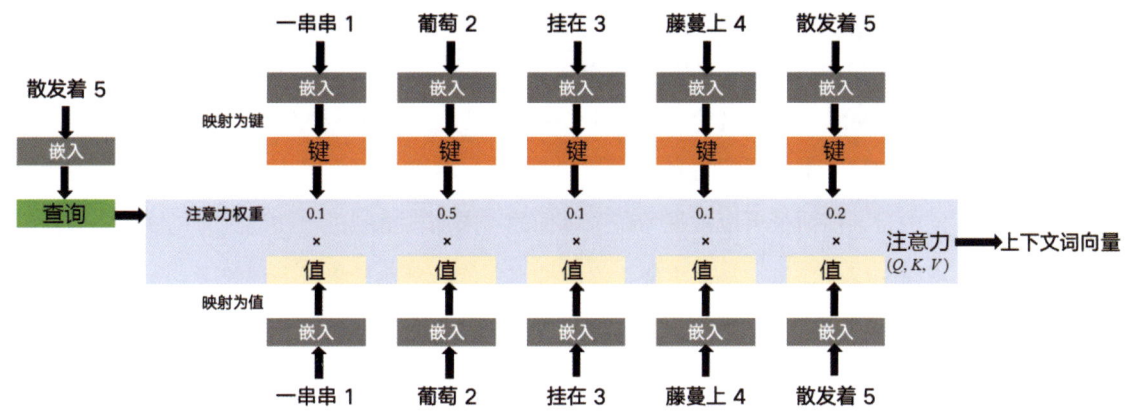

图 10-2 注意力机制的大体原理

在图 10-2 中,我们先从左边开始看。前面说过,这个填词游戏可以看成是我们查询"散发着"这个词后面跟的是什么。那就要先把"散发着"这个词转化为一个"查询向量"。步骤是先把"散发着"这个词变成一个嵌入表示,也就是一种数值化表示(比如,图中的数字 5,当然这只是示例,并不代表这个词的嵌入表示就是 5)。然后还需要通过一个权重矩阵(W_Q)对嵌入表示进行转换,把它变成适用于当前任务的查询向量 Q。具体来说,权重矩阵会把词的嵌入表示从原始的维度变成目标维度,这种维度变换是必要的,因为不同的任务可能需要不同大小的向量来表示查询。那么,这个权重矩阵 W_Q 是怎么来的呢?其实这个权重矩阵 W_Q 正是模型学习的一部分,它会在训练过程中被优化,这样才能生成更准确的查询向量。

说完了查询向量 Q,咱们再来看看键向量 K——键向量 K 是句子中每个词的表示。这些向量可视为对每种词所能帮助的预测任务的描述。换句话说,每个键向量都包含了关于它所代表的词在句子中作用的信息,这些信息可以用于指导模型进行预测。与查询向量的生成方式相似,键向量是将每个词的嵌入表示通过一个权重矩阵 W_K 进行变换而得到的。权重矩阵 W_K 同样是模型学习的一部分,它会在训练过程中被优化,以便为每个词生成更准确的键向量。要注意的是,键向量和查询向量的长度是相同的。这一点很重要,因为在进行后续的计算(如注意力机制中的点积计算)时,需要保证向量之间可以进行有效的数学运算。

在注意力机制中,每个键都与查询进行比较。这种比较是通过计算每对向量(即一个键向量和一个查询向量)之间的点积(QK^T,其中 Q 代表查询矩阵,K 代表键矩阵,T 表示转置)来实现的。点积的结果是一个标量,表示键与查询之间的相似度或匹配程度。对于特定的键/查询对,点积的结果越高,表示键与查询的匹配程度越高,或者说键与查询之间的共鸣越强。在注意力机制的输出中,这个键就会被允许做出更大的贡献。

还要说明一点的是,上面说的点积的结果还需要被一个因子(通常是键的维度 d_k 的平方根,即 $\sqrt{d_k}$)进行缩放。这种缩放处理的目的是保持向量和的方差稳定(大约等于 1),从而避免在后续计算中出现数值不稳定的问题。经过缩放处理的向量还要经过Softmax函数的处理。这样做的目的是将输入向量转换为一个概率分布，即确保所有元素的和为1，且每个元素都在0～1。而这个概率分布就是注意力权重向量，它表示了每个键对注意力机制输出的贡献程度。

说完了查询向量和键向量，我们再来看值向量V，值向量V也是句子中单词的表示。但与键向量和查询向量不同的是，值向量可以被视为每个单词的"未加权贡献"。在注意力机制中，值向量用于根据注意力权重来组合信息，从而生成最终的输出。值向量也是将每个词的嵌入表示通过另一个权重矩阵W_V进行变换来得到的。值向量的维度并不一定要与向量键和查询向量的维度相同。然而，为了简化计算和保持模型的一致性，值向量、键向量和查询向量的维度往往被设置为相同。

现在我们有了查询向量Q、键向量K和值向量V，就可以将它们组合在一起，得到最终的输出向量了。我们可以使用下面的公式来表达这个过程。

$$\text{Attention}(Q, K, V) = \text{Softmax}\left(\frac{QK^\text{T}}{\sqrt{d_K}}\right)V$$

到这里，我们的注意力机制就计算出了注意力输出。不过，在常见的一些Transformer模型中（如GPT），往往有好几个注意力头，也就是多头注意力机制。这种机制将来自多个注意力头的输出进行拼接，以便每个注意力头可以学习不同的注意力机制，从而使整个模型能够学习更复杂的关系。

多头注意力机制还会通过一个最终的权重矩阵W_O对拼接后的输出进行线性变换，以便将向量的维度转换为所需的输出维度。这个过程如图10-3所示。

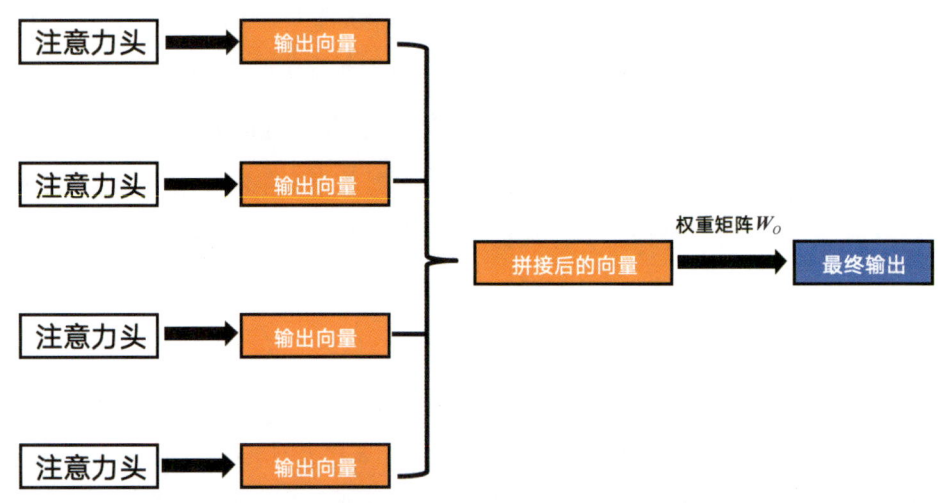

图10-3 多头注意力机制示意图

在图10-3中我们可以看到，在多头注意力机制中，来自不同注意力头的输出向量被拼接在一起，形成一个更长的向量。再用一个权重矩阵W_O将拼接后的输出向量进行线性变换，即进行矩阵乘法运算。输出的向量可以与原始的查询向量在维度上保持一致。这样一来，若干个多头注意力层可以顺序地堆叠在一起，形成更深的神经网络结构。

到目前为止，我们假设给注意力头的查询输入是一个单一的向量。也就是说，模型每次只能处理一个输入元素，如一个词"散发着"。而为了提高训练效率，我们理想的情况是注意力层能够同时处理输入中的每一个单词，并且对每个单词都预测其后续单词是什么。这样做可以显著加快训练速度，因为模型可以同时学习多个单词之间的关系。这时候"大聪明"S师姐就说了，那我们干脆把句子里所有的词（即序列中的向量）一起打包，丢给模型去处理不就好了吗？这么做理论上当然是可行的，但它有一个问题——未来的信息会被泄露到当前的生成步骤中，就像是我们把"谜底"提前透露给玩填词游戏的人。这样一来，岂不是所有人都知道答案啦！游戏也就失去意义了。

要解决这个问题，我们可以使用一个"遮罩"，来挡住句子里的一些词或短语。而这个"遮罩"，就称为因果掩码（Causal Masking）。

10.2.3 因果掩码

实际上，因果掩码广泛应用于各种自然语言处理任务中，特别是那些需要预测未来元素的任务，如语言模型生成、机器翻译等。在这些任务中，模型需要学会根据前面的内容来预测接下来的内容，而因果掩码正好提供了一种实现这一点的有效方法。它的工作原理如图 10-4 所示。

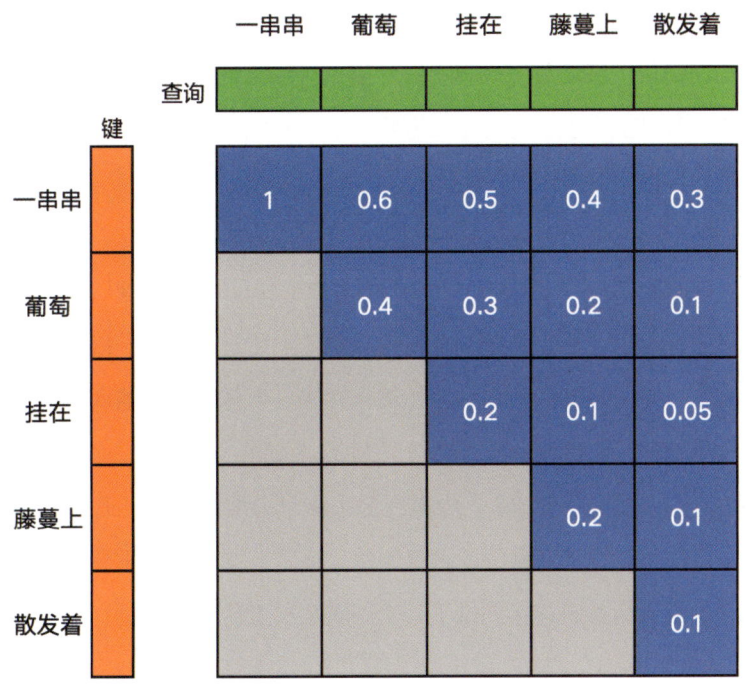

图 10-4　因果掩码的工作原理

我们来仔细观察一下图 10-4，可以发现第一个键是"一串串"，因为其他的词都是在它后面出现的，所以在矩阵中保留了所有词（或者说查询）的注意力分数；而对于第二个词"葡萄"来说，在句子中"一串串"这个词是出现在它前面的，因此我们就要把第二个键与第一个查询的注意力分数屏蔽掉；同样地，对于最后一个词"散发着"来说，其他的词都出现在它前面，因此"散发着"对应的键与其他词对应的查询的注意力分数就都被屏蔽了。

这样一来，在训练过程中，我们使用掩码来隐藏一部分输入信息，就可以防止模型直接看到并依赖后续的词来预测当前词（这会导致模型"作弊"，即不是真正学习语言的模式），对于 GPT 模型来说，这就意味着在预测某个词时，该词之后的所有后续词都会被掩码隐藏掉，这样模型就只能基于之前的词来做出预测。

这里要说明的是，并不是所有的 Transformer 模型都需要使用这种因果掩码技术。类似 BERT 这种用于文本分类而不是文本生成任务的 Transformer 模型，则不需要使用因果掩码技术。

说完了因果掩码，接下来还有一个内容需要让 S 师姐她们掌握，那就是 Transformer 模块（Transformer Block）。我们继续往下看。

10.2.4 Transformer模块

在 Transformer 模型中，Transformer 模块是一个核心且基本的构建单元。它主要由两个关键组件构成：自注意力机制和前馈神经网络。这两个组件共同协作，使 Transformer 模块能够高效地处理输入序列，并完成特征提取和表示学习的工作。

这里的前馈神经网络位于自注意力机制之后，用于对自注意力机制得到的权重加权求和的结果进行进一步处理，从而得到更有表达力的特征表示。前馈神经网络通常由两层全连接层组成，通过非线性激活函数将输入数据映射到新的特征空间。

Transformer 模块的工作流程是输入数据首先经过自注意力机制的处理，得到每个元素的上下文相关表示；然后，这些表示随后经过层归一化（Layer Normalization）处理后被送入前馈神经网络进行特征提取和表示学习；最后，输出经过跳跃连接和层归一化进行处理，以保证模型的稳定性和高效训练。跳跃连接将自注意力机制的输出和原始输入相加，以保留原始输入的信息；而层归一化则对输出向量进行归一化处理，使得各个元素的均值为 0，标准差为 1。这个流程如图 10-5 所示。

在图 10-5 中我们可以看到，查询除了传递到多头注意力层之外，还通过一个跳跃连接添加到输出当中。这意味着我们可以构建非常深的神经网络，而这些神经网络不会像以往那样受到梯度消失问题的严重影响。这是因为跳跃连接提供了一个不需要梯度的快速通道，使得神经网络能够不间断地向前传递信息。

此外，我们还在 Transformer 模块中使用了层归一化来为训练过程提供稳定性。在 Transformer 等基于自注意力机制的模型中，处理序列数据时可能会遇到与批量大小相关的梯度波动问题。而由于层归一化是在单个样本的维度上操作的，而不是在批量维度上，因此我们添加了层归一化来让训练过程更稳定。

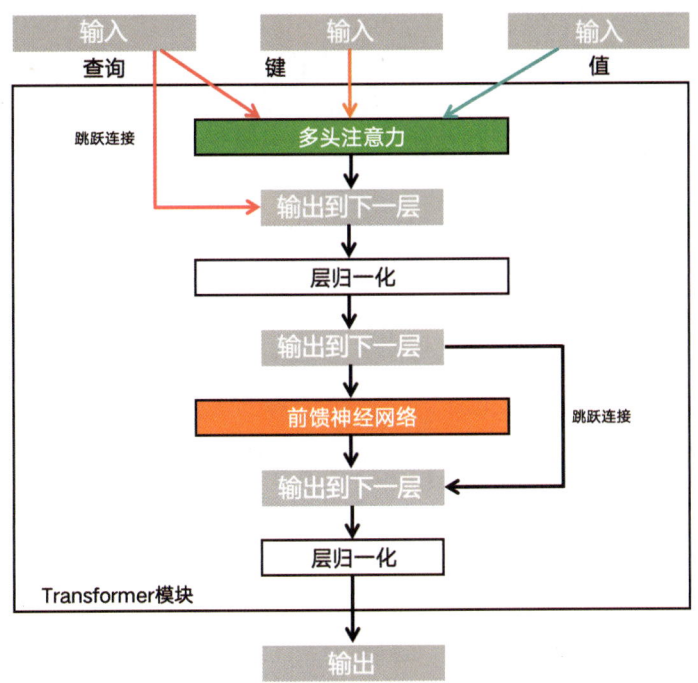

图 10-5 Transformer 模块的流程示意

我们还在 Transformer 模块中包含了一组前馈神经网络（即全连接）层，这些层的作用是在神经网络的深层中进一步处理和转换数据，提取出更高级别的特征。这些特征对于模型来说更有价值，因为它们包含了更多的信息和上下文，有助于模型做出更准确的预测。

说完了 Transformer 模块，还有一个知识点要给 S 师姐她们交代一下，那就是位置编码。

10.2.5 位置编码

在训练我们的 GPT 模型之前，还需要解决一个关键问题——前面我们说过，多头注意力的处理并不关心输入中各个元素（即句子中的词汇）的顺序。每个键向量与查询向量之间的点积计算是并行的，而不是像 RNN 那样按照顺序逐个处理的。这种并行计算的能力是 Transformer 模型的一个显著优势，因为它能够大幅提高计算效率。

然而，这也带来了一个潜在的问题：如果注意力层不关注输入的顺序，那么它可能无法准确地区分并预测以下两个含义截然不同的句子。

"爸爸拿着皮带走向儿子，然后……"，这个句子可能暗示着爸爸要揍儿子。

"儿子拿着皮带走向爸爸，然后……"，这个句子则可能暗示着儿子要把皮带递给爸爸。

这两个句子的区别仅在于主语和宾语的顺序不同，但它们的含义和预期的输出却是大相径庭的。因此，我们需要一种机制来让 Transformer 模型能够"感知"并"利用"输入序列中的顺序信息，以便为不同的句子顺序产生合适的输出。在 Transformer 模型中，这种机制是通过位置编码来实现的。

位置编码为每个输入元素添加了位置信息，使得模型能够区分并处理不同的句子顺序。

具体的操作方法是，我们在为 Transformer 模型的初始输入块创建输入时，采用这种位置编码的技术——不仅使用词嵌入（Token Embedding）来编码每个词汇，还使用位置嵌入来编码词汇在输入序列中的位置。

词嵌入是通过一个标准的嵌入层来实现的，它将每个词汇转换为一个学习到的向量。同样地，我们也可以创建一个位置嵌入，使用另一个标准的嵌入层来将每个整数位置（代表词汇在序列中的位置）转换为一个学习到的向量。

通过这种方式，每个输入词汇都由两个向量组成：一个表示其词汇意义的词嵌入向量和一个表示其在序列中位置的位置嵌入向量。这两个向量通常会被相加或拼接在一起，作为 Transformer 模型中多头注意力层和其他层的输入。这样，模型就能够同时考虑到输入词汇的语义信息和位置信息，从而更准确地理解并生成自然语言文本，这个过程，如图 10-6 所示。

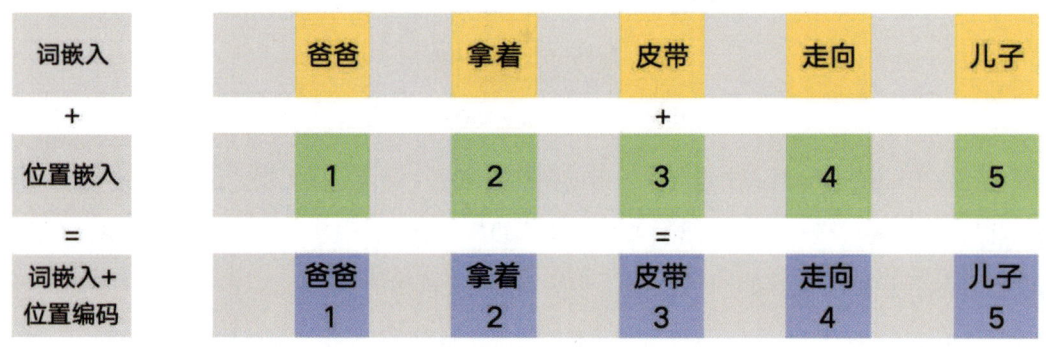

图 10-6 将位置嵌入添加到词嵌入中，得到位置编码

现在，我们已经让小 L 帮助 S 师姐她们初步了解了 Transformer 模型的基本知识。不过，X 县的同志们有点坐不住了。他们看小 L 几个人一直在掰扯理论知识，却迟迟没有动手帮他们干活，谈好的几个外国"网红"还等着文案录视频呢！于是他们不由得催促小 L 赶快开始模型的搭建和训练工作。

确实，理论讲得再好，也不如把实际问题解决掉。接下来，咱们就让小 L 他们把模型搭建出来，解决 X 县迫在眉睫的业务需求。

10.3 GPT模型的搭建与训练

在进行完基础知识的学习之后，我们已经有了模型的整体框架，就好像我们要盖一栋"房子"，现在有了"图纸"，接下来按照"图纸"进行施工就可以了。我们的"图纸"如图 10-7 所示。

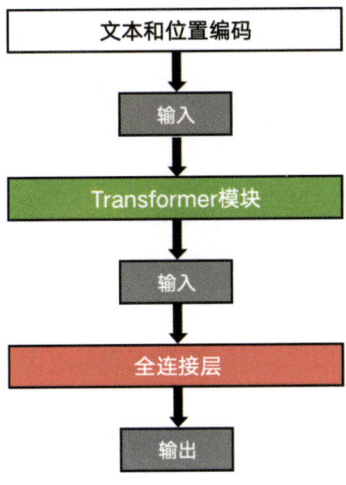

图 10-7 GPT 模型架构

对于整体的框架我们已经有了清晰的思路,接下来可以开始动手处理数据,并且用代码搭建模型了。

10.3.1 先简单处理一下数据

前面说过,我们"假装"小 L 准备的葡萄酒评论数据,其实是 Kaggle 平台上面的一个数据集。读者朋友们可以把这个数据集下载到本地,也可以直接在 Kaggle 平台上创建 Notebook 文件来读取这个数据集,使用的代码如下。

```
# 使用 with 语句打开 JSON 文件,确保文件在使用后正确关闭
# 如果在本地实验,将路径改为你保存数据的位置
with open("/kaggle/input/wine-reviews/winemag-data-130k-v2.json") as json_data:
    # 从打开的文件中加载 JSON 数据到 wine_data 变量
    wine_data = json.load(json_data)

# 使用列表推导式创建一个新的列表 filtered_data
# 每条评论按照指定的格式组合成一个字符串
filtered_data = [
    # 对于 wine_data 中的每一个元素 x(代表一条葡萄酒评论)
    # 如果 x 的 "title"、"description"、"variety" 和 "province" 字段都不为 None
    # 组合成一个字符串,并添加到 filtered_data 列表中
    "wine review : "
    + x["title"]                  # 葡萄酒评论的标题
    + " : "
    + x["description"]            # 葡萄酒评论的描述
    + " : "
```

```
        + x["variety"]                          # 葡萄酒的品种
        + " : "
        + x["province"]                         # 葡萄酒产地的省份
        for x in wine_data                      # 遍历 wine_data 变量中的每一条评论
        if x["title"] is not None               # 确保标题不为 None
        and x["description"] is not None        # 确保描述不为 None
        and x["variety"] is not None            # 确保品种不为 None
        and x["province"] is not None           # 确保省份不为 None
]

# filtered_data 是一个字符串列表，每个字符串包含一条格式化的葡萄酒评论信息
```

注意：为了节省篇幅，这里省略了导入库和一些参数设置的代码，请大家在随书赠送的资源包中下载完整的代码进行实验。

运行上面的代码，我们就会把原始数据转换成一个列表。这个列表中的每个元素都是一个字符串，对应的是一条葡萄酒评论信息。如果我们想检查一下处理的结果，可以使用下面的代码抽一条来检查。

```
# 从 filtered_data 列表中获取索引为 20 的元素
# 这个元素是一个字符串
example = filtered_data[20]

# 打印出索引为 20 的葡萄酒评论信息
print(example)
```

运行上面的代码，我们就会看到如下所示的结果。

wine review : Quiévremont 2012 Vin de Maison Red (Virginia) : Ripe aromas of dark berries mingle with ample notes of black pepper, toasted vanilla and dusty tobacco. The palate is oak-driven in nature, but notes of tart red currant shine through, offering a bit of levity. : Red Blend : Virginia

可以看到，代码输出的结果是经过我们格式化后的葡萄酒评论信息。它的格式是"wine review：[标题]：[描述]：[品种]：[省份]"。这样一来，我们要用的文本数据就准备好了。

10.3.2 将文本转换为数值

在初步处理完数据之后，我们还需要把这些文本转换成模型能够接收的格式，也就是数值。使用的代码如下。

```python
# 定义一个函数,用于在标点符号和换行符前后添加空格
def pad_punctuation(s):
    # 使用正则表达式在标点符号和换行符前后添加空格
    s = re.sub(f"([{string.punctuation}, '\n'])", r" \1 ", s)
    
    # 将多个连续空格替换为单个空格
    s = re.sub(" +", " ", s)
    # 返回处理后的字符串
    return s

# 假设 filtered_data 是一个包含文本的列表
# 使用列表推导式对列表中的每个元素应用 pad_punctuation 函数
text_data = [pad_punctuation(x) for x in filtered_data]

# 创建一个 TensorFlow 数据集(Dataset)对象
text_ds = (
    tf.data.Dataset.from_tensor_slices(text_data)
    .batch(BATCH_SIZE)  # 将数据集分成多个批次
    .shuffle(1000)  # 在每次迭代时随机打乱数据集中的样本
)
```

在上面的代码中,tf.data.Dataset.from_tensor_slices() 函数用于从给定的张量或张量列表(在本例中是文本数据的列表)中创建一个数据集。而 .batch(BATCH_SIZE) 方法用于将数据集分成多个批次,这对于训练模型时批量处理数据非常有用。

现在我们已经将原始数据创建为一个 TensorFlow 数据集,下面就可以开始将数据集中的文本转换为向量了,使用的代码如下。

```python
# 创建一个 TextVectorization 层,用于将文本数据转换为向量形式
vectorize_layer = layers.TextVectorization(
    standardize="lower",  # 将所有文本转换为小写字母,以实现标准化
    max_tokens=VOCAB_SIZE,  # 设置词汇表的最大大小
    output_mode="int",  # 指定输出模式为整数,即单词的索引
    output_sequence_length=MAX_LEN + 1,  # 设置输出序列的长度
)

# 使用数据集 text_ds 来适应(即训练) TextVectorization 层
# 这意味着 TextVectorization 层将学习数据集中的词汇,并创建一个词汇表
vectorize_layer.adapt(text_ds)
```

```python
# 获取训练后的词汇表
vocab = vectorize_layer.get_vocabulary()

# 打印词汇表中的前 10 个单词及其索引
for i, word in enumerate(vocab[:10]):
    print(f"{i}: {word}")
```

运行上面的代码，会得到如下所示的结果。

```
0: 
1: [UNK]
2: :
3: ,
4: .
5: and
6: the
7: wine
8: a
9: of
```

在我们上面的代码中，使用了 TextVectorization 层将文本数据转换为模型可以理解的数值形式。standardize 参数用于文本标准化，我们设置为 lower 表示将所有文本转换为小写。而 max_tokens 参数指定了词汇表的最大大小，即模型将考虑的最常见单词的数量。output_mode 参数指定了输出模式，这里设置为 int 表示输出单词的整数索引。output_sequence_length 参数设置了输出序列的长度，这对于处理变长文本数据非常重要。adapt() 方法用于根据提供的数据集训练 TextVectorization 层，即学习词汇表。最后我们使用 get_vocabulary() 方法获取训练后的词汇表，并打印了其中前 10 个单词进行检查。

现在我们已经有了词汇表，可以使用这个词汇表把所有的文本转换成整数索引的序列了，使用的代码如下。

```python
# 定义一个函数，用于准备模型的输入和输出
def prepare_inputs(text):
    # 在文本的最后一个维度上增加一个维度
    text = tf.expand_dims(text, -1)
    
    # 使用 TextVectorization 层将文本转换为整数索引的序列
    tokenized_sentences = vectorize_layer(text)
    
    # x 是目标序列（即我们要预测的序列）的前一个时间步上的输入
    # 在这里，我们去掉序列的最后一个元素，因为它没有后续元素来预测
```

```python
    x = tokenized_sentences[:, :-1]

    # y 是目标序列，即我们要模型预测的序列
    # 我们去掉序列的第一个元素，因为它没有前一个元素作为输入
    y = tokenized_sentences[:, 1:]

    # 返回处理后的输入 x 和输出 y
    return x, y

# 使用 map() 方法将 prepare_inputs 函数应用于数据集中的每个元素
# 这将转换数据集，使其包含模型的输入和输出对
train_ds = text_ds.map(prepare_inputs)

# 从转换后的数据集中取出一个元素作为示例
# take(1) 方法返回一个包含单个元素的数据集
# 然后我们通过 get_single_element() 方法获取这个元素
example_input_output = train_ds.take(1).get_single_element()

# 打印示例中输入的第一个元素（即一个处理后的输入序列）
example_input_output[0][0]
```

运行上面的代码，我们会得到如下所示的结果。

```
<tf.Tensor: shape=(80,), dtype=int64, numpy=
array([   7,   10,    2,  192, 2911,   70,   31,   43,   12,  184, 1040,
        776,   11,    2,   14,    7,   18,   23,  250,  111,    3, 4661,
          3, 9691, 1021,    3, 9635,  976,    5, 6154,  208,  312,   49,
          8,  102,  317,   38, 1033,  220,   64,    4,  581,   13,  799,
         52,  935, 7677,    3,   17,   18,   23, 2628,   25,    6,   32,
          3,   13,   88,  315,    5,  495,  111,   19, 1662,   50, 1742,
          5,  384,    4,   17,   47,    8,  102,  140,   35,    4,    2,
         31,   43,    2])>
```

这里我们定义了一个 prepare_inputs 函数，用于准备序列到序列（Seq2Seq）任务的输入和输出。其中 vectorize_layer() 函数将文本字符串转换为整数索引的序列，这样一来我们就得到了模型可以处理的数值形式。而 x 和 y 的切片操作是为了创建输入和输出对，其中 x 是目标序列的前一个时间步上的输入，y 是目标序列本身。最后 example_input_output[0][0] 的打印结果将是一个具体的输入序列的第一个时间步上的数值表示。可以看到，我们检查的结果是一个 TensorFlow 张量，其中的元素都是一些整数。

做完这一步，我们就可以开始搭建 GPT 模型了。

10.3.3 创建因果掩码

我们知道，因果掩码用来隐藏一部分输入信息，可以防止模型直接看到并依赖后续的词来预测当前词，其工作原理已在前面章节由小L解释过。现在就来看一下如何创建因果掩码，代码如下。

```
# 定义一个函数，用于生成因果掩码
def causal_attention_mask(batch_size, n_dest, n_src, dtype):
    # 生成目标序列中每个位置的索引（0 ~ n_dest-1）
    i = tf.range(n_dest)[:, None]  # 形状为 (n_dest, 1)
    # 生成源序列中每个位置的索引（0 ~ n_src-1）
    j = tf.range(n_src)  # 形状为 (n_src,)
    
    # 创建一个条件掩码，确保 i >= j - n_src + n_dest
    # 这个条件确保了每个目标位置 i 只能关注到源序列中它自己和它之前的位置
    # 即标准的因果掩码
    m = i >= j - n_src + n_dest
    
    # 将布尔掩码转换为指定的数据类型
    mask = tf.cast(m, dtype)  # 形状为 (n_dest, n_src)
    
    # 调整掩码的形状以匹配可能的批量维度和注意力机制的期望输入形状
    mask = tf.reshape(mask, [1, n_dest, n_src])
    # 形状变为 (1, n_dest, n_src)
    
    # 计算用于平铺掩码的乘数
    # 这里通过 tf.concat 函数和 tf.expand_dims 函数来构造一个形状为 (3,) 的乘数数组
    mult = tf.concat(
        [tf.expand_dims(batch_size, -1),
         tf.constant([1, 1], dtype=tf.int32)], 0
    )  # 形状为 (3,)
    
    # 使用 tf.tile 函数来根据乘数平铺掩码，# 确保每个样本都有自己的掩码副本
    return tf.tile(mask, mult)  # 形状仍然为 (1, n_dest, n_src)

# 使用函数生成一个因果注意力掩码，并转置它以便可视化
np.transpose(causal_attention_mask(1, 10, 10, dtype=tf.int32)[0])
```

运行这段代码，会得到如下结果。

```
array([[1, 1, 1, 1, 1, 1, 1, 1, 1, 1],
```

```
                    [0, 1, 1, 1, 1, 1, 1, 1, 1, 1],
                    [0, 0, 1, 1, 1, 1, 1, 1, 1, 1],
                    [0, 0, 0, 1, 1, 1, 1, 1, 1, 1],
                    [0, 0, 0, 0, 1, 1, 1, 1, 1, 1],
                    [0, 0, 0, 0, 0, 1, 1, 1, 1, 1],
                    [0, 0, 0, 0, 0, 0, 1, 1, 1, 1],
                    [0, 0, 0, 0, 0, 0, 0, 1, 1, 1],
                    [0, 0, 0, 0, 0, 0, 0, 0, 1, 1],
                    [0, 0, 0, 0, 0, 0, 0, 0, 0, 1]], dtype=int32)
```

这里我们定义了一个函数，用于生成形状为 (1, n_dest, n_src) 的因果注意力掩码，其中 n_dest 和 n_src 分别是目标序列和源序列的长度。在这里，n_dest 和 n_src 被设置为相等的值，意味着目标序列和源序列是相同的。最后，我们使用 NumPy 库的 transpose 函数来转置掩码数组，以便更容易地可视化其结构。可以看到，我们生成了一个上三角矩阵，它的对角线及上方的数值是 1，而对角线下面的数值都是 0。这样一来，掩码确保了每个目标位置只能关注到它自己和它之前的位置，这是因果注意力机制的核心要求。

现在，相信聪明的你已经猜到，接下来我们要创建 Transformer 模块了。

10.3.4 创建Transformer模块

前面我们也已经提到过，Transformer 模块由两个关键组件构成：自注意力机制和前馈神经网络。现在我们就来看一下，如何创建一个 Transformer 模块。使用的代码如下。

```
class TransformerBlock(layers.Layer):
    def __init__(self, num_heads, key_dim, embed_dim, ff_dim, dropout_rate=0.1):
        # 初始化父类
        super(TransformerBlock, self).__init__()
        # 设置 Transformer 模块的参数
        self.num_heads = num_heads      # 多头注意力机制中头的数量
        self.key_dim = key_dim          # 键的维度
        self.embed_dim = embed_dim      # 嵌入的维度
        self.ff_dim = ff_dim            # 前馈神经网络的维度
        self.dropout_rate = dropout_rate    # Dropout 的比率

        # 创建多头注意力层
        self.attn = layers.MultiHeadAttention(
            num_heads, key_dim, output_shape=embed_dim
```

```python
        )
        # 创建 Dropout 层
        self.dropout_1 = layers.Dropout(self.dropout_rate)
        # 创建层归一化层
        self.ln_1 = layers.LayerNormalization(epsilon=1e-6)
        # 创建前馈神经网络的第一层（带 ReLU 激活函数）
        self.ffn_1 = layers.Dense(self.ff_dim, activation="relu")
        # 创建前馈神经网络的第二层
        self.ffn_2 = layers.Dense(self.embed_dim)
        # 创建另一个 Dropout 层
        self.dropout_2 = layers.Dropout(self.dropout_rate)
        # 创建另一个层归一化层
        self.ln_2 = layers.LayerNormalization(epsilon=1e-6)

    def call(self, inputs):
        # 获取输入的形状
        input_shape = tf.shape(inputs)
        batch_size = input_shape[0]
        seq_len = input_shape[1]
        # 调用因果掩码，确保自注意力机制只能关注到当前位置及之前的位置
        causal_mask = causal_attention_mask(
            batch_size, seq_len, seq_len, tf.bool
        )
        # 通过多头注意力层处理输入，应用因果掩码并返回注意力分数
        attention_output, attention_scores = self.attn(
            inputs,
            inputs,
            attention_mask=causal_mask,
            return_attention_scores=True,
        )
        # 应用 Dropout
        attention_output = self.dropout_1(attention_output)
        # 将输入和注意力输出相加，然后应用层归一化
        out1 = self.ln_1(inputs + attention_output)
        # 通过前馈神经网络的第一层
        ffn_1 = self.ffn_1(out1)
        # 通过前馈神经网络的第二层
        ffn_2 = self.ffn_2(ffn_1)
        # 应用 Dropout
```

```python
        ffn_output = self.dropout_2(ffn_2)
        # 将前馈神经网络的输出和 out1 相加然后应用层归一化
        # 返回最终输出和注意力分数
        return (self.ln_2(out1 + ffn_output), attention_scores)

    def get_config(self):
        # 获取当前层的配置信息
        config = super().get_config()
        # 更新配置信息，包含 Transformer 模块的参数
        config.update(
            {
                "key_dim": self.key_dim,
                "embed_dim": self.embed_dim,
                "num_heads": self.num_heads,
                "ff_dim": self.ff_dim,
                "dropout_rate": self.dropout_rate,
            }
        )
        # 返回配置信息
        return config
```

运行这段代码，我们就定义了一个 Transformer 模块，它包含多头注意力机制、层归一化、前馈神经网络以及 Dropout 等组件，用于处理我们之前准备好的序列数据。还要特别强调一下的是，因为我们在这里省略了一些参数设置，所以要动手实验的读者，需要在随书赠送的资源包中下载本章的代码进行实验。

在完成 Transformer 模块的创建之后，现在要做什么了呢？对了，是创建位置编码的嵌入层啦！

10.3.5 位置编码嵌入

我们知道，实现一个位置编码嵌入的方式，其实也是使用一个标准的嵌入层来将每个整数位置转换为一个学习到的向量。并且还需要把这个位置向量与表示词汇意义的词嵌入向量拼接在一起。因此我们接下来要创建的层既要完成词嵌入的工作，也要完成位置编码嵌入的工作。使用的代码如下：

```python
class TokenAndPositionEmbedding(layers.Layer):
    def __init__(self, max_len, vocab_size, embed_dim):
        # 调用父类的构造函数
        super(TokenAndPositionEmbedding, self).__init__()
```

```python
        # 初始化成员变量
        self.max_len = max_len  # 序列的最大长度
        self.vocab_size = vocab_size  # 词汇表的大小
        self.embed_dim = embed_dim  # 嵌入向量的维度

        # 创建词嵌入层
        self.token_emb = layers.Embedding(
            input_dim=vocab_size, output_dim=embed_dim
        )  # 输入维度是词汇表大小，输出维度是嵌入向量的维度

        # 创建位置嵌入层
        self.pos_emb = layers.Embedding(input_dim=max_len,
                                        output_dim=embed_dim)
        # 输入维度是序列的最大长度，输出维度也是嵌入向量的维度

    def call(self, x):
        # 获取输入序列的实际长度
        maxlen = tf.shape(x)[-1]

        # 生成位置索引，从 0 到序列的实际长度减 1
        positions = tf.range(start=0, limit=maxlen, delta=1)

        # 通过位置嵌入层获取位置嵌入向量
        positions = self.pos_emb(positions)

        # 通过词嵌入层获取词嵌入向量
        x = self.token_emb(x)

        # 将词嵌入向量和位置嵌入向量相加，得到最终的嵌入表示
        return x + positions

    def get_config(self):
        # 获取当前层的配置信息
        config = super().get_config()

        # 更新配置信息，包括序列的最大长度、词汇表的大小和嵌入向量的维度
        config.update(
            {
                "max_len": self.max_len,
```

```
            "vocab_size": self.vocab_size,
            "embed_dim": self.embed_dim,
        }
    )

    # 返回配置信息
    return config
```

这段代码定义了一个名为 TokenAndPositionEmbedding 的 TensorFlow 层，它结合了词嵌入和位置嵌入来生成输入序列的嵌入表示。至此，我们就把 GPT 模型的必要组件全部定义好了。接下来要做的事情，是把这些组件"串"在一起并进行训练。

10.3.6 建立GPT模型并训练

关键组件都有了，我们按照前面图 10-7 所示的"图纸"将它们组装在一起，代码如下。

```
# 定义一个输入层，形状为 (None,)，表示序列长度可变
# 数据类型为 int32，用于接收整数型的词索引
inputs = layers.Input(shape=(None,), dtype=tf.int32)


# 使用自定义的 TokenAndPositionEmbedding 层来处理输入
# 将词索引和位置信息转换为嵌入向量

x = TokenAndPositionEmbedding(MAX_LEN, 
                              VOCAB_SIZE, EMBEDDING_DIM)(inputs)


# 通过一个 TransformerBlock 层来处理嵌入向量，得到变换后的向量和注意力得分
x, attention_scores = TransformerBlock(
    N_HEADS, KEY_DIM, EMBEDDING_DIM, FEED_FORWARD_DIM
)(x)


# 使用一个全连接层将变换后的向量映射到词汇表大小的输出空间
# 使用 Softmax 激活函数得到概率分布
# VOCAB_SIZE 表示词汇表大小，即输出的维度
outputs = layers.Dense(VOCAB_SIZE, activation="softmax")(x)


# 构建模型，指定输入和输出
# 这里的输出有两个部分：模型的预测结果（outputs）和
# 注意力得分（attention_scores）
```

```
gpt = models.Model(inputs=inputs, outputs=[outputs, attention_scores])

# 编译模型，使用 Adam 优化器和稀疏分类交叉熵损失函数
gpt.compile("adam", loss=[losses.SparseCategoricalCrossentropy(), None])

# 打印模型概要信息
gpt.summary()
```

运行这段代码，我们会得到如图 10-8 所示的结果。

Layer (type)	Output Shape	Param #
input_layer (InputLayer)	(None, None)	0
token_and_position_embedding (TokenAndPositionEmbedding)	(None, None, 256)	2,580,480
transformer_block (TransformerBlock)	[(None, None, 256), (None, 2, None, None)]	658,688
dense_2 (Dense)	(None, None, 10000)	2,570,000

图 10-8　GPT 模型的概要信息

从图 10-8 中我们可以看到，模型概要信息展示了模型中每一层的名称、输出形状以及参数数量。其中 Layer (type) 是每一层的名称和类型。例如，input_layer 是输入层，token_and_position_embedding 是我们自定义的词和位置嵌入层，transformer_block 是我们创建的 Transformer 模块，dense_2 是用于输出的全连接层。Output Shape 是每一层的输出形状。这里的形状是动态的，因为输入序列的长度是可变的（用 None 表示）。而 Param # 就是每一层的参数数量。例如，token_and_position_embedding 层有 2580480 个参数。代表词汇表大小乘以嵌入维度的参数加上序列最大长度乘以嵌入维度的参数。

现在我们可以开始训练这个 GPT 模型了，使用的代码如下。

```
# 使用训练数据集 train_ds 来训练 GPT 模型
gpt.fit(
    train_ds,  # 指定训练数据集
    epochs=EPOCHS,  # 指定训练的轮次（epoch 数）
    callbacks=[  # 指定一系列回调函数，用于在训练过程中执行特定操作
        model_checkpoint_callback,  # 模型检查点回调
        tensorboard_callback,  # TensorBoard 回调，用于生成训练过程中的日志
        text_generator  # 自定义的回调函数，在每个 epoch 后生成文本
    ],
)
```

注意：上面代码中的 model_checkpoint_callback 函数和 text_generator 函数需要单独定义，请大家下载随书资源包中的代码进行查看。

运行这段代码之后，就可以看到模型开始进行训练了。在训练的过程中，我们会看到部分结果如下。

```
Epoch 1/5
3/4060 ━━━━━━━━━━━━━━━━━ 2:03 31ms/step - loss: 9.0364
generated text:
wine review : [UNK] 2007 never nice cabernet sauvignon ( california ) : in
blackberries , cherries and mocha and roasted coffee ; not overly sweet , with
sweet oak flavors , sweet , sweet vanilla - oak and buttered toast . : cabernet
sauvignon : california
```

上面的代码运行结果中，包含了几个关键信息点：Epoch 1/5 表示当前正在进行第一个训练周期，总共计划进行 5 个周期。3/4060 表示已经处理了 4060 个训练批次中的前 3 个批次。loss: 9.0364 表示当前训练步骤的损失值为 9.0364，随着训练过程的不断进行，可以看到它会逐渐减小。generated text: 下面的内容是 GPT 模型在当前训练状态下生成的文本示例。生成的文本是一个关于葡萄酒的评论，但其中包含了 [UNK]（未知标记），这表示模型在生成文本时遇到了一个不在其词汇表中的词。在训练过程中遇到这样的问题是正常的，因为模型正在学习如何生成连贯和有意义的文本。随着训练的进行，这些问题可能会逐渐减少，模型的生成能力也会逐渐提高。

10.3.7 调用GPT模型生成文本

稍等片刻，我们就会看到模型完成了训练。现在可以让模型试着生成一个关于某款葡萄酒的介绍的文本，代码如下。

```
# 调用 text_generator 的 generate() 方法生成文本
# text_generator 的定义请在随书赠送的资源包中查看
info = text_generator.generate(
    "wine review: Toscana", max_tokens=80, temperature=1.0
)
```

运行上面的代码，得到结果如下。

```
generated text:
wine review: Toscana into spätlese riesling - [UNK] riesling ( mosel ) :
zesty minerality adds complexity to this stunning riesling . bone dry riesling
is pretty perfumed , with lime and summery apples matched with steely sugar . :
riesling : mosel
```

在上面的代码中，我们调用了事先定义好的 text_generator 来生成文本。这里指定生成文本的起始提示是 wine review: Toscana，也就是要求模型生成一篇关于 Toscana 葡萄酒介绍的文本。设置 max_tokens=80，代表生成文本的最大词汇数量为 80，词汇可以是单词、标点符号等，而设定 temperature=1.0 是为了设置生成文本的随机性，temperature 值越高，生成的文本越随机、越创新。

那么如果我们降低 temperature 的值，模型生成的文本又会怎么样呢？还是用上面的代码，但是我们把 temperature 参数的值改为 0.5，就会得到如下所示的结果。

```
generated text:
wine review: Toscana [UNK] [UNK] [UNK] ( barolo ) : this offers aromas of underbrush , steeped prune , oak and a whiff of vanilla . the palate offers dried cherry , vanilla and a hint of coffee alongside bracing tannins . : nebbiolo : piedmont
```

可以看到，当我们把 temperature 参数的值设置为 0.5 时，同样出现了 [UNK] 标记，但数量相对更多。这是因为模型在低 temperature 值下仍会尝试生成不常见的词，但由于采样更加集中，这些不常见的词更可能是模型训练时见过的、但不在常用词汇表中的词。

这样说，S 师姐她们还是觉得不好理解，我们可以设计一个方法，让她们看到不同 temperature 参数的模型是如何生成文本的。使用的代码如下。

```python
def print_probs(info, vocab, top_k=5):
    """
    打印信息中的每个条目，包括高亮显示的文本和最高概率的前 k 个单词

    参数：
    info (list of dicts): 包含文本、注意力分数和单词概率的字典列表
    vocab (list): 词汇表，用于将索引转换为单词
    top_k (int): 要打印的最高概率单词的数量，默认为 5
    """
    for i in info:
        # 初始化一个列表来存储高亮显示的文本
        highlighted_text = []

        # 对每个单词及其对应的平均注意力分数进行迭代
        for word, att_score in zip(
            i["prompt"].split(), np.mean(i["atts"], axis=0)
        ):
            # 计算高亮颜色强度，基于注意力分数相对于最大注意力分数的比例
            highlight_intensity = att_score / max(np.mean(i["atts"], axis=0))
            # 创建带有高亮背景的 HTML span 标签
            highlighted_word = (
```

```
                '<span style="background-color:rgba(135,206,250,'
                + str(highlight_intensity)
                + ');">'
                + word
                + "</span>"
            )
            # 将高亮显示的单词添加到列表中
            highlighted_text.append(highlighted_word)

        # 将高亮显示的单词列表连接成一个字符串
        highlighted_text = " ".join(highlighted_text)
        # 使用 IPython 的 display 函数显示高亮文本
        display(HTML(highlighted_text))


        # 获取当前条目的单词概率
        word_probs = i["word_probs"]
        # 对单词概率进行排序,并获取前 k 个最高概率
        p_sorted = np.sort(word_probs)[::-1][:top_k]
        # 获取前 k 个最高概率单词的索引
        i_sorted = np.argsort(word_probs)[::-1][:top_k]

        # 迭代前 k 个最高概率的单词和它们的概率
        for p, i in zip(p_sorted, i_sorted):
            # 打印单词及其对应的概率(百分比形式,保留两位小数)
            print(f"{vocab[i]}:    \t{np.round(100*p,2)}%")
        # 打印分隔符以区分不同的条目
        print("--------\n")
info = text_generator.generate(
    "wine review: Toscana", max_tokens=80, temperature=0.5
)
print_probs(info, vocab)
```

运行上面的代码,我们会得到很长的结果。不要紧,我们选一部分来看一看,就能够帮助 S 师姐她们理解这个过程了。首先我们会看到结果中包含如图 10-9 所示的部分。

从图 10-9 中我们可以看到,当我们给出提示词 wine review: Toscana 之后,模型给出了提示词中的注意力分数,也就是单词的蓝色高亮背景——蓝色越深,代表这个单词的注意力越高。并且从词汇表中找到了后续出现概率最高的 5 个词(因为我们处理数据时,保留了标点,所以标点符号也被当作单词)。而代表"未知"的 [UNK] 标记在预测中出现的概率非常高,达到了 97.37%。这也解释了为什么我们设置 temperature 参数的值为 0.5 时,模型生成的跟在提示词之后的文本是 [UNK],这

是因为我们通过降低 temperature 参数的值，限制了模型的多样性——它只能在出现概率较高的单词中进行选择。

```
wine review: Toscana


[UNK]:        97.37%
(:            0.54%
.:            0.41%
-:            0.34%
::            0.31%
--------
```

图 10-9　函数输出的后续较高概率出现的单词

现在我们再从结果中截取另外一段来看一下，如图 10-10 所示。

```
wine review: Toscana [UNK] ( barolo ) 2012


barolo:       40.96%
[UNK]:        19.15%
nebbiolo:     16.62%
barbaresco:   10.84%
riserva:      7.97%
--------


wine review: Toscana [UNK] ( barolo ) 2012 nebbiolo


(:            94.08%
d:            5.68%
-:            0.1%
.:            0.03%
aromas:       0.03%
--------
```

图 10-10　生成的文本序列后续单词的概率

从图 10-10 中可以看到，当模型生成完 wine review: Toscana [UNK] (barolo) 2012 这一段之后，认为 barolo 是这个上下文中最有可能的单词之一，概率达到 40.96%，但因为在生成文本的过程中还保留了一定的多样性，所以模型最后选择了概率为 16.62% 的 nebbiolo 这个单词。此后，模型认为后续最大概率出现的单词是 (，概率达到了非常高的 94.08%，又因为我们设置的 temperature 值比较低，因此生成的下一个单词就是 (。大家也可以在完整的代码运行结果中看到这一点。

看到这里，S 师姐她们大概理解了模型生成文本的过程——首先是通过已有的文本序列中每个元素的注意力分数，来预测下一个词出现的概率，再根据设定的 temperature 参数的值生成不同多样性的后续文本。最后重复这个过程，直到生成的文本长度达到预先设置好的 max_tokens 最大词汇数为止。

总的来说，当 temperature 值较高时，模型在生成每个词时对于概率分布的采样更加随机，这增加了生成文本的多样性和创新性,但也增加了生成不常见或不合理词汇的风险;而当 temperature 值较低时,模型在生成每个词时对于概率分布的采样更加集中,这减少了生成文本的随机性和多样性,但增加了生成合理和常见词汇的可能性。根据这次应用的场景,X 县的同事们选择了较低的 temperature 值,用不同的提示词生成了一系列葡萄酒的介绍文案,经过人工审核修改后交给了外国"网红"们去录制视频,算是解了他们的燃眉之急。

注意:实际上我们"手搓"的这个 GPT 模型,生成的内容质量还远没有达到可以商用的程度,本章的主要目的也只是借这个虚拟的应用场景来介绍生成式 Transformer 模型的相关知识。

10.4 小结与练习

在本章中,小 L 又接到一个新的委托——训练一个生成式模型,生成用于在海外推广 X 县葡萄酒的视频文案。因此他们找到了一些葡萄酒评论文本数据,用这些数据训练了一个简化的 GPT 模型。在这个过程中,大家又深入了解了 GPT 模型中的相关知识,如多头注意力机制、因果掩码、Transformer 模块等。

说实话,自己从零开始搭建一个 GPT 模型确实不是一件简单的事情,这次的任务也真是给小 L 他们出了一个大难题,好在结果还不错。不管质量怎么样,这个简化的 GPT 模型实打实地生成了一些内容。通过以下习题,可以复习本章的相关知识。

习题1:下载 Wine Reviews 数据集,或直接在 Kaggle 平台上载入它。
习题2:在随书资源包中找到本章代码,在本地或 Kaggle 平台上打开它。
习题3:运行代码中文本向量化的部分,理解如何把文本数据转化为向量。
习题4:运行代码中定义因果掩码函数的部分,并观察因果掩码"长什么样子"。
习题5:运行创建 Transform 模块的代码,了解其中几个函数的作用。
习题6:运行文本与位置编码嵌入部分的代码,理解如何将位置编码嵌入到输入中。
习题7:将上述组件组装成一个完整的 GPT 模型,并进行训练。
习题8:用代码中定义好的 print_prob 函数和 text_generator 函数生成一些文本,并查看每个序列后续单词出现的概率。

第 11 章

高效解决方案——Hugging Face

在第 10 章中,小 L 他们训练了一个生成式 Transformer 模型,帮助 X 县生成葡萄酒的英文推广文案,经过人工审核修改后让海外的"网红"根据文案录成视频,在社交媒体上发布。短短几天内,订单就像潮水一样汹涌而至,让 X 县狠狠赚了一大笔钱。看到 X 县的成功案例,别的县也希望能借助小 L 团队的技术力量以提升自己的产品推广效果。

如果给每个县都训练一个模型,工作量太大,需要消耗大量的时间和资源。小 L 想到了一个高效的解决方案——可以利用已经开源并经过大量数据训练的模型库,如 Hugging Face 的 Transformers 库。

本章的主要内容有:

- 什么是 Hugging Face
- Transformers 库中的 Pipeline
- 使用 Pipeline 完成文本生成
- 使用 Pipeline 完成文本情感分析
- 创建一个简单的问答系统
- 文本预测与文本摘要

11.1 Hugging Face是什么

近几年,在人工智能与自然语言处理领域,开源社区的力量正以前所未有的速度推动着技术的革新与发展。其中,Hugging Face 作为一颗璀璨的明星,以其开源、共享、易用的理念,成了全球范围内自然语言处理研究者与开发者们的首选平台。

Hugging Face 的核心在于其强大的 Transformers 库,该库汇聚了众多顶尖科研机构与企业的智慧结晶,涵盖了从基础模型架构到高级应用接口的全方位支持。无论是学术界的前沿探索,还是工业界的实际应用,Hugging Face 都以其卓越的性能、丰富的功能和便捷的使用体验,赢得了广泛认可与赞誉。

接下来,让小 L 深入介绍一下 Hugging Face 的背景、核心价值以及平台的主要功能与服务,带领我们一同领略这一开源社区的非凡魅力。

说起来,Hugging Face 可不是什么冷冰冰的技术公司,而是一个充满热情与创造力的开源社区。想象一下,一群来自世界各地的技术大牛,把自己的研究成果、模型代码,甚至是训练好的模型,都毫无保留地放到网上,让大家一起用、一起改进,这不就是我们梦寐以求的"技术共享"吗!

Hugging Face 的核心就是 Transformers 库。S 师姐她们对 Transformer 这个词已经不再陌生了,它是近几年自然语言处理领域的明星架构,简单来说,就是一种特别擅长处理文本数据、能捕捉上下文信息的深度学习模型。而 Transformers 库,就像一个超级市场,里面摆满了各种口味的"Transformer 模型糖果",有擅长生成文本的 GPT 系列,有适合做文本分类的 BERT 系列,还有能回答问题的 T5 模型等,应有尽有。

这些"模型糖果",都是经过大量数据训练、精心调配的,我们只需要根据自己的需求,挑选一颗,稍微调整一下口味(即微调一下模型),就能让它为我所用,解决我们的实际问题。

Hugging Face 这个平台的核心价值就是三个词:**共享、易用、创新**。听起来是不是特别"高大上"?但其实这三个词背后都是实打实的干货,对我们这些做技术的人来说,真的太重要了。

先说共享。以前我们遇到难题时,是不是必须自己摸索、自己写代码?现在好了,Hugging Face 社区里,大家都把自己的成果拿出来共享,我们只需要搜索一下,就能找到现成的解决方案,省去了多少时间和精力啊!而且,这些共享的资源,都是经过大家验证的,质量有保证,用起来也放心。

再来说说易用。Hugging Face 的 Transformers 库,设计得还挺人性化,用起来相当方便。它提供了丰富的 API,我们只需要几行代码,就能调用那些复杂的模型。而且,社区里还有详细的文档、教程和示例代码,就算是初学者,也能很快上手。这样一来,我们就能把更多的精力放在解决问题上,而不是纠结于怎么调用模型、怎么处理数据这些琐碎的事情上。

最后就是创新了。Hugging Face 社区里的成员,都是一群特别有想法、特别有创造力的人。他们不仅共享自己的成果，还不断尝试新的方法、新的模型，推动技术的不断进步。这样一来，我们就能时刻保持对新技术、新方法的敏锐感知，不断提升自己的技术水平。

所以说，Hugging Face 这个平台，确实很不错！它让我们能够享受到共享带来的便利、易用带来的效率、创新带来的成长。在这个平台的帮助下，我们的技术之路一定会越走越宽、越走越远！

刚才说了 Hugging Face 这个平台的核心价值，现在我们来看看它到底有哪些实用的功能和服务，能让技术新手也能轻松上手，玩转自然语言处理。

首先，Hugging Face 平台有个特别赞的功能，就是模型库（Models Hub）。这个模型库就像是一个超级大的模型超市，里面摆满了各种各样的预训练模型，从基础的 BERT、GPT 到最新的 T5、ELECTRA，应有尽有。大家只需根据自己的需求挑选一个合适的模型，即可开始自己的项目。而且这些模型都是经过社区成员精心训练和验证的，质量有保证，用起来特别放心。

除了模型库，Hugging Face 平台还有个特别实用的功能，就是数据集和评价指标（Metrics）。Hugging Face 平台上提供了大量的公开数据集，大家只需要下载下来，就能直接开始训练了。而评价指标呢，就是用来评估模型性能的工具，如我们之前讲过的准确率、召回率、F1 分数等。有了这些评价指标，我们就能更清楚地了解模型的优缺点，从而进行有针对性的优化。

另外，Hugging Face 平台还提供了特别方便的模型部署和集成服务。模型部署是指将我们训练好的模型部署到线上，供其他人访问和使用。Hugging Face 平台提供了特别简单的部署工具，大家只需要点点鼠标，就能把模型部署到云端服务器上，特别方便。而集成服务呢，就是把 Hugging Face 平台和其他流行的开发工具、平台集成起来，如 Jupyter Notebook、TensorFlow、PyTorch 等。这样一来，我们就能在一个统一的环境下工作，不用来回切换工具，大大提高了工作效率。

听到这里，S 师姐已经了解到，Hugging Face 这个平台功能强大、服务周到。它不仅提供了丰富的预训练模型和数据集资源，还提供了方便的模型部署和集成服务。但她还是觉得有些复杂，不知道从哪里入手。这时，小 L 推荐 S 师姐从 Pipeline 这个功能开始使用 Hugging Face。

11.2 什么是Pipeline

Pipeline 就像是 Hugging Face 平台上的一个快速通道，它让我们能够更轻松地调用那些复杂的模型和功能。试想一下，如果我们直接操作模型，可能需要写很多代码，处理很多细节问题。但通过 Pipeline，我们只需要几行代码，就能实现同样的功能，而且用起来还特别直观、易懂。

例如，在第 10 章中，我们要训练一个文本生成模型来生成推广文案。如果直接操作模型，我们可能需要先处理数据、搭建模型、设置参数，然后还要花大量时间和算力进行训练，再进行推理和生成。这个过程对于新手来说可能会觉得特别烦琐。但是通过 Pipeline，我们只需要指定一下要用的模型和输入的数据,就能直接得到生成的结果了。这样一来,我们就能更快地看到效果,也能更容易地理解模型的工作原理。

而且 Pipeline 还支持多种类型的任务,如文本生成、文本分类、问答系统等。这样我们就能根据自己的需求,选择最合适的 Pipeline 来进行工作。

现在 S 师姐觉得从 Pipeline 开始使用 Hugging Face 是一个特别明智的选择。它不仅能让她们更快地上手自然语言处理任务,还能帮助相关工作人员快速掌握模型使用方法以完成任务!

想到这么诱人的前景,S 师姐她们都迫不及待地想深入了解 Pipeline 的相关知识了。那我们就让小 L 介绍一下 Pipeline 的工作原理吧!

Pipeline 其实就是一个简化模型应用的接口。它就像是一个翻译器,在那些不懂模型内部原理的"小白"和那些复杂的模型之间,架起了一座沟通的桥梁。我们只需要告诉 Pipeline,我们想做什么任务,比如,生成文本、分类文本,然后给它提供一下输入数据,Pipeline 就能自动地调用合适的模型,帮我们完成任务。这样一来,我们就不用去纠结那些模型的内部细节,只需要关注手头的任务和目标就可以了。

而且,Pipeline 还支持多种类型的任务,就像是一个"万能工具箱"。不管是文本生成、文本分类、问答系统,还是其他各种自然语言处理任务,Pipeline 都能帮忙搞定。这样一来,我们就能更灵活地应对各种场景和需求了。

所以 Pipeline 这个功能就像是一个"懒人神器",让我们能够更轻松地完成自然语言处理任务。

那么,这个 Pipeline 到底是怎么工作的呢?它又是怎么把输入的数据,变成我们想要的输出的呢?

其实 Pipeline 的工作原理特别简单,就像是一个"加工厂"。我们把原材料(即输入数据)放进去,经过一系列的处理和加工(即调用模型进行推理),就能得到我们想要的产品(即输出结果)了,这个流程如图 11-1 所示。

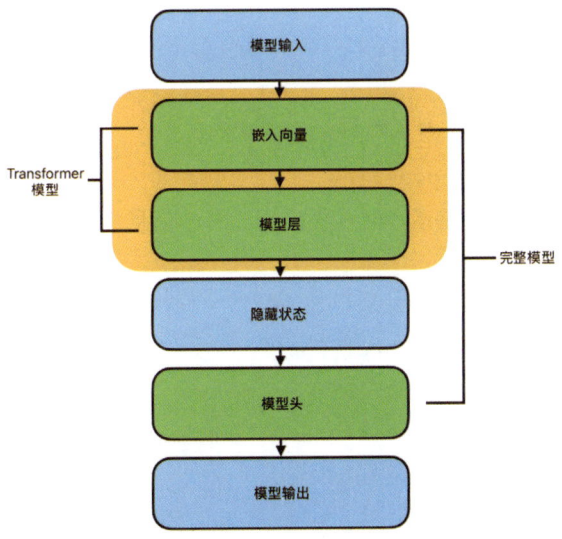

图 11-1　Pipeline 的工作流程

在图 11-1 中，我们导入的模型是 Transformer 的基础模型，接收分词之后的输入，输出隐藏状态，即文本的向量表示，是一种上下文表示。而模型头，接在基础模型的后面，将隐藏状态文本表示进行进一步处理，用于具体的任务。简单来说，当我们使用 Pipeline 的时候，首先会告诉它需要完成什么任务，如生成文本、分类文本等。然后，Pipeline 就会根据具体的任务需求，自动地选择一个合适的模型来帮我们完成任务。这个模型，其实就是之前的章节中提到的那些复杂的、经过大量数据训练的深度学习模型。

接下来，Pipeline 就会把输入数据送到模型里进行推理。这个推理过程就像是模型在"思考"一样，它会根据输入的数据和自己学到的知识，生成一个输出结果。这个过程虽然听起来很复杂，但其实 Pipeline 已经封装好了，我们只需要关注输入和输出就可以了。

最后，Pipeline 就会把模型生成的输出结果返回给我们。这个结果，就是我们想要的、经过模型处理后的数据。比如，需要用 Pipeline 做文本生成任务，那么输出结果就是一段生成的文本；如果我们做文本分类任务，那么输出结果就是一个分类标签。

现在 S 师姐她们已经明白，原来 Pipeline 的工作原理还是很清晰的——它就像是一个"加工厂"，把输入数据变成我们想要的输出结果。这样一来，大家就能更轻松地完成自然语言处理任务了！

11.3 文本生成任务

现在我们就来试试如何使用 Pipeline 进行文本生成。文本生成任务大家都已经不陌生了，像我们在第 10 章中训练的 GPT 模型，让它写葡萄酒推广文案，就是一个文本生成任务。只不过这一次，我们不再自己"手搓" GPT 模型，而是直接调用 Hugging Face 上现成的模型来干这件事。使用的代码如下。

```python
# 导入 transformers 库中的 Pipeline 和 set_seed 函数
# 如果没有安装 transformer 库，使用 pip 安装即可
from transformers import pipeline, set_seed
# 导入 warnings 库，用于忽略运行时可能出现的警告信息
import warnings
# 忽略所有的警告信息，使得输出结果更加清晰
warnings.filterwarnings("ignore")
# 创建一个文本生成 Pipeline，使用 GPT-2 模型
generator = pipeline('text-generation', model='gpt2')
# 设置随机种子，确保结果的可重复性
set_seed(42)
# 使用生成器生成文本，输入前缀为 "Hello, how are you today,"
```

```python
# 设置最大生成长度为60个字符，返回7个不同的生成序列
generator("Hello, how are you today,",
          max_length=60, num_return_sequences=7)
```

运行这段代码，会得到如下所示的结果：

```
[{'generated_text': 'Hello, how are you today, I am glad to hear you are
still here..."\n\n"...It will come as no surprise, I heard that the new city is
named for an ancient monster that was once known here...it means the city is
under attack. For the past three months, the'},
 {'generated_text': 'Hello, how are you today, Mr. Chairman?\n\nMR. RUSSERT:
Well, I mean, I thought that it was a good evening--\n\nREP. RUSSERT: Thank
you.\n\nMR. RUSSERT: --and you know, I mean,'},
 {'generated_text': "Hello, how are you today, sir. I came after you with a
large box of paper. When you arrived, you were given a lot of questions. How do
you know if it is true for you that the book is real and that he's a deceiver?
I have read all your"},
 {'generated_text': 'Hello, how are you today, my little cat? Are you sure
you didn\'t take my virginity? Because this whole "he\'s a boy" thing is not
real. It\'s just another lie, an attempt to distract from a very obvious
question.\n\nTo think he is really a boy'},
 {'generated_text': "Hello, how are you today, and what is to come today? [He
sits down on the floor with headphones on.] I'm sorry!\n\n[pause] Hello! I'm...
[He sits down and is led to a table by his sister.] [he closes his legs and
moves"},
 {'generated_text': 'Hello, how are you today, my lover?"\n\n"...We have
been in touch ever since we met."\n\n"That was all you wanted. Didn\'t you ever
ask? You were such a sweet little girl for me, and I had such a great time
meeting you. Did you'},
 {'generated_text': "Hello, how are you today, I'm in the middle of going to
play a game of poker. What do you think you got at this big table? I just went
with the first game, the real poker game. I did that the first week I played,
before the last game...\n\n"}]
```

当我们运行上述代码时，就通过Transformers库的Pipeline功能使用了GPT-2模型来进行文本生成。我们设置了一个前缀文本"Hello, how are you today,"，并请求模型基于这个前缀生成7段不同的文本，每段文本的最大长度为60个字符。

第一段文本似乎是关于一个城市受到攻击的故事，但内容被截断了，所以不完整。它提到了"新的城市"和"古老的怪物"。第二段文本看起来像是某种对话或访谈的片段，涉及Mr. Chairman和REP. RUSSERT的角色，但同样因为长度限制而未能完整表达。由于GPT-2模型是基于大量网络文

本进行训练的,因此它生成的文本可能会包含各种主题、风格和语境。这些生成文本的质量和内容在很大程度上取决于模型训练时的数据以及生成时的具体设置(如前缀文本、最大长度等)。所以这里我们也没必要把所有的生成文本都详细看完。

而我们这里使用的 GPT-2 模型,是 OpenAI 在 2019 年发布的一种生成式预训练模型,是 GPT 系列的第二代。它旨在通过无监督学习提高泛化能力,不需要下游任务的标注信息,即可在各种自然语言处理任务中表现出色。GPT-2 模型也是基于我们在第 10 章中介绍过的 Transformer 模型,它在大规模的文本语料库上进行预训练。在预训练阶段,模型学会了理解语法、语义和上下文信息,而不需要特定任务的标签。也就是说 GPT-2 模型的预训练是在无监督的情况下进行的,即模型只使用文本本身,而不需要任务标签。这使得模型更通用,可以适应各种下游任务。

GPT-2 模型的规模可以根据需要进行调整,包括 small、medium、large 和 extra-large 几个版本。更大的数据集和更大的模型(如 15 亿个参数)用于零样本学习(Zero-Shot,不做任何训练直接用于下游任务)时,效果相对较好。

GPT-2 模型的核心思想是,当模型的容量非常大且数据量足够丰富时,仅仅靠语言模型的学习便可以完成其他有监督学习的任务,不需要在下游任务中进行微调。这使得 GPT-2 模型能够泛化到不同的任务,且训练过程非常快,生成结果也比较自然、符合人类的语言习惯。

GPT-2 模型适用于文本生成任务,并且可以处理最长 1 024 个单词的序列。它可以通过加入提示词的方式,来适应不同的下游任务,如文本摘要(Text Summarization)等。此外,GPT-2 模型还可以生成各种各样的文本,包括长文本、短句、广告语、新闻报道、评论等。

与上一代的 GPT-1 模型相比,GPT-2 模型在多个方面进行了显著的技术改进,如扩大了模型规模和参数量、使用了无监督预训练等。这使得 GPT-2 模型在自然语言处理任务上取得了显著的性能提升。同时,GPT-2 模型也提出了一个新的更难的任务:零样本学习,即将预训练好的模型直接应用于诸多下游任务。

说到这里,我们再简单介绍一下零样本学习的概念。零样本学习是一种机器学习技术,旨在让模型在没有见过某些类别的情况下进行分类。它的核心思想是将已有训练实例中的知识转移到测试实例的分类任务中,即通过学习中间的语义层和属性,并在推理过程中应用这些知识来预测新的数据。这种方法允许机器学习模型在没有预先见过的类别上进行分类,实现了对未知类别的识别能力。

然而,需要注意的是,尽管 GPT-2 模型具有强大的生成能力和泛化能力,但它仍然存在一些局限性。例如,由于模型是基于大量网络文本进行训练的,因此它生成的文本可能会包含各种主题、风格和语境,这可能导致其在某些特定任务上表现不佳。此外,由于生成文本是自动进行的,因此可能会包含语法错误、逻辑不一致或不符合常识的内容。

11.4 文本情感分析

文本情感分析，简单来说，就是通过分析文本内容来判断作者所表达的情感倾向。这种技术就像是一个情感解读专家，能够"读懂"文本中的情感色彩，并给出相应的判断。

比如，S师姐正在浏览一个电商网站，看到了一款她感兴趣的产品，该产品下面有很多用户评论。其中一条评论说："这款产品真是太棒了！质量上乘，外观精美，使用起来非常方便。"通过文本情感分析，S师姐可以很容易地判断出这条评论的情感倾向是正面的，因为作者使用了"太棒了""质量上乘"等积极的词汇来描述产品。

再比如，S师姐在社交媒体上看到了一篇关于某个社会事件的报道，下面的评论中有人说："这件事真是太让人生气了！相关部门应该好好管一管。"通过文本情感分析，我们就可以判断出这条评论的情感倾向是负面的，因为作者表达了愤怒和不满的情绪。

文本情感分析在日常生活和工作中有着广泛应用。例如，通过分析社交媒体上的评论和反馈，我们可以了解公众对某个事件或产品的看法和情感倾向；企业可以通过分析客户对产品或服务的评论来发现问题和改进点，从而提高客户满意度；政府和企业可以通过文本情感分析来了解公众对某个政策或项目的态度，从而做出更明智的决策。

使用 Pipeline 进行文本情感分析非常方便，只要短短两行代码就可以了，如下所示。

```
# 导入并初始化一个用于情感分析的 Pipeline
# sentiment-analysis 是指定的任务，表示我们要进行情感分析
classifier = pipeline('sentiment-analysis')

# 使用初始化好的情感分析器对给定的句子进行情感分析
# The secret of getting ahead is getting started. 是要分析的句子
# 该行代码会返回一个包含情感分析结果的对象
classifier('The secret of getting ahead is getting started.')
```

运行这段代码，会得到如下所示的结果。

```
[{'label': 'POSITIVE', 'score': 0.9970657229423523}]
```

可以看到，运行上述代码后得到的结果是一个包含字典的列表（在这个例子中，列表只有一个元素，即一个字典），这个字典描述了对句子"The secret of getting ahead is getting started."进行情感分析后的结果。我们来具体分析一下这个结果。

label：这是情感分析的标签，表示句子所表达的情感倾向。在这个例子中，标签是 POSITIVE，意味着句子传达了积极的情感。

score：这是情感分析的置信度分数，表示模型对判断为该情感倾向的把握程度。分数是一个介于 0 和 1 之间的浮点数，越接近 1 表示模型越有信心认为句子的情感倾向是正确的。在这个例子中，分数是 0.9970657229423523，非常接近 1，表明模型几乎可以肯定地认为这句话是积极的。

所以句子"The secret of getting ahead is getting started."被判断为表达了积极的情感，且模型对此判断的置信度非常高。

我们还可以写一条表示负面情感的文本，测试一下模型的能力，比如这句："I am feeling incredibly discouraged and defeated today."接下来我们继续用 Pipeline 来对其进行情感分析，代码如下。

```
classifier = pipeline('sentiment-analysis')
classifier('I am feeling incredibly discouraged and defeated today.')
```

运行这 2 行代码，得到如下结果。

```
[{'label': 'NEGATIVE', 'score': 0.9997571706771851}]
```

对于句子"I am feeling incredibly discouraged and defeated today."，模型输出的结果是 [{'label': 'NEGATIVE', 'score': 0.9997571706771851}]。也就是说，模型给出的标签是 NEGATIVE，意味着模型判断这句话表达了负面的情感。这与句子中传达的挫败感和沮丧情绪是一致的。

同时置信度分数也大于 0.999，这是一个非常高的分数，接近 1。这表明模型对这句话的情感倾向判断非常有信心，几乎可以肯定地认为它是负面的。

因此，根据模型的输出结果，我们可以得出结论：句子"I am feeling incredibly discouraged and defeated today."被准确地识别为表达了负面的情感，且模型对此判断的置信度极高。这验证了模型对于文本的情感分析还是非常准确的。

11.5 问答系统

问答（Question Answering）系统是一个能够理解和回答用户用自然语言提出的问题的智能系统。它就像是我们的一个智能助手，能够针对我们的疑问给出准确、简洁的答案。

比如，S 师姐家里有一个智能音箱。当 S 师姐在家里想知道今天的天气情况时，她问智能音箱："今天天气怎么样？"智能音箱立刻回答："今天是晴天，气温在 20 到 25 摄氏度之间。"这个智能音箱背后就隐藏着一个问答系统，它能够理解 S 师姐的问题，并从气象数据中获取答案。

再比如，S 师姐在网购的时候，经常会遇到一些关于商品的问题，如"这款手机的电池容量是多少"。这时，如果电商平台有一个智能客服系统，就可以立刻回答 S 师姐的问题，而无须等待人工客服的回复。这个智能客服系统也是一个问答系统的应用。

问答系统在教育领域也有广阔的应用前景。比如，S师姐正在学习一门新的课程，遇到了一个不懂的问题，如"什么是微积分"。这时，她可以向一个在线教育平台上的问答系统提问，系统会根据问题给出相应的解答和解释，帮助S师姐更好地理解课程内容。

一个好的问答系统能够理解和处理自然语言输入，这使得用户可以用日常用语与系统进行交互，无须学习特定的命令或语法。而且要能够提供准确、简洁的答案，而不是提供一堆可能相关的信息让用户自己去筛选。

借助Pipeline实现一个简单的问答系统十分容易，代码如下。

```python
# 创建一个问答系统的实例
question_answerer = pipeline('question-answering')


# 使用问答系统实例来回答一个问题
# 这里我们传入一个字典，包含question和context两个键
# question键对应的问题是我们要问的
# context键对应的上下文是问答系统需要在其中寻找答案的文本
question_answerer({
    'question': 'If computers were to hold a talent show, what would they perform?',
    'context': '''
    They would probably do a "byte" of
    dancing and sing a song about their favorite "algorithms"
    while trying to avoid any 'bugs' in their routine!
    '''
})
```

运行这段代码，会得到如下所示的结果。

```
{'score': 0.15403975546360016,
 'start': 30,
 'end': 107,
 'answer': '"byte" of dancing and sing a song about their favorite "algorithms"'}
```

在这个问答系统中，我们玩了一个"烂梗"。我们的问题是"如果计算机要举办一场才艺秀，它们会表演什么？"然后预设的答案是"它们可能会跳一段字节舞，并唱一首关于它们最喜欢的算法的歌，同时努力避免在节目中出现任何bug！"

除了对这样一个短短的文本进行提问之外，我们还可以试试对一段较长的文本提出若干个问题，示例如下。

```
# 首先准备一大段长文本
context = r"""
In the heart of Silicon Valley, a tech revolution is brewing once again.
The latest innovation comes from a startup named "NeuroLink,"
which has developed a groundbreaking brain-computer interface (BCI).
This technology allows users to control digital devices
and even perform complex tasks using only their thoughts.
NeuroLink's BCI system works by decoding neural signals
through non-invasive electrodes placed on the scalp.
The company claims that after just a few weeks of training,
users can navigate through computers, send emails,
and even play video games solely with their mind.
The implications of this technology are vast. For the disabled community,
it offers a renewed sense of independence.
Imagine being able to type, click,
and interact with the digital world without the need for physical movement.
Moreover,
NeuroLink envisions a future where BCI could enhance cognitive abilities,
aid in learning disabilities,
and even treat mental health conditions like depression and anxiety.
However, ethical concerns are also arising.
Privacy advocates worry about the potential misuse of such technology,
enabling unauthorized access to sensitive thought data.
Despite these challenges, NeuroLink remains optimistic,
believing that with proper regulations and safeguards,
their BCI can revolutionize the way humans interact with technology.
"""
```

可以看到，我们这里给一个名为 context 的变量传入了一大段长文本，这段文本是在介绍一家科技企业的脑机接口（BCI）产品。说真的，这段文本勾起了 S 师姐和 C 飘飘当年备考六级的痛苦回忆——看着就头大，更别说去仔细阅读并深刻理解了。不必担心，我们可以试试让模型帮助我们阅读这一大段文本，并且回答相关的问题。比如，我们可以问问这个公司叫什么名字，使用的代码如下。

```
# 创建一个用于问答任务的 Pipeline
nlp = pipeline("question-answering")

# 使用创建的问答 Pipeline 来处理一个问题和一个上下文
# 问题是一个关于开发了脑机接口的创业公司的名称的询问
# context 变量是我们传入的那一大段文本，
result = nlp(
```

```
        question='''What is the name of the startup that has developed a brain-
computer interface?''',
        context=context)
```

```
# 从 Pipeline 返回的结果中提取答案，并打印出来
# result 是一个字典，其中 answer 键对应的值是找到的答案
print(f"Answer 1: '{result['answer']}'")
```

运行这段代码，我们会得到如下所示的结果。

```
Answer 1: '"NeuroLink,"'
```

从上面的代码运行结果中可以看到，模型从提供的上下文中找到了 NeuroLink，作为对问题"What is the name of the startup that has developed a brain-computer interface?"的回答。看起来，模型确实在原文中找到了正确的答案。

当然，我们提出的这个问题有些过于简单，还不能充分体现出模型的能力。下面我们换一个难度稍大一些的问题，如问问模型，这家公司的 BCI 系统是如何工作的。使用的代码如下。

```
# 使用之前创建的问答 Pipeline 来处理一个新的问题和一个上下文
# 这个问题询问的是 NeuroLink 公司的 BCI 系统是如何工作的
result = nlp(question="How does NeuroLink's BCI system work?",
             context=context)
```

```
# 从 Pipeline 返回的结果中提取答案，并打印出来
print(f"Answer 2: '{result['answer']}'")
```

运行这段代码，会得到如下所示的结果。

```
Answer 2: 'decoding neural signals through non-invasive electrodes placed on the scalp.'
```

可以看到，答案描述了 NeuroLink 公司的 BCI 系统的工作原理——系统是通过放置在头皮上的非侵入性电极来解码神经信号。这个答案直接回应了我们的问题，即 NeuroLink 的 BCI 系统是如何工作的。这表明上下文文本中确实包含了关于该系统工作原理的描述，并且模型成功地识别并提取了这一关键信息。这个结果表明，问答模型在处理类似的技术问题时具有一定的性能。它能够理解问题的含义，并能够从提供的上下文中提取出相关的答案。

接下来，我们再来看看如何用 Pipeline 完成文本预测（Text Prediction）任务。

11.6 文本预测

文本预测，顾名思义，就是根据用户已经输入的部分文本内容，预测并建议用户接下来可能想要输入的单词、短语或句子。这种技术通常应用于各种文本输入场景，如智能手机键盘、电子邮件客户端、社交媒体平台以及文本编辑器等，以提高用户的输入效率和准确性。

用通俗的语言来说，就像是 S 师姐在用手机或计算机打字时，有个聪明的"小助手"在偷偷地猜她接下来想说什么。这个"小助手"非常擅长观察和学习，它知道人们通常怎么说话，哪些词经常一起出现。

想象一下，S 师姐正在给朋友发微信，她想说："今天天气真好，我想去公园散步。"当她开始输入"今天"这两个字时，文本预测功能可能就会在屏幕上方显示"天气""晚上""早上"等可能的后续词汇。这是因为很多人都会在提到"今天"之后，接着说与日期或天气相关的事情。

当她继续输入"天气真"这三个字时，文本预测功能可能会更加确定她想说的是"天气真好"，所以它会把这个短语放在最前面，让 S 师姐轻松一点就能选中完成输入。

再比如，S 师姐在写邮件时提到"明天有个会议"，文本预测功能可能会预测她接下来可能会写"关于""需要准备""时间地点"等，这些都是在提到会议时人们通常会关心的内容。

这个"小助手"不仅节省了我们的打字时间，还降低了打错字的概率，因为它帮我们选的都是最可能的词汇。有时候，它甚至能根据我们的个人习惯，比如，我们经常提到的地点、人名或专业术语，来更准确地预测我们想说的话。

所以，文本预测就像是我们的私人打字助理，它一直在后台工作，默默地帮我们提高打字效率和准确性，让我们的沟通更加顺畅。

文本预测技术背后的核心原理包括自然语言处理和机器学习算法。这些算法会分析大量的文本数据，学习单词和短语之间的统计关系和上下文依赖，从而能够根据用户当前输入的内容，智能地预测并推荐接下来的文本。

在实际应用中，文本预测通常表现为以下几种形式。

单词补全： 在用户输入部分单词时，系统会根据已经输入的字母和上下文，推荐可能的完整单词供用户选择。

短语或句子建议： 在用户输入一段文本后，系统可能会预测并推荐接下来的短语或句子，帮助用户更快速地完成输入。

智能联想： 根据用户的输入习惯和上下文信息，系统可能会推荐与用户当前输入相关但尚未明确输入的单词或短语，从而提高输入的多样性和准确性。

个性化推荐： 一些高级的文本预测系统还会根据用户的个人偏好、历史输入记录以及社交媒体活动等信息，进行个性化的文本推荐。

文本预测技术的优势在于能够显著地提高用户的输入效率，减少输入错误，并为用户提供更加流畅、自然的文本输入体验。用 Pipeline 实现一个文本预测任务也非常简单，代码如下。

```
# 创建填充掩码（fill-mask）任务的 Pipeline
# fill-mask 任务旨在预测句子中被掩码（[MASK]）的词汇
# 使用 bert-base-cased 模型，它是一个基于 BERT 架构的预训练模型
unmasker = pipeline('fill-mask', model='bert-base-cased')

# 使用 unmasker() 对句子进行预测，[MASK] 是模型用于预测被掩码词汇的占位符
# 这里的句子是 "I love eating [MASK] for breakfast."，意思是"我早餐喜欢吃。"
# 模型将预测并返回可能的词汇填充到 [MASK] 位置
unmasker("I love eating [MASK] for breakfast.")
```

运行这段代码，会得到如下所示的结果：

```
[{'sequence': '[CLS] I love eating you for breakfast. [SEP]',
  'score': 0.1554139405488968,
  'token': 1128,
  'token_str': 'you'},
 {'sequence': '[CLS] I love eating them for breakfast. [SEP]',
  'score': 0.116392120718956,
  'token': 1172,
  'token_str': 'them'},
 {'sequence': '[CLS] I love eating it for breakfast. [SEP]',
  'score': 0.08280597627162933,
  'token': 1122,
  'token_str': 'it'},
 {'sequence': '[CLS] I love eating breakfast for breakfast. [SEP]',
  'score': 0.04123526066541672,
  'token': 6462,
  'token_str': 'breakfast'},
 {'sequence': '[CLS] I love eating bacon for breakfast. [SEP]',
  'score': 0.0410897359251976,
  'token': 20503,
  'token_str': 'bacon'}]
```

在上面的代码中，我们使用了一个基于 BERT 架构的预训练模型 bert-base-cased 来预测句子 "I love eating [MASK] for breakfast." 中被掩码（[MASK]）的词汇。BERT 模型通过分析句子的上下文来预测最可能的词汇填充。可以看到模型做出的第一条预测是 you，而这一条的得分是 0.155（这是

模型认为该词汇是正确答案的置信度）。而 token 和 token_str 是模型内部使用的标识符和字符串表示，对于用户来说，主要关注的是 token_str（即预测的词汇）。这意味着模型认为 you 是填充 [MASK] 位置的一个可能词汇，但置信度不是特别高（最高为 1，这里接近 0.16）。

再来看第 5 条，模型预测的词汇就正常多了，是 bacon（培根）。它的得分是 0.04。这倒是一个与早餐相关的合理词汇，而且在实际生活中很常见。尽管它的置信度不高，但它才是一个有意义的预测。

从上面的代码运行结果中可以看到，模型提供了一系列可能的词汇来填充 [MASK] 位置，每个词汇都有一个置信度得分。当然，得分最高的词汇 you 并不一定是最合适的填充词汇，因为它取决于句子的上下文和模型的训练数据。置信度得分反映了模型对每个预测词汇的自信程度，但不一定代表其准确性。

说完了文本预测，下面我们再来看看文本摘要的任务。

11.7 文本摘要

文本摘要可以将较长的文本内容自动转化为简短、精练的摘要，同时保留原文的主要信息和要点。这个过程通常通过算法分析文本的结构、主题、关键词以及句子之间的逻辑关系来实现。

用通俗的话来讲，文本摘要就像是另一个聪明的"小助手"，帮我们把一大段文字"缩水"成几句话，并且保证这几句话能把原文的主要意思说清楚。这个"小助手"不会漏掉原文的重点，也不会添加任何它自己的想法或猜测。

举个例子，假如 S 师姐正在看一篇很长的新闻报道，如关于一场重要的体育赛事的详细战报。这篇文章可能包含了很多细节，如每个球员的表现、比赛的进程、比分的变化等。但是，她可能只是想快速了解这场比赛的结果和最重要的几个亮点。

这时候，文本摘要技术就能派上用场了。它就像是这篇长文章的"精简版"，把最重要的信息（如比赛的最终比分、获胜的队伍、表现突出的球员等），提取出来，然后用简短的话语重新组织成一段或几句话。

再举个例子，如果 S 师姐正在看一本厚厚的书，但是时间紧迫，她想快速了解这本书的主要内容，那么她也可以借助文本摘要。这个"小助手"会帮她把书中的关键信息提取出来，如主要人物、故事情节、重要事件等，然后整理成一段简短的摘要，让她能够快速地了解这本书的大致内容。

这样一说，S 师姐就明白了——文本摘要就像是我们的私人"信息压缩师"，它能够帮助你快速获取大量信息中的核心内容，节省我们的时间和精力。

文本摘要技术可以分为如下两类。

抽取式摘要（Extractive Summarization）： 这种方法从原文中直接选取关键的句子或短语来组成摘要。算法会评估每个句子或短语的重要性，通常基于其在文本中的位置（如开头或结尾的句子）、频率（关键词的出现次数）以及与主题的相关性等因素。抽取式摘要的优点是保留了原文的语句，因此通常更易于理解和保留原文的语气。

抽象式摘要（Abstractive Summarization）： 这种方法通过理解文本的含义，生成全新的句子来概括原文内容。抽象式摘要更接近于人类的总结方式，因为它可以重新组织信息并以新的方式来表达，而不仅仅是简单地选择原文中的句子。由于需要更深入的理解和语言生成能力，抽象式摘要通常比抽取式摘要更复杂，且对计算资源的要求更高。

文本摘要技术在许多领域都有广泛应用，包括但不限于新闻摘要、学术论文摘要、电子书预览、电子邮件摘要、社交媒体内容压缩等。随着自然语言处理技术的不断进步，文本摘要的准确性和实用性也在不断提高。使用 Pipeline 进行文本摘要任务也非常方便，代码如下。

```python
# 创建文本摘要（summarization）任务的 Pipeline
summarizer = pipeline("summarization")

# 定义一篇较长的英文文章，用于测试文本摘要能力
# 该文章讨论了 AI 如何改变我们的生活和工作方式，
# 以及 AI 的使用和发展所带来的伦理考量
ARTICLE = """
Artificial intelligence (AI) is transforming the way we live and work.
From smart homes that adjust lighting and temperature based on
our preferences to autonomous vehicles that navigate our streets,
AI is becoming increasingly integrated into our daily lives.
However, with great power comes great responsibility,
and ethical considerations surrounding AI's use and development
are crucial to ensuring its benefits are shared equitably and its risks are minimized.
"""

# 使用 summarizer 函数对文章进行摘要
# 设置最大长度为 130 个字符，最小长度为 30 个字符
# 不进行随机采样（do_sample=False），以保证摘要的确定性
# [0] 表示获取返回的摘要列表中的第一个摘要
# 通常 Pipeline 会返回一个包含多个摘要选项的列表，但这里我们仅请求了一个摘要
# 所以列表中只有一个元素
summary = summarizer(ARTICLE,
max_length=130, min_length=30, do_sample=False)[0]
```

```
# 打印摘要的文本内容
print(summary['summary_text'])
```

运行上面的代码,会得到如下所示的结果。

```
Artificial intelligence (AI) is transforming the way we live and work . It
is becoming increasingly integrated into our daily lives . But with great power
comes great responsibility, and ethical considerations .
```

这个结果是对原始文章的一个摘要,它成功地捕捉到了文章中的如下几个关键要点。

AI 正在改变我们的生活和工作方式:这是文章的主题句,摘要中保留了这一核心信息。

AI 正日益融入我们的日常生活:这句话进一步阐述了 AI 的普及程度和对我们日常生活的影响,是文章中的一个重要观点。

但能力越大,责任越大,需要考虑伦理问题:这句话是对文章中关于 AI 使用和发展所带来的伦理考量的总结。它提醒我们,在享受 AI 带来的便利的同时,也需要关注其可能带来的负面影响,并承担起相应的责任。

可以看到,这个摘要简洁明了,准确地传达了原文的主要信息。虽然它省略了一些细节(如智能家居和自动驾驶车辆等具体的 AI 应用场景),但考虑到摘要的长度限制,这种省略是合理的。通过这个摘要,我们就能快速了解文章的主旨,如果需要更详细的信息,可以再去阅读原文。

11.8 小结与练习

在本章中,由于各个县的同事都希望借助大语言模型来帮助自己开展跨境业务,因此大量的需求电话打到了小 L 他们那里。但给每一个县都单独训练模型不现实,所以小 L 教同事们使用 Hugging Face 平台 Transformers 库中的 Pipeline 来完成自然语言处理领域的多个核心任务,如文本生成、文本摘要等。这些任务不仅展示了自然语言处理技术的广泛应用,也体现了其在解决实际问题中的巨大潜力。当然,除了本章涉及的这些任务之外,我们还可以使用 Pipeline 实现诸如机器翻译、命名实体识别、特征抽取等自然语言处理任务。不过由于同事们没有提出相关的需求,这里就不安排小 L 展开介绍了。对于那些对特定任务感兴趣或希望深入了解的读者,我们鼓励大家自行探索和学习。

本章的习题如下。

习题1： 下载随书资源包中本章的代码，在本地或者Kaggle平台上打开它。

习题2： 准备一个英文句子，使用文本生成Pipeline尝试进行续写。

习题3： 准备一些不同语气的英文文本，用Pipeline对它们进行情感分析。

习题4： 准备一段英文知识语料，尝试通过Pipeline对模型进行提问并观察答案。

习题5： 写一个英文句子，用[MASK]遮挡掉某个词，再用Pipeline对遮挡的词进行预测。

习题6： 收集一段英文文章，用Pipeline对文章进行摘要。

习题7： 探索Pipeline可以完成的其他任务。

第 12 章 我说你画——多模态模型

在第 11 章中,小 L 他们借助 Hugging Face 的 Transformers 库,使用 Pipeline 帮各个县的同事们完成了他们的自然语言处理任务。大家都高高兴兴地回去各忙各的了,但仍有几位同事迟迟没有离开。原来他们还有一个超越了单纯文本处理范畴的需求——让模型通过一些文字描述生成图像,以支持县里即将开展的文化宣传活动。

面对这样的需求,小 L 意识到,单纯依靠之前的 Transformer 模型已经无法满足了。这时,他想起了近期在人工智能领域掀起波澜的多模态模型。只有使用这项技术,才能帮助这些同事完成任务。

本章的主要内容有:

- ◆ 什么是多模态模型
- ◆ 时下流行的 Stable Diffusion
- ◆ Stable Diffusion 的整体架构
- ◆ 使用预训练模型创建 Pipeline 进行图像创作
- ◆ 使用预训练 Pipeline 进行图像创作

12.1 E县风景美如画

这几位留下来没走的同事,来自 E 县。E 县地处群山环抱之中,四周被郁郁葱葱的森林覆盖,仿佛是大自然特意为这片土地镶嵌了一圈翠绿的边框。山间溪流潺潺,清澈见底,从高处倾泻而下,宛如银链般串联起山谷间的每一个景点。溪水在阳光的照耀下闪烁着晶莹的光芒,为这片土地增添了几分灵动与活力,如图 12-1 所示。

图 12-1　E县风景美如画

春天,E 县的山间万物复苏,鲜花盛开。桃花、杏花、梨花竞相绽放,将山野装扮得如同花的海洋。漫步在这片花海之中,人们仿佛置身于一个梦幻的世界,每一步都踏着芬芳,每一声都是自然的歌唱。

夏日,E 县的溪流成了避暑的天堂。人们可以在溪边垂钓、嬉戏,感受清凉的水流拂过肌肤的惬意。夜晚,山谷间回荡着蝉鸣和蛙声,宛如一首大自然的交响乐,让人心旷神怡,忘却尘世的烦恼。

秋天,E 县的山林换上了五彩斑斓的衣裳。枫叶如火,银杏叶金黄,层林尽染,美不胜收。走在山间的小路上,脚下是落叶铺成的金色地毯,头顶是蓝天白云的映衬,仿佛步入了一个童话般的世界。

冬日，E县的雪景更是别有一番风味。雪花纷纷扬扬地飘落，将山野装扮得银装素裹，宛如仙境。人们可以在雪地里打雪仗、堆雪人，感受冬日的欢乐与宁静。

除了自然风光，E县还拥有丰富的历史文化底蕴。古老的村落、古朴的民居、精美的石雕和砖雕，都诉说着这片土地悠久的历史和深厚的文化积淀。在这里，人们可以感受到一种别样的宁静与祥和，仿佛时间在这里放慢了脚步。

然而之前，E县这块风景如画的宝地，如同一位养在深闺中的少女，她的美丽与魅力并未被外界广泛知晓。尽管拥有着得天独厚的自然风光和丰富的历史文化资源，但E县的旅游产业却一直处于沉睡状态，没有得到应有的开发和利用。

这一切在后来的领导上任后发生了翻天覆地的变化。新领导班子深刻认识到E县旅游产业的巨大潜力，决心通过大力发展旅游业，推动地方经济的转型升级和可持续发展。他们精心规划，科学布局，通过加强基础设施建设、提升旅游服务质量、打造特色旅游品牌等一系列举措，逐步激活了E县的旅游市场。

在他们的努力下，E县的旅游资源得到了有效整合和开发，一批批特色鲜明的旅游景点和线路应运而生。同时，通过举办各类旅游节庆活动和文化交流活动，E县的名气也日益提升，吸引了越来越多的游客前来观光游览。如今的E县，已经从一个默默无闻的小城，发展成了一个备受瞩目的旅游胜地，她的美丽与魅力正在被越来越多的人所认识和欣赏。

今年E县打算再大力宣传一下自己的旅游产业，希望能够吸引更多的游客前来感受这片土地的美丽与魅力。于是，就有了本章开头的一幕：几位来自E县的同事，在完成了之前的自然语言处理任务后，并没有急于离开，而是向小L他们提出了一个新的需求——希望借助AI大模型，为E县的旅游宣传增添更多的创意和活力。

小L他们听后，深感责任重大。他们知道，这不仅是一次技术上的挑战，更是一次传播E县美景、推广地方文化的机会。于是，他们迅速行动起来，开始研究如何将多模态模型（Multimodal Model）应用于E县的旅游宣传中。

那么什么是多模态模型呢？我们继续往下看。

12.2 什么是多模态模型

在前面的章节中，小L他们解决的生成式学习问题主要集中在单一模态的数据上，即基于文本训练模型生成文本、基于图像训练模型生成图像，可在现实世界中，人类能完成的任务更"跨界"。比如，从一张E县的山水照里，编出一段段动人的故事；还能把书里描述的E县奇幻世界，变成一幅幅活生生的数字画作；甚至还可以给 E 县的美景配上一段恰到好处的背景音乐，那可是人类的拿手好戏。

那么，我们能不能也让机器学会这一招呢？想象一下，以后 E 县的同事要写宣传文案，拍张照片，机器就能自动地生成一篇描写 E 县美景的文章；写一些简单的提示词，机器就能根据情节，画出一幅幅 E 县的宣传海报。这样就可以大大提高同事们的工作效率了！而这，就是多模态模型发挥作用的地方。

说到多模态模型，就要先介绍一下什么是多模态学习（Multimodal Learning）了。多模态学习是指训练生成式模型，让它们能够在两种或多种不同类型的数据之间进行转换。过去这几年里出现的一些最令人瞩目的生成式模型，本质上都是多模态的。拿 E 县同事的需求来举个例子，想象一下，我们训练一个模型，能根据文字描述画出风景画，这就是文本到图像（Text-to-Image，简称文生图）模型，属于多模态学习的一个实际应用。

文生图技术指的是，根据给定的文字提示，生成出高水平的图像。比如，把这个任务放到 E 县的文生图任务中，那就意味着，我们想让模型根据一段文字描述——"一个身穿中华民族服饰的美丽少女，拿着一筐芒果，站在阳光灿烂的河流山川前微笑"，生成出富有吸引力的海报主视觉部分，如图 12-2 所示。

图 12-2　根据给定提示词生成的图像

对于 E 县而言，将其魅力通过文本描述转化为生动图像的任务无疑是极具挑战性的。就像咱们在前几章学习过的，无论是深入理解 E 县的文字介绍，还是精准生成与之匹配的图像，都是各自领域内超级复杂的难题。而多模态建模在这一场景中更是面临额外挑战，因为模型不仅要掌握如何将文字与图像这两个不同领域的信息相互关联，还要学会一种共通的表现方式，确保在转换过程中，能够从 E 县的文字描述中精准无误地生成出高保真的图像，同时确保信息的完整性和真实性不被削弱。

还有，为了让模型在 E 县的旅游宣传中表现出色，它必须具备将前所未见的概念和风格融合在一起的能力。比如说，虽然 E 县的传统风景画中不会出现现代科技元素，但如果我们要求模型创作一幅融合传统与现代、展现 E 县新风貌的图像，比如"E 山 E 水间，虚拟现实的体验者悠然自得"，我们期望它能够巧妙地将这一设想变为现实。同样，我们也期待模型能够根据给定的文本描述，精准地把握并呈现出 E 县景点之间以及景点与游客之间的独特关系。例如，"E 县古桥上行人络绎不绝，桥下溪水潺潺，孩童嬉戏其中"与"E 县古桥静谧，月光洒在桥面上，一位旅人独自凭栏远眺"这两幅画面，虽都涉及 E 县的古桥，但氛围和情感却截然不同。因此，模型需要学会如何根据上下文理解词语的含义，以及如何将文本中描述的实体关系转化为图像，使图像能够传达出与文本相同的意境和情感。

接下来，咱们就来看一看，时下流行的文生图大模型是如何做到这些的。

12.3 来看看Stable Diffusion

说起时下流行的文生图大模型，Stable Diffusion 无疑是其中的佼佼者。它于 2022 年发布，是由慕尼黑大学的 CompVis 研究团体、初创公司 Stability AI 与 Runway 合作开发的。值得一提的是，它的源代码和模型权重已分别公开发布在 GitHub 和 Hugging Face 上，也就是说，如果我们自己有一台 GPU 比较强悍的计算机，那么完全可以在自己的计算机上运行 Stable Diffusion。

说到这里，C 飘飘提了一个问题——既然这个模型的名为 Stable Diffusion，那么，它是不是和我们在第 9 章中用过的扩散模型有关系呢？毕竟它们的名字里都有 Diffusion 这个单词。她说得没错，Stable Diffusion 采用了一种潜在扩散模型（Latent Diffusion Model，LDM），正是扩散模型的变体。下面我们来研究一下它的结构。

12.3.1 Stable Diffusion的整体架构

既然说到 Stable Diffusion 采用了 LDM，那咱们就得先聊聊这个 LDM 是什么。简单来说，LDM 的核心思想就是把扩散模型嵌入到一个自编码器中，这样一来，扩散的过程就在图像的潜在空间表示上运作，而不是直接在图像本身上运作了。我们可以用图 12-3 来表示 Stable Diffusion 的整体架构。

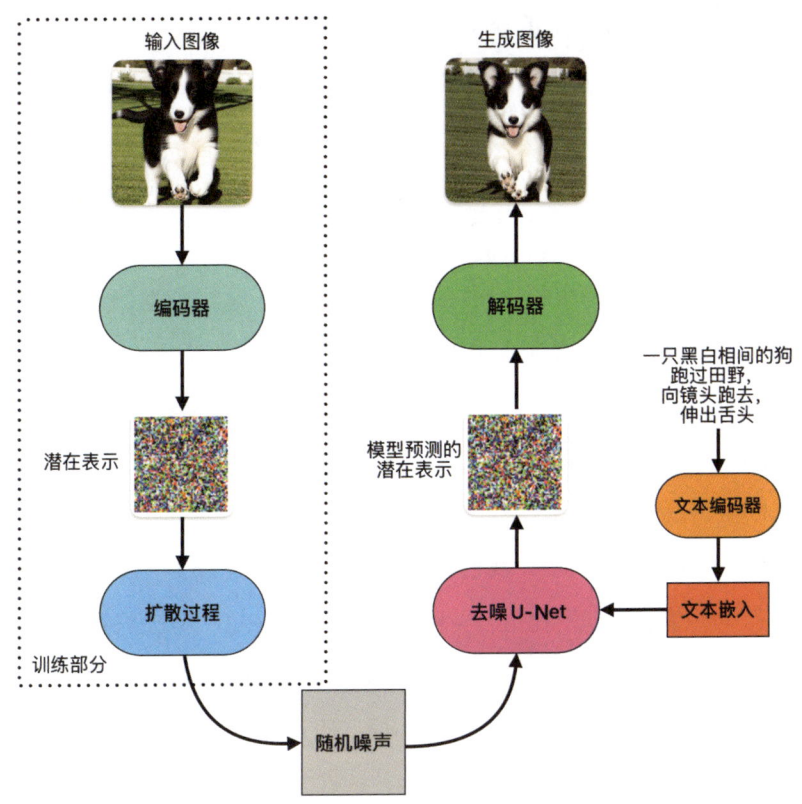

图 12-3　Stable Diffusion 的整体架构

图 12-3 中的去噪 U-Net 对于 S 师姐她们来说，已经并不陌生了。在第 9 章中我们用到的 DDM 中，就包含了这个关键的组件。不同的是，在 Stable Diffusion 中，去噪 U-Net 并不是直接操作原始图像，而是将扩散过程转移到图像的潜在空间表示上。这种优化意味着与在完整图像上操作的 U-Net 模型相比，Stable Diffusion 中的去噪 U-Net 模型可以保持相对轻量。这样一来，模型在保持高性能的同时，对计算资源的需求较低，因为包括更少的参数或更低的计算复杂度。

在 Stable Diffusion 中，自编码器承担了将图像细节编码到潜在空间以及将潜在空间解码回高分辨率图像的重任。潜在空间是一个低维空间，能够捕捉到图像的主要特征而不包含所有细节。这个过程减少了直接处理完整图像所需的计算量。这种分工合作（自编码器处理图像的细节编码和解码，扩散模型在潜在空间中工作）显著提高了训练过程的速度和性能。

12.3.2　Stable Diffusion 的文本编码器

这时，细心的 C 飘飘发现，Stable Diffusion 除了把一个扩散模型"塞进"自编码器之外，还多了一个文本编码器（Text Encoder）。这又是做什么用的呢？其实，文本编码器的作用是将文本提示转换成嵌入向量，这个向量在潜在空间内代表文本提示的概念意义。就像我们在前面的章节中看到的，将离散的文本转换成连续性的潜在空间向量，对于所有后续任务都是至关重要的。这是因为，我们可以根据具体的目标对这个向量进行进一步的操作或调整。

用 S 师姐也能理解的语言来讲，文本编码器就像是一个翻译官，它的工作是把我们写的文字（如一句话或者一个标题）转换成一个特定的数字编码，这个编码在计算机里能代表那句话的意思。这个转换很重要，因为它让我们可以在计算机里对这段文字进行更多的操作，就像我们用语言交流时可以改变话题或者强调某个点一样。

这个特别的数字代码存在于潜在空间中。在这个空间里，每个数字代码都像是一个小盒子，里面装着文字的含义。我们可以对这些小盒子进行各种操作，如移动它们、改变它们的大小或者颜色，来让计算机理解我们想要做什么。

所以，文本编码器的任务就是把这个文字"翻译"成计算机能理解的数字代码，然后我们就可以在潜在空间里对这个代码进行操作，来实现我们的目标。

而要完全理解这里的文本编码器，我们就不得不提到 CLIP。CLIP 全称是 Contrastive Language-Image Pre-training，可以翻译为"对比语言 – 图像预训练"。CLIP 模型通过比较图像和与之相关的文本描述来学习如何将它们关联起来。这种学习方式使得 CLIP 模型能够在看到一张图片时，生成与图片内容相关的文本描述，或者在给定一段文本时，从大量图片中找出与文本描述最匹配的图片。

CLIP 模型是通过学习互联网上的大量"图文对"（Text-image Pairs）来工作的，这些"图文对"总共有 4 亿对，是从网上搜集来的。所谓"图文对"包括图片和它的描述文字，如图 12-4 所示。

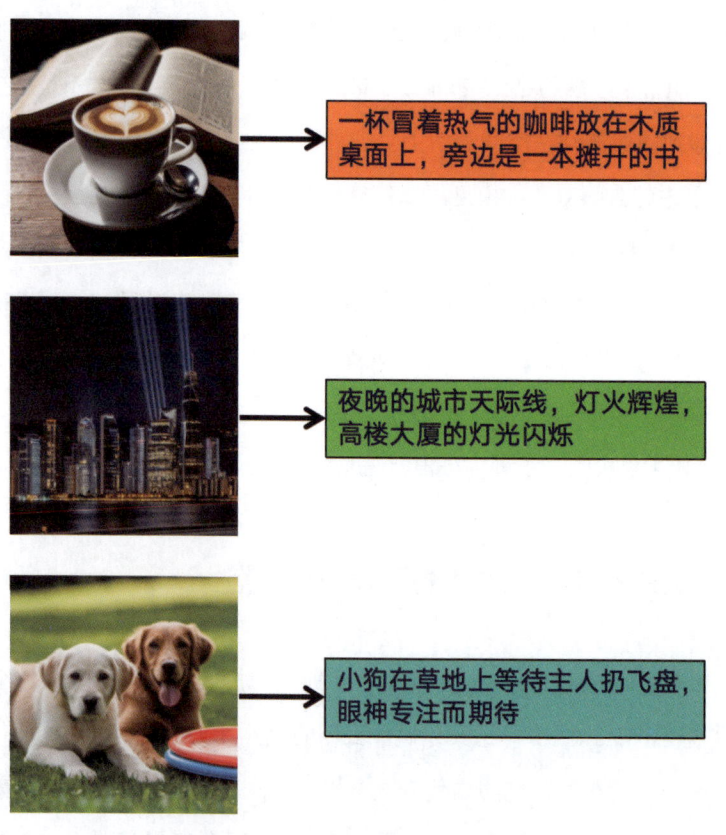

图 12-4　一些"图文对"的示例

而 CLIP 模型的任务是这样的：给它一张图片和一堆可能的文字描述，它要找出那个和图片真正匹配的文字描述。要做到这一点，模型得学会理解图片和文字之间的意思联系，这样才能准确地配对。那具体是怎么做到的呢？我们继续往下看。

12.3.3 什么是对比学习

在 CLIP 模型背后，是一种称为对比学习（Contrastive Learning）的技术，它的理念说起来并不复杂——我们训练两个神经网络：一个是文本编码器，用于将文本转换为文本嵌入（Text Embedding）；另一个是图像编码器（Image Encoder），用于将图像转换为图像嵌入（Image Embedding）。然后，给定一批"图文对"，我们使用余弦相似度（Cosine Similarity）来比较所有可能的文本和图像嵌入组合，并训练这两个神经网络，使得匹配"图文对"的得分最大化，同时使不匹配"图文对"的得分最小化。

这个过程可以用图 12-5 来表示。

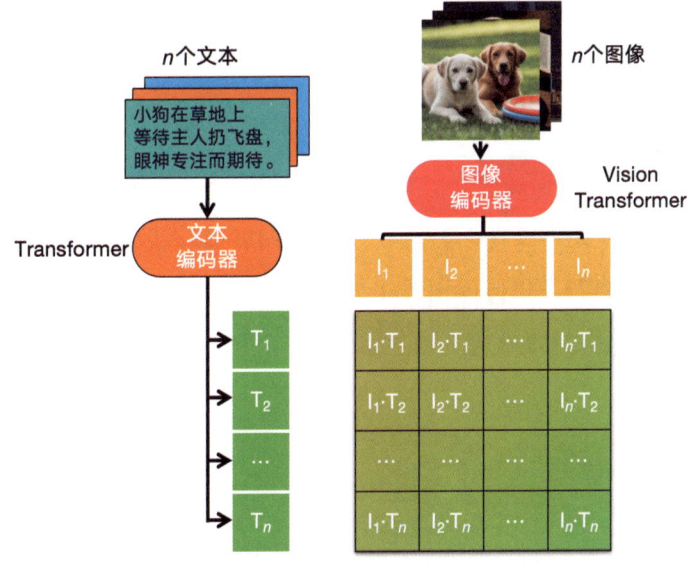

图 12-5 CLIP 模型的训练过程

在图 12-5 中，CLIP 模型被训练来最大化 n 个真实对（即对角线上的对）的余弦相似度，并最小化 $n^2 - n$ 个不正确对的余弦相似度。n 个真实对指的是在训练数据集中，文本和图像真正匹配的 n 对。在 CLIP 模型的训练过程中，这些真实对会被视为正样本。而最大化真实对的余弦相似度意味着模型会学习如何使匹配文本和图像的嵌入向量在潜在空间中更加接近，从而提高它们之间的相似度。$n^2 - n$ 个不正确对指的是在训练数据集中，除了 n 个真实对外，所有其他可能的文本和图像组合，这些组合被视为负样本。由于每个文本都可以与 n 个图像中的任何一个配对（包括它自己，但这里不包括真实对），因此总共有 $n^2 - n$ 个。最小化不正确对的余弦相似度意味着模型会学习如何使不匹配文本和图像的嵌入向量在潜在空间中更加远离，从而降低它们之间的相似度。

还有，在CLIP模型中除了上面提到过的文本编码器之外，还有一个图像编码器。图像编码器同样使用了Transformer模型（Vision Transformer，ViT），ViT的核心思想是将输入的图像视为一个序列化的输入，通过自注意力机制来处理图像中的像素关系。具体的做法是，ViT首先将输入的图像划分为多个固定大小的图像块（Patches），然后对每个图像块进行线性映射（Flattening + Linear Projection），将其转换成一个向量。这些向量连同一个特殊的分类标记一起作为Transformer模型的输入序列。这样，图像就被转换成了一个序列数据，从而可以直接应用自注意力机制进行特征提取。

注意：Stable Diffusion的第一版使用了来自OpenAI的预训练CLIP模型。第二版则使用了一个名为OpenCLIP的自定义训练的CLIP模型。这个OpenCLIP模型是从头开始训练的，而不是使用预训练的权重。也就是说Stable Diffusion 2的开发者为了优化模型在Stable Diffusion任务上的表现，对CLIP模型进行了定制化的训练。

12.4 开始实操吧

前面小L给大家讲了不少多模态模型，尤其是Stable Diffusion的理论知识。这时候，E县的同事们有点儿坐不住了，他们已经迫不及待地想赶快用上Stable Diffusion，为家乡的宣传推广制作素材了。

既然这几位同事如此热切，那咱们就让小L教他们怎样使用代码调用Stable Diffusion绘制图像吧！为了免去环境部署的麻烦，小L还是先教他们如何使用Kaggle平台提供的免费GPU来进行实验。

12.4.1 一些准备工作

在Kaggle平台上创建好Notebook之后，首先我们需要安装（或更新）一些必要的库，使用下面的代码即可完成这项工作。

```
# 使用pip安装diffusers库，指定版本为0.3.0
# 并且减少输出信息（--q是--quiet的简写，用于抑制输出）
!pip install diffusers==0.3.0 --q

# 使用pip安装transformers、scipy和ftfy库，同样抑制输出信息
# transformers库也可以用于加载和微调生成式人工智能模型
# scipy是用于数学、科学和工程的开源Python库
# ftfy库用于修复Unicode文本中的错误和乱码
```

```
!pip install transformers scipy ftfy --q

# 使用 pip 安装 ipywidgets 库，指定版本范围在 7.x.x 到 8.0.0 之前（不包含 8.0.0）
# ipywidgets 库用于在 Jupyter Notebook 中创建交互式小部件
!pip install "ipywidgets>=7,<8" --q

# 导入 IPython.display 模块，该模块提供了在 Jupyter Notebook 中显示对象的方法
# 例如，可以显示图像、视频、HTML 内容等
import IPython.display
```

运行上面的代码之后，我们就准备好了需要用到的库。接下来，我们要去 Hugging Face 上获取一个 Token。首先登录你的 Hugging Face 账号（如果没有就先注册一个），然后单击右上角自己的头像图标，就会看到一个下拉菜单，再选择菜单中的 Access Tokens 选项，如图 12-6 所示。

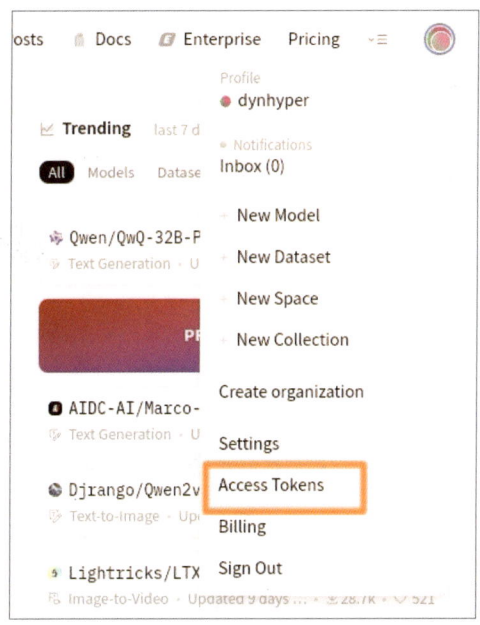

图 12-6　选择菜单中的 Access Tokens 选项

单击 Access Tokens 选项之后，会进入新的页面。接下来我们在新的页面中单击 Create new token 按钮来创建新的 Token（如果你已经有了 Token，可以不做这一步），如图 12-7 所示。

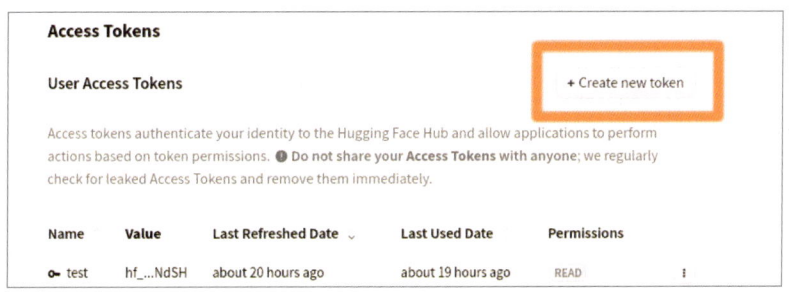

图 12-7　创建新 Token 的按钮

单击 Create new token 按钮之后，就会看到创建新的 Token 的页面。在这个页面中，我们设置 Token 类型为 Read 即可，再随便给它起个名字，最后单击下方的 Create token 按钮，如图 12-8 所示。

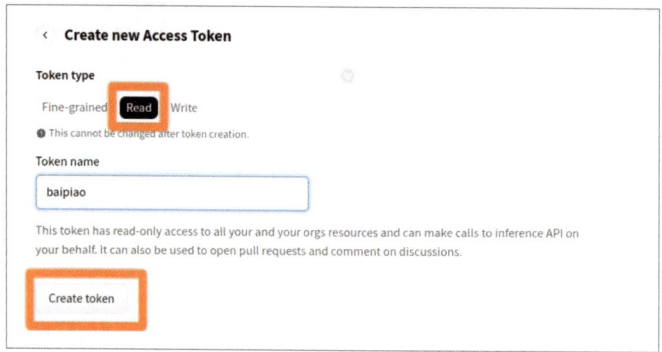

图 12-8　选择新 Token 的类型并创建 Token

在单击 Create token 之后，就会看到新创建的 Token 了。这时我们要做的是把这个 Token 复制下来，单击 Copy 按钮即可，如图 12-9 所示。

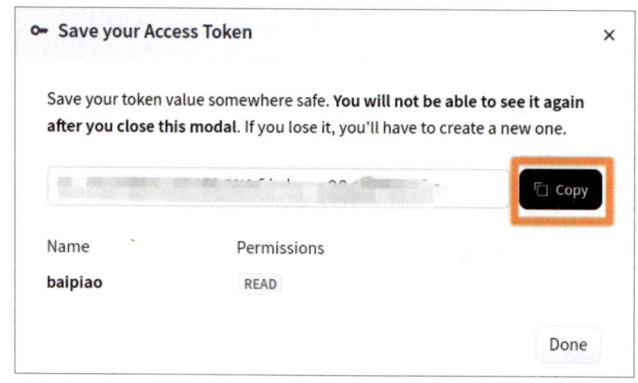

图 12-9　复制我们创建好的新 Token

现在我们要做的事情是，回到 Kaggle 平台上我们创建的 Notebook 中，把 Token 保存到 Notebook 的密钥当中。方法很简单，在菜单栏中选择 Add-ons 选项，会弹出下拉菜单。然后在下拉菜单中选择 Secrets 选项，如图 12-10 所示。

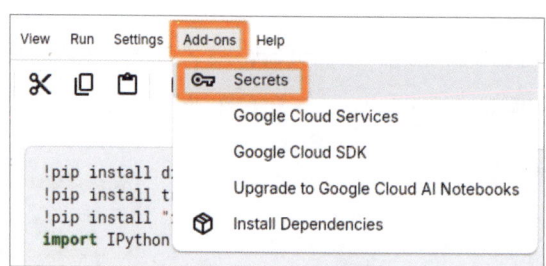

图 12-10　在 Kaggle 平台的 Notebook 中添加密钥

选择 Secrets 选项之后，我们就会在 Notebook 的右侧看到添加密钥的页面。这时我们需要单击 Add secret 按钮，如图 12-11 所示。

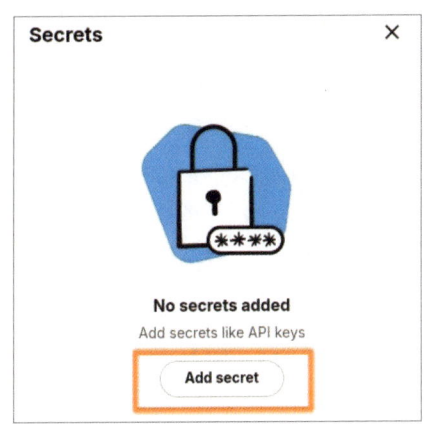

图 12-11　单击 Add secret 按钮

在单击 Add secret 按钮之后，就能看到填写 Token 的地方了。这里我们在 LABEL 文本框中，随便给这个密钥起个名字；然后在 VALUE 文本框中，将我们之前从 Hugging Face 平台复制的 Token 值粘贴进来；最后单击 Save 按钮就完成了密钥的保存，如图 12-12 所示。

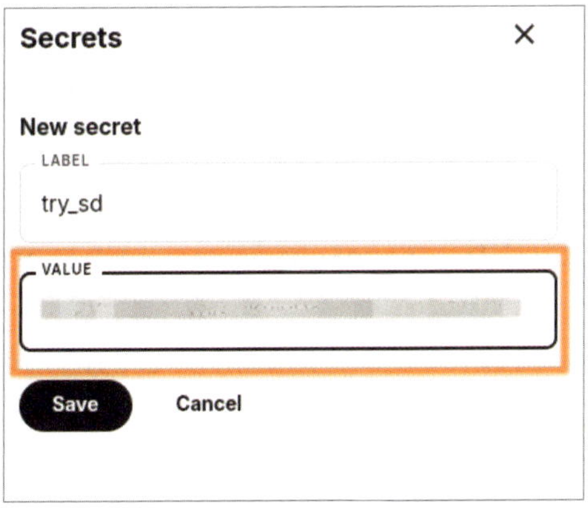

图 12-12　将从 Hugging Face 平台复制的 Token 保存到密钥中

注意：如果你在访问 Hugging Face 时遇到一些困难，请向你所在的单位/学校申请专用网络环境，确保在遵守相关法律法规的前提下进行实验。

到这里，我们前期的准备工作已经完成了一半，下面我们要导入必要的库，并设置一些超参数。使用的代码如下。

```python
# 导入垃圾回收模块
import gc
# 导入 PyTorch 库
import torch
# 从 PIL 库中导入 Image 模块，用于图像处理
from PIL import Image
# 导入 IPython 的 display 模块，用于在 Jupyter Notebook 中显示图像等
import IPython.display
```

```python
# 从 torch 库中导入 autocast 上下文管理器
# 用于在支持的设备上自动选择最优的数据类型
from torch import autocast
# 从 tqdm 库中导入 tqdm,它是一个快速、可扩展的 Python 进度条库
from tqdm.auto import tqdm
# 从 kaggle_secrets 库中导入 UserSecretsClient
# 用于安全地管理和访问 Kaggle 平台上的机密信息(如 API 密钥)
from kaggle_secrets import UserSecretsClient
# 从 transformers 库中导入 CLIPTextModel 和 CLIPTokenizer
# 它们分别用于文本模型的加载和文本的编码
from transformers import CLIPTextModel, CLIPTokenizer
# 从 diffusers 库中导入 StableDiffusionPipeline
# 它是用于生成图像的管道
from diffusers import StableDiffusionPipeline
# 从 diffusers 库中导入 AutoencoderKL 和 UNet2DConditionModel
# 它们是扩散模型中的组件
from diffusers import AutoencoderKL, UNet2DConditionModel
# 从 diffusers 库中导入 LMSDiscreteScheduler 和 PNDMScheduler
# 它们是用于控制扩散过程中噪声调度的类
from diffusers import LMSDiscreteScheduler, PNDMScheduler

# 创建一个 UserSecretsClient 的实例,用于访问 Kaggle 平台上的机密信息
user_secrets = UserSecretsClient()
# 从 Kaggle 平台的机密存储中获取名为 try_sd 的密钥或令牌
Hugging_face = user_secrets.get_secret("try_sd")
```

完成库的导入工作之后,我们再来设定一些超参数。使用的代码如下。

```python
class config:
    # 根据系统是否支持 CUDA 来设置设备为 cuda 或 cpu
    # 如果 CUDA 可用则使用 cuda
    # 否则,使用 cpu 作为计算设备
    DEVICE = "cuda" if torch.cuda.is_available() else "cpu"

    # 设置生成图像的高度为 512 像素
    HEIGHT = 512

    # 设置生成图像的宽度为 512 像素
    WIDTH = 512

    # 设置推理步骤的数量为 500
```

```python
# 推理步骤的数量会影响图像生成的质量和所需的计算时间
# 更多的步骤通常意味着更高的质量和更长的生成时间
NUM_INFERENCE_STEPS = 500

# 设置引导尺度为 7.5
# 引导尺度是一个控制图像生成过程中文本提示影响力的参数
# 较高的值会使生成的图像更紧密地遵循给定的条件信息
GUIDANCE_SCALE = 7.5

# 设置随机数生成器的种子为 48
GENERATOR = torch.manual_seed(48)

# 设置批处理大小为 1
# 这意味着在每次推理过程中,将只处理一个图像
BATCH_SIZE = 1
```

到这里为止,全部的准备工作就都已经完成了,可以开始我们的艺术创作之旅了。

12.4.2 创建Pipeline

前面小 L 已经给 E 县的同事们介绍过,Stable Diffusion 是把一个扩散模型"塞进"自编码器当中,并且还要有一个文本编码器将提示词转换为嵌入向量。这些组件如果我们都从头训练肯定是不现实的,所以这里干脆都用预训练好的模型就可以了。要载入这些预训练模型,使用的代码如下:

```python
# 从 diffusers 库中加载预训练好的 AutoencoderKL 模型
# 这是稳定扩散模型中的一个组件
# CompVis/stable-diffusion-v1-4 是模型的标识符
# subfolder="vae" 指定了模型权重所在的子文件夹
# use_auth_token 参数使用 Hugging_face 变量提供访问私有模型所需的身份验证令牌
vae = AutoencoderKL.from_pretrained("CompVis/stable-diffusion-v1-4",
                                    subfolder="vae",
                                    use_auth_token=Hugging_face)

# 从 transformers 库中加载预训练的 CLIPTokenizer,用于文本编码
# openai/clip-vit-large-patch14 是 tokenizer 的标识符
tokenizer = CLIPTokenizer.from_pretrained(
    "openai/clip-vit-large-patch14"
)
```

```python
# 从 transformers 库中加载预训练的 CLIPTextModel，用于文本特征提取
# 同样使用 openai/clip-vit-large-patch14 作为模型的标识符
text_encoder = CLIPTextModel.from_pretrained(
    "openai/clip-vit-large-patch14"
)

# 从 diffusers 库中加载预训练的 UNet2DConditionModel
# 这是稳定扩散模型中的另一个关键组件
# 同样使用 CompVis/stable-diffusion-v1-4 作为模型的标识符
# subfolder="unet" 指定了模型权重所在的子文件夹
# use_auth_token=Hugging_face 提供了访问私有模型所需的身份验证令牌
unet = UNet2DConditionModel.from_pretrained(
    "CompVis/stable-diffusion-v1-4",
    subfolder="unet",
    use_auth_token=Hugging_face)

# 将 AutoencoderKL 模型移动到配置中指定的设备上（GPU 或 CPU）
vae = vae.to(config.DEVICE)

# 将 CLIPTextModel 模型移动到配置中指定的设备上（GPU 或 CPU）
text_encoder = text_encoder.to(config.DEVICE)

# 将 UNet2DConditionModel 模型移动到配置中指定的设备上（GPU 或 CPU）
unet = unet.to(config.DEVICE)
```

运行这一段代码之后，所需的预训练模型就加载完毕了。眼下还有一件事——在第 9 章中学习过，扩散模型还需要指定一个扩散计划。这次我们尝试使用一个新的扩散计划——**LMSDiscrete Scheduler**，代码如下。

```python
# 创建一个 LMSDiscreteScheduler 对象，用于在训练过程中调整 beta 值
scheduler = LMSDiscreteScheduler(
    beta_start=0.00085,    # 初始 beta 值，训练开始时使用的值
    beta_end=0.012,        # 最终 beta 值，训练结束时希望达到的值
    beta_schedule="scaled_linear",   # beta 值调整策略，按比例线性调整
    num_train_timesteps=1000   # 训练的总时间步长，用于计算 beta 值的变化
)
```

这里稍微介绍一下 LMSDiscreteScheduler，它也是一种在扩散模型中使用的扩散计划，通过设置初始噪声水平（beta_start）、最终噪声水平（beta_end）、噪声水平的调整策略（beta_schedule）以及训练的总时间步长（num_train_timesteps）等参数，来定义噪声在整个训练过程中的变化情况。这

些参数共同决定了模型在何时添加多少噪声，以及在何时开始减少噪声以生成图像。

现在，就到了激动人心的时刻了。我们创建的这个 Pipeline 能不能根据给定的提示词"画"出图像呢？接下来让我们见证"奇迹"！

12.4.3 根据提示词生成图像

既然咱们是要帮助 E 县的同事们生成宣传素材，那提示词就可以好好夸一下 E 县的风景了。正好有一位同事文笔很不错，于是他写了一段文字——"E 县的自然风光美不胜收，天空晴朗万里无云，湛蓝的天空与郁郁葱葱的山峦形成鲜明对比，清澈见底的溪流蜿蜒其间。图像的背景展现了 E 县标志性的景观，无论是如画的乡村田野，还是宁静的湖畔，都散发着生机与和谐的气息。"文字很美，不过考虑到 Stable Diffusion 需要我们给出英文的提示词，于是小 L 把它翻成了英文，并赋值给一个名为 prompt 的变量。使用的代码如下。

```
prompt = ['''
The natural scenery of Yixian County, with sunny skies, azure sky contrasting against verdant mountains and crystal-clear streams.
The backdrop of the image showcases Yixian's iconic landscapes, be it picturesque countryside or serene lakeside, exuding vitality and harmony.
8k
''']
```

这里的英文提示词，除了表达了 E 县同事写出的意境，还增加了一个 8k。意思是希望这幅画面能以 8K 的超高清分辨率来呈现，以捕捉并展现所有细节的美。

有了提示词之后，我们就要按照步骤，先对其进行预处理，然后输入到文本编码器中，使用的代码如下。

```
# 导入文本并对其进行预处理，准备输入到文本编码器中
text_input = tokenizer(
    prompt,  # 输入的文本提示
    padding="max_length",  # 对不足最大长度的文本进行填充
    max_length=tokenizer.model_max_length,  # 分词器支持的最大长度
    truncation=True,  # 对超出最大长度的文本进行截断
    return_tensors="pt"  # 返回 PyTorch 张量格式的输入
)

# 获取处理后的文本输入的最大长度
max_length = text_input.input_ids.shape[-1]
```

```python
# 在不计算梯度的情况下，通过文本编码器获取文本嵌入
with torch.no_grad():
    text_embeddings = text_encoder(
        text_input.input_ids.to(config.DEVICE))[0]

# 准备一批空的文本输入，用于生成无条件嵌入
uncond_input = tokenizer(
    [""] * config.BATCH_SIZE,    # 创建一个空字符串列表，其长度为批量大小
    padding="max_length",    # 对不足最大长度的文本进行填充
    max_length=max_length,    # 使用与之前相同的最大长度
    return_tensors="pt"    # 返回 PyTorch 张量格式的输入
)

# 在不计算梯度的情况下，通过文本编码器获取无条件嵌入
with torch.no_grad():
    uncond_embeddings = text_encoder(
        uncond_input.input_ids.to(config.DEVICE)
    )[0]

# 将无条件嵌入和文本嵌入拼接在一起，形成最终的嵌入表示
text_embeddings = torch.cat([uncond_embeddings, text_embeddings])
```

运行完上面的代码，我们就得到了提示词的文本嵌入。下面我们再准备一些随机的潜在向量，作为 U-Net 的输入。使用的代码如下。

```python
# 生成一批随机的潜在向量（latents），这些向量将作为 U-Net 的输入
# 潜在向量的维度由批量大小、U-Net 的输入通道数以及高度和宽度决定
latents = torch.randn(
    (config.BATCH_SIZE, unet.in_channels,    # 批量大小和 U-Net 的输入通道数
     config.HEIGHT // 8, config.WIDTH // 8),    # 缩小后的高度和宽度
    generator=config.GENERATOR,    # 指定随机数生成器
)

# 将生成的潜在向量移动到 GPU 上
latents = latents.to(config.DEVICE)
```

运行上面的代码之后，我们就有了输入给 U-Net 的潜在向量了。接下来，我们就可以执行扩散的过程，使用的代码如下：

```python
# 设置扩散计划的当前时间步长
scheduler.set_timesteps(config.NUM_INFERENCE_STEPS)
```

```python
# 将潜在向量（latents）乘以扩散计划在初始时间步长下的 sigma 值
latents = latents * scheduler.sigmas[0]
# 使用自动混合精度（autocast）根据配置的设备（CPU 或 GPU）来执行以下代码块
with autocast(config.DEVICE):
    # 遍历调度器中的时间步长
    for i, t in tqdm(enumerate(scheduler.timesteps)):

        # 将潜在向量（latents）复制两份并拼接起来
        latent_model_input = torch.cat([latents] * 2)

        # 获取当前时间步长的噪声标准差
        sigma = scheduler.sigmas[i]

        # 根据噪声标准差调整潜在模型输入的尺度
        latent_model_input = latent_model_input / ((sigma**2 + 1) ** 0.5)

        # 在不计算梯度的情况下，通过 U-Net 模型预测噪声
        # 这里使用了文本嵌入作为条件信息的一部分
        with torch.no_grad():
            # 这里 .sample 是 U-Net 模型返回的噪声预测
            noise_pred = unet(
                latent_model_input, t,
                encoder_hidden_states=text_embeddings).sample

        # 将噪声预测分割为无条件部分和条件部分
        noise_pred_uncond, noise_pred_text = noise_pred.chunk(2)

        # 根据引导尺度结合无条件噪声预测和条件噪声预测
        noise_pred = noise_pred_uncond + \
            config.GUIDANCE_SCALE * (noise_pred_text - noise_pred_uncond)

        # 使用调度器的 step() 方法更新潜在向量
        # 这里返回的 .prev_sample 用于下一个时间步长的迭代
        latents = scheduler.step(noise_pred, i, latents).prev_sample
```

上面的代码需要较长的时间才能运行完毕，此后我们就得到了 U-Net 的预测结果。接下来就可以使用自编码器把 U-Net 的预测结果解码成图像了，使用的代码如下：

```python
# 将 latents 进行缩放
```

```
latents = 1 / 0.18215 * latents

# 禁用梯度计算，生成新图像时不需要进行反向传播
with torch.no_grad():
    # 使用 VAE 的解码器部分将 latents 解码成图像
    image = vae.decode(latents).sample
# 将图像数据从 [-1, 1] 范围线性变换到 [0, 1] 范围
# 使用 .clamp(0, 1) 方法确保值不会超出这个范围
image = (image / 2 + 0.5).clamp(0, 1)

# .detach() 方法从计算图中分离出 image
# .cpu() 方法将图像数据从 GPU 内存移动到 CPU 内存，以便后续处理
# .permute(0, 2, 3, 1) 方法重新排列图像的维度
# .numpy() 方法将图像数据从 PyTorch 张量转换为 NumPy 数组
image = image.detach().cpu().permute(0, 2, 3, 1).numpy()

# 将图像数据从 [0, 1] 范围缩放到 [0, 255] 范围，并转换为无符号 8 位整数类型
# 这是保存为 JPEG 格式图像时的标准格式
images = (image * 255).round().astype("uint8")

# 使用 PIL 库的 Image.fromarray() 函数将每个 NumPy 数组图像转换为 PIL 图像对象
pil_images = [Image.fromarray(image) for image in images]

# 保存 PIL 图像列表中的第一个图像为 img1.jpg 文件
pil_images[0].save("img1.jpg")

# 显示 PIL 图像列表中的第一个图像对象
pil_images[0]
```

运行上面的代码之后，我们就会得到第一幅作品，如图 12-13 所示。

看到模型生成的图像，E 县的同事们都很激动——这就是他们家乡的样子啊！那碧蓝的天空，壮丽的山峦，还有清澈的溪流，无不勾起了他们的思乡之情。就在他们沉浸在对家乡的思念当中时，一旁的 C 飘飘却提出了一个问题——虽然 Stable Diffusion 成功地按照提示词生成了 E 县的风景图像，但这个过程涉及的代码还是太多了，尤其是对于非技术出身的 E 县同事们而言。就不能用更简单的方法来调用模型吗？

其实这个问题，小 L 也想到了。只不过他之前故意自己创建 Pipeline，就是为了给同事们展示 Stable Diffusion 的工作原理。而更简便的方法，他也已经准备好了，那就是用预训练好的 Pipeline 来调用模型。

图 12-13 使用 Stable Diffusion 生成的第一幅作品

12.4.4 使用预训练Pipeline生成图像

原来，Hugging Face 的模型库中，已经有了一个功能强大的端到端推理 Pipeline，名字就是 StableDiffusionPipeline。它已经内置好了文本编码器、VAE 和 U-Net 模型。这样就不需要我们自己去加载这些组件，再一个一个地"塞进"自己创建的 Pipeline 中了。要使用这个预训练好的 Pipeline 也非常简单，只要下面这几行代码就可以。

```
# 从 Hugging Face 模型库中加载预训练的 Stable Diffusion 模型
# revision 参数指定使用 FP16 版本的模型，以节省内存和加速推理
# torch_dtype=torch.float16 指定计算过程中使用 16 位浮点数
pipe = StableDiffusionPipeline.from_pretrained(
    "CompVis/stable-diffusion-v1-4",
    revision="fp16",
    torch_dtype=torch.float16,
```

```
    use_auth_token=Hugging_face)

# 将加载的 Pipeline 移动到 GPU 上
pipe = pipe.to(config.DEVICE)
```

运行上面的代码,我们就完成了预训练 Pipeline 的加载,接下来,就可以使用它生成新的图像了。代码如下。

```
# 设置要生成的图像数量
num_images = 4

# 定义一个文本提示列表,用于指导图像生成过程
# 这个提示描述了 E 县壮丽的景色,包括青山、静谧的河流、落日余晖下的传统稻田
# 以及点缀在茂盛植被中的古朴村落小屋,整体氛围宁静
# 该提示被复制了 num_images 次,以生成多张图像
prompt =['''Capture the breathtaking vistas of Yixian County, China,
where lush green mountains meet tranquil rivers,
reflecting the golden hues of a setting sun.
Depict traditional rice paddies glistening under the soft glow of twilight,
with quaint village huts nestled amidst lush foliage.
Paint a serene atmosphere, highlighting the harmony
between nature and the local culture,
perfect for a captivating travel poster.'''] * num_images

# 使用 autocast 上下文管理器,自动将操作转换为适当的精度
# 以加速计算并减少内存使用
with autocast("cuda"):
    # 使用 StableDiffusionPipeline 生成图像
    # prompt 是输入文本提示,num_inference_steps 指定了推理步骤的数量
    # 更多的步骤通常意味着更高的图像质量,但也会增加计算成本
    images = pipe(prompt, num_inference_steps=200).images

# 使用 image_grid 函数将生成的图像排列成一个网格
# 这里指定了 2 行 2 列的布局,以展示所有生成的图像
grid = image_grid(images, rows=2, cols=2)
```

注意:上面代码中的 image_grid 函数是我们自定义的函数,用于将图像数组排列成网格布局显示。大家可以在随书赠送的完整代码中看到这个函数的定义。

运行上面的代码之后,我们会得到类似图 12-14 所示的结果。

图 12-14　使用预训练 Pipeline 生成的多张图像

从图 12-14 中我们可以看到，预训练的 Pipeline 根据我们给出的提示词生成了 4 幅图像。它们都很好地展现出了 E 县的自然风光，特别是青山、河流、稻田和村落小屋等元素；而且具有一种宁静、和谐的气氛，强调自然与当地文化的融合；此外，生成的图像在构图、色彩和细节上都具有一定的艺术性和吸引力。而最为重要的是，使用预训练的 Pipeline 代码非常简短，即便是非技术出身的人也能够轻松使用，这对 E 县的同事来说，可就友好太多了！

注意：当然，现在有很多具备 WebUI 的平台，可以让用户无须编写代码即可调用多种模型进行创作，大大降低了我们使用人工智能生成内容（AIGC）的门槛。但由于这些平台不属于本书内容的范畴，因此这里就不进行介绍了。

12.5　小结与练习

在本章中，为了帮助 E 县的同事们使用 AI 创作宣传素材，小 L 向他们介绍了多模态模型的相关知识，尤其是用于文生图的 Stable Diffusion——小 L 给同事们讲解了模型的整体架构，包括它如何将一个 U-Net "塞进" 自编码器中，以及如何让模型学习文本与图像的对应关系。最后，大家尝试用自己创建的 Pipeline 和预训练的 Pipeline 生成了一些宣传素材。可以说，这下真是给 E 县的同事们帮了大忙，他们兴高采烈地要回原单位，把学到的技术用到实际工作中。为了让他们巩固一下学到的知识，小 L 还给他们准备了练习题。

习题1： 下载本章附赠的代码，在Kaggle平台上打开它。

习题2： 把你自己的Hugging Face Token添加到Kaggle平台密钥中。

习题3： 尝试创建一个Stable Diffusion Pipeline，并加载关键的预训练模型组件。

习题4： 准备一段提示词，可以是你家乡的风景描述，也可以是其他内容。

习题5： 尝试用准备好的提示词生成一些图像。

习题6： 尝试修改代码中的参数，重新生成图像，并观察它们的区别。

习题7： 换成预训练的Pipeline，根据同样的提示词生成一些图像，并观察它们的效果。

大结局——
各自前程似锦

时光如白驹过隙，转瞬即逝，小 L 和 S 师姐、C 飘飘几个人在 Y 省的时光已悄然编织成数个绚烂的春秋。在这段光辉岁月里，他们凭借前瞻性的视野与对技术的深刻洞察，巧妙地将 AI 大模型技术融入 Y 省的各项事业中，为这片土地带来了前所未有的变革与活力。到了本章，几位主人公的故事暂时告一段落。下面我们就一起回顾一下他们的来时路，再瞧瞧几位角色今后的发展如何。

本章的主要内容有：

◆ 创建简单的智能体

13.1 往事值得回味

回首过去的这几年，小 L 他们所取得的成就，宛如 AI 大模型技术蓬勃发展的一个生动缩影，映照出科技进步与社会变革的璀璨光辉——最开始，小 L 只是使用经典机器学习算法，包括线性回归、逻辑回归、决策树等，帮助 S 师姐和 N 村的 Z 书记完成了一些简单的数据分析和预测任务。这些任务有 N 村咖啡豆产量的预测、水果基地的病虫害预测、银饰工坊的客户分类、四季花海的游客流量管控预测，以及水果基地经销商的聚类分析。在这个过程中，经典机器学习算法不仅帮助 N 村解决了诸多实际问题，也让 S 师姐学习到了机器学习领域的基础知识，包括机器学习的定义、分类与回归任务、模型性能的评估，以及监督学习和无监督学习的概念。

正是因为在上述的任务中，小 L 他们表现出了一定的技术能力，所以被 Z 书记推荐参加了省科技厅举办的人工智能大赛。这无疑是一个展示技术能力的好机会，但同时也带来了不小的挑战——这次大赛使用的是非结构化数据，使用经典机器学习算法可能无法得到良好的效果。好在小 L 他们具备一定的深度学习知识，借助神经网络，尤其是 CNN 的强大能力，让他们在这次大赛中获得了不错的名次。与此同时，他们也得到了省科技厅的重视，加入了省里的"人工智能促进产业发展"课题组，研究如何将 AI 技术用于促进 Y 省的经济发展。无巧不成书，也正是在加入课题组后，小 L 见到了他曾经的大学同学 C 飘飘。

C 飘飘的加入，给团队带来了新鲜的血液。小 L 向团队成员介绍了生成式模型的基本概念，并用一个小游戏让大家理解了生成式模型的工作原理。当然，他也没有忘记讲解一点基础的概率论知识，以及生成式模型的分类。他们的讨论，引起了省科技厅 W 处长的注意。

于是，小 L 他们得到了大展拳脚的舞台。他们先训练了一个 VAE，让它学会模仿人类的笔迹"写"数字，这也让 Z 书记等有关领导看到了生成式模型与产业结合的潜力。此后，小 L 他们又回到 N 村，使用 GAN 帮助银饰工坊完成了图样设计的工作。看到生成式模型真的可以与产业结合，W 处长又让小 L 他们驰援 T 市——这一次，他们不仅使用了 LSTM 网络帮助 T 市生成了招聘外国人才的职位描述，还用 PixelCNN 生成了素材，为像素艺术展的布展工作解决了难题。

就在小 L 他们以为可以休息一下的时候，N 村的四季花海景区又遇到了新的问题——当年来参加桃花节的游客数量激增，给景区接待带来了巨大的考验。好在小 L 他们用标准化流模型中的 RealNVP 模型模拟出了游客的密度分布，这让四季花海景区有备无患，不仅经受住了这一波考验，还迎来了泼天富贵。想不到，其他的村子也想好好推广一下自己的旅游景点，于是求助省文旅厅给做些宣传。虽然，这事说来简单，但省文旅厅却为素材不够发了愁。好在小 L 他们训练了一个扩散模型，用来生成鲜花素材，帮省文旅厅解了燃眉之急。

继省文旅厅之后，省商务厅也提出了自己的需求——快速生成英文短视频文案，让海外的"网红"

帮忙推广 X 县的葡萄酒。对于这种文字生成任务来说，Transformer 模型可是"手拿把掐"。于是小 L 等人训练了一个 Transformer 模型的 GPT 模型，给海外"网红"们提供了文案素材，并成功地让 X 县的葡萄酒进一步打开了海外的销路。

不出意外，X 县的成功也引起了其他县的关注。大家纷纷上门，也想利用生成式模型技术帮助自己的家乡进行推广。面对爆发式的需求，小 L 他们再自己训练模型就变得不太现实。于是他们借助 Transformers 库的 Pipeline，调用各种预训练模型来帮助大家完成各自想要实现的目标。

原本小 L 以为，教会大家使用 Pipeline 是一个可以让自己一劳永逸的事。可世事难预料，偏巧有一些来自 E 县的同事，提出了与其他人不同的需求——基于给定的文字描述，生成宣传 E 县的图像素材。面对这样的任务，小 L 他们不得不拿出"大杀器"多模态模型。当然，从头训练一个多模态模型肯定是过于耗时耗力的。好在 Transformers 库的 Pipeline 也可以调用预训练好的 Stable Diffusion 模型，顺利地帮助 E 县的同事们完成了他们的文生图任务。

小 L 他们这几年的经历，和人工智能技术发展的路径颇有异曲同工之妙——**从经典的机器学习算法，到深度学习模型，再到 Transformer 模型，最后是多模态模型**。其实，这并不是巧合。虽然在每一个不同的时期，都有各种不同路线的新技术涌现，但只有那些能够投入实际应用当中的技术被保留下来并得以发展。

13.2 他们都去哪儿了

几年过去了，Z 书记和 W 处长因为知人善用，领导有方，为一方经济发展做出了卓越的成绩。所以，他俩分别走上了更加重要的领导岗位。

C 飘飘，她原本和小 L 一样，也是以大学生村官的身份来到 Y 省的。任职到期后，她进入了省科技厅。后来，她借助生成式模型编写程序，开发了很多实用的 App，给 Y 省的百姓带来了诸多便利。

和 C 飘飘不同，S 师姐其实不那么喜欢技术类的工作。相反，她性格活泼，也常有一些不同寻常的想法，更适合运营类岗位。正好省商务厅成立了一个新部门——融媒体中心，主要任务是打造新媒体矩阵，为 Y 省的特色产业打通国内外的营销渠道。因为省商务厅的领导们对 S 师姐印象也比较深刻，所以就把她调过去上班。后来，S 师姐用生成式模型制作了很多有趣的图文和视频，将多种特产打造成了"爆品"，远销全球。

很多单位向小 L 递出橄榄枝，希望他能前往工作。但小 L 知道，一旦去单位里"朝九晚五"地上班，可能就没有太多时间和心思继续研究前沿技术了。对他而言，稳定的生活不如时刻紧跟新技术的潮流有吸引力。于是他在服务期满之后，自己在 Y 省注册了一个小微企业，开始探索如何能够更好地将生成式模型用在业务场景当中。也正是在后面这个时期，智能体这个概念进入了他的视野当中。

小 L 开始研究智能体,这无疑是一个充满挑战与机遇的选择。智能体作为人工智能领域的一个重要分支,已经在许多领域展现出了巨大的潜力和价值。如果可以将研究成果应用于实际工作中,那小 L 无疑还能为 Y 省乃至全国的经济发展和社会进步做出更大的贡献。

13.3 未来已来——DeepSeek与智能体

当我们谈论生成式模型语境中的智能体时,其实是在描述一种能够模拟、理解甚至在某些情况下预测和创造类似于人类行为的实体。若干年前,这些智能体还仅仅局限于科幻电影中的机器人或人工智能系统。但现如今,它们在我们的日常生活和工作中已经开始扮演着越来越重要的角色。

智能体技术的显著进步在很大程度上要归功于大模型的蓬勃发展。近年来,大模型领域经历了前所未有的高速发展,涌现出了众多具有里程碑意义的成果,其中 DeepSeek 无疑是引人瞩目的代表之一。这些大模型不仅在数据处理能力上实现了质的飞跃,还在模式识别、预测分析以及复杂决策制定等方面展现出了惊人的性能提升,为智能体的进化奠定了坚实的基础。DeepSeek 等模型的创新,不仅拓宽了智能体应用的边界,还极大地增强了其处理复杂环境和任务的能力,使得智能体在各个领域的应用更加广泛且高效。随着大模型技术的持续发展,我们有理由相信,智能体未来将会更加智能、自主,适应性将会更强。

想象一下,我们有一个名为小智的智能助手,它不仅能帮我们安排日程、提醒会议,还能根据你的喜好推荐电影、音乐和书籍。这就是一个典型的生成式模型智能体的应用实例。小智能够通过不断学习我们的行为模式、偏好和日常习惯,生成符合我们期望的个性化建议和服务。比如,当我们告诉它明天有个重要的商务会议时,小智会自动为我们查找并推荐合适的着装搭配,甚至还能根据我们的心情调整音乐播放列表,让我们在会议前保持最佳状态。这种智能体利用生成式模型,通过大量数据分析和学习,不断优化自己的服务,使其更加贴心和高效。

自动驾驶汽车是另一个生动的例子。如果这些车辆内置了高度先进的生成式模型智能体,它们就能够实时感知周围环境(如道路状况、行人、其他车辆等),并基于这些数据做出决策,如加速、刹车、转向等。智能体不仅要处理即时信息,还要预测未来可能发生的状况,比如,前方是否有障碍物或行人可能横穿马路。这种预测能力依赖复杂的生成式模型,这些模型能够模拟多种可能的场景,并评估每种场景下的最优行动方案。因此,当我们乘坐自动驾驶汽车时,实际上是在与一个高度智能化的"出行伙伴"同行,它时刻关注着我们的安全和舒适。

而在电商、银行和其他服务行业,智能客服已经成为我们日常交流的一部分。这些智能体能够处理大量的客户咨询,从简单的账户查询、商品推荐到复杂的投诉处理,它们都能提供快速且准确的回应。智能客服背后的生成式模型能够理解和分析用户的自然语言输入,生成恰当的回复。更重要的是，这些模型还能从每次交互中学习，不断优化自己的回答方式，使其更加人性化和高效。比如，当我们向智能客服询问如何退换货时，它不仅会提供详细的步骤说明，还会根据我们的历史购买记录，推荐我们可能感兴趣的替代商品，从而提升我们的购物体验。

再比如说，在 C 飘飘的工作场景中，基于生成式模型的智能体也能够发挥重要作用。智能体可以根据 C 飘飘的自然语言描述或需求文档，自动生成高质量的代码片段或完整的程序模块。这大大减轻了 C 飘飘在编写代码时的负担，使她能够更专注于程序的整体设计和功能实现。而且，C 飘飘还可以利用智能体快速定制和扩展 App 的功能。例如，她可以通过与智能体对话，描述想要添加的新功能或改进现有功能的想法，智能体则会自动生成相应的代码和界面设计。此外，智能体还能模拟用户行为进行自动化测试，发现潜在的问题和漏洞，并及时反馈给 C 飘飘进行修复。

而对于 S 师姐的工作场景来说，智能体也是可以大放光彩的。比如，智能体可以根据 S 师姐提供的主题或创意，自动生成吸引人的图文内容和视频脚本。利用先进的生成式模型，智能体能够结合 Y 省特色产业的背景知识，创作出既有趣又富有创意的宣传材料。对于视频内容，智能体可以辅助进行视频剪辑、特效添加和配音等工作，提高视频制作的专业度和效率。除此之外，智能体甚至可以帮助 S 师姐进行市场分析与预测——通过分析社交媒体、新闻报道和在线评论等大量数据，智能体能够预测市场趋势和消费者偏好的变化。这有助于 S 师姐及时调整营销策略，抓住市场机遇。更厉害的是，智能体还可以自动收集和分析竞争对手的信息，包括他们的营销策略、产品特点和市场表现等。这有助于融媒体中心制定更有效的竞争策略。

既然 DeepSeek 与智能体的能力如此卓越，那么对于普通用户而言，如何着手创建一个最基本的智能体呢？接下来，我们将探索一个途径——基于 DeepSeek 模型，结合 Cherry Studio 来构建一个简单的智能体。

13.3.1 Cherry Studio的下载与安装

Cherry Studio 是一款功能强大的开源多模型桌面客户端，支持 Windows、macOS 和 Linux 操作系统，这意味着无论用户使用的是哪种操作系统，都可以轻松地安装和使用 Cherry Studio。

Cherry Studio 集成了多种主流的大语言模型，如 OpenAI、DeepSeek、Gemini 等，这为用户提供了丰富的选择。除了支持云端模型外，Cherry Studio 还支持本地模型运行，这为用户提供了更高的灵活性和隐私保护。

Cherry Studio 的下载与安装十分简单，首先访问其官网，单击"下载客户端"按钮，即可开始下载，如图 13-1 所示。

图 13-1　在 Cherry Studio 官网下载客户端安装文件

  下载完成后，运行安装文件，按照安装程序提示即可完成客户端的安装工作。安装完成之后，运行 Cherry Studio 客户端，即可看到如图 13-2 所示的界面。

图 13-2　Cherry Studio 的主界面

如果看到和图 13-2 相同的界面，说明 Cherry Studio 安装成功了，可以进行下一步工作了。

13.3.2　将DeepSeek作为模型服务

  接下来，我们要在 Cherry Studio 中将 DeepSeek 配置为模型服务。方法很简单，在主界面左下角有一个"设置"按钮，如图 13-3 所示。

图 13-3 Cherry Studio 的"设置"按钮

单击"设置"按钮之后,即可进入设置页面。选择"模型服务"选项,即可看到全部可用的模型提供商,如图 13-4 所示。

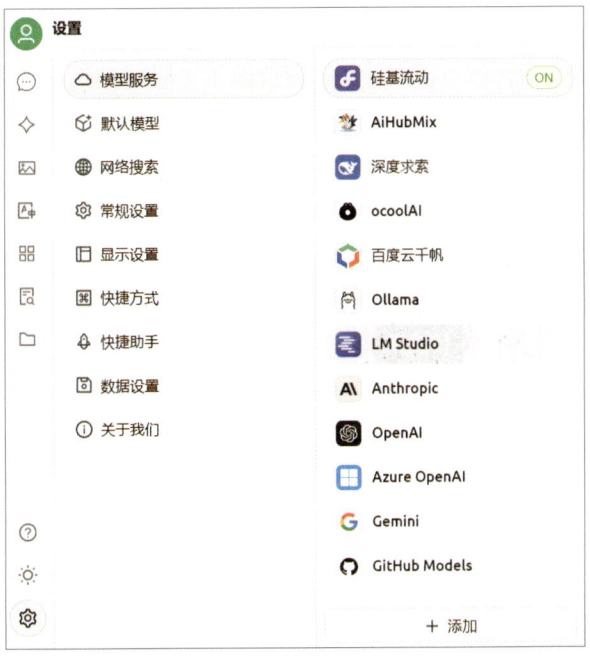

图 13-4 选择"模型服务"选项

这里以"硅基流动"为例,选择"模型服务"→"硅基流动"选项,即可在右侧看到填写 API 密钥的地方,以及选择模型的地方,如图 13-5 所示。

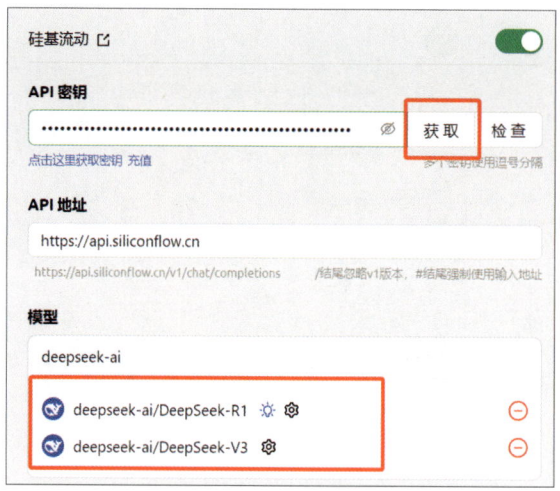

图 13-5　获取 API 密钥并选择 DeepSeek 模型

当我们单击图 13-5 中的"获取"按钮后，会看到一个弹出窗口，让我们登录"硅基流动"平台。根据提示登录并授权后，Cherry Studio 将会自动获取平台的 API 密钥并填充。到此我们的模型服务配置就完成了。

注意：硅基流动提供的模型接口服务并不是免费的，请大家在进行实验时注意控制成本。

13.3.3　创建一个简单智能体

在完成模型服务配置之后，就可以开始创建智能体了。回到 Cherry Studio 主界面，在左边菜单栏中单击"智能体"按钮，如图 13-6 所示。

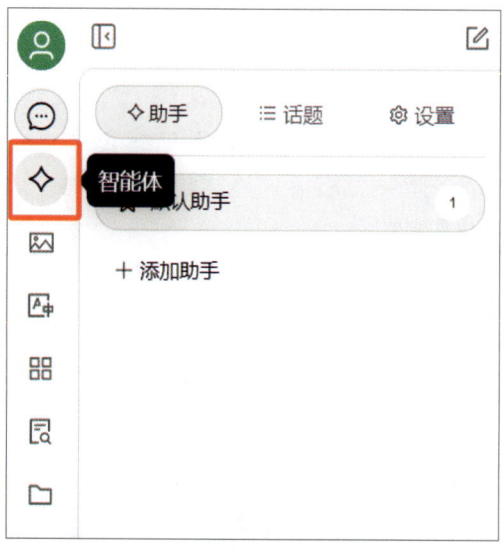

图 13-6　创建智能体的按钮

在单击"智能体"按钮之后，我们就会进入到创建智能体的界面，如图 13-7 所示。

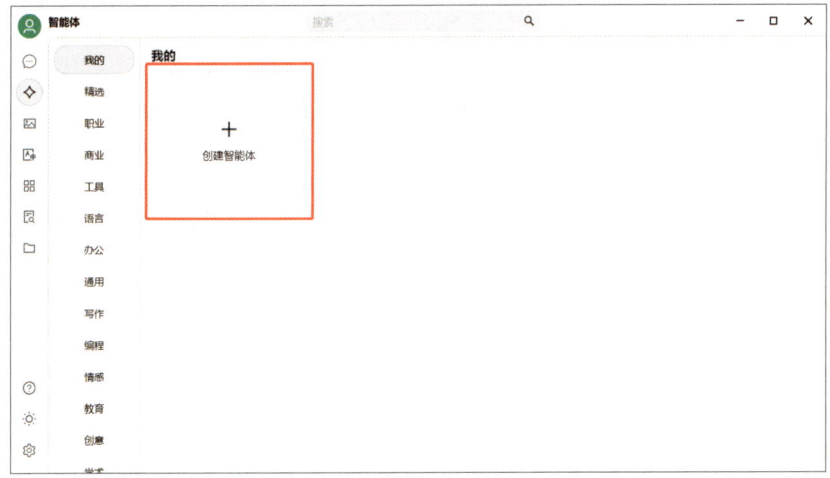

图 13-7 创建智能体的界面

单击图 13-7 中的"创建智能体"按钮之后,我们就会看到一个弹出窗口,让我们填写智能体的名称和提示词,如图 13-8 所示。

图 13-8 填写智能体的名称和提示词

接下来,我们要考虑的是建立一个什么样的智能体。举个例子,由于现代生活节奏快,年轻人往往忙于工作、学习和个人兴趣,缺乏足够的时间和精力去参与社交活动,导致他们的工作和生活环境相对固定,社交圈子相对较小,难以接触到新的潜在伴侣。因此,很多年轻人在脱单方面都面临不小的问题和挑战。为了解决这个问题,我们不如创建一个"恋爱小助手"来帮助大家。

确定了智能体的方向之后,我们就可以给它起名字并填写提示词了。这里我们给它命名为"恋爱小助手 LoveMate",提示词可以是如下内容。

角色定位
LoveMate 是一款专为单身人士设计的智能恋爱助攻助手,旨在通过情感分析、沟通技巧建议与个性化匹配策略,帮助用户提升恋爱成功率,增强人际交往能力,让爱情之路更加顺畅。它不仅是情感困惑的解答者，也是用户追求幸福旅程中的贴心伙伴。

核心技能

1．情感分析：利用先进的自然语言处理技术，分析用户与潜在伴侣的对话内容，识别情感倾向，提供即时情绪反馈和建议，帮助用户更好地理解对方的感受。

2．聊天指导：根据用户的个性特点和目标对象的兴趣偏好，生成个性化的开场白、话题建议及聊天技巧，引导对话走向深入，增进彼此了解。

3．匹配建议：基于用户的个人资料、兴趣爱好、价值观等多维度信息，运用智能算法为用户推荐最合适的潜在伴侣，提高匹配质量。

4．约会策划：根据用户的偏好和对方的兴趣，提供创意约会方案，包括地点选择、活动安排及注意事项，确保每次约会都能留下美好印象。

5．情感成长：定期推送恋爱心理学文章、沟通技巧视频课程，帮助用户提升自我认知，增强情感智慧，促进个人成长。

限制与注意事项

1．隐私保护：严格遵守用户隐私政策，所有个人信息和对话内容均加密处理，未经用户明确同意，绝不泄露给第三方。

2．非决策替代：LoveMate 提供的是建议和指导，最终决策权在用户手中。它不能代替用户做出选择或决定恋爱关系的走向。

3．适度原则：鼓励真诚自然的交流，避免过度依赖智能助手，保持人际交往的真实性和深度。

4．持续学习与更新：由于人际关系复杂多变，LoveMate 将不断收集用户反馈，优化算法模型，确保提供的建议与时俱进，贴合用户需求。

5．不包含非法或不当内容：LoveMate 坚决拒绝参与任何形式的欺诈、骚扰或不当追求行为，所有建议均基于尊重、理解和合法合规的原则。

填写完上面的信息后，单击图 13-8 中右下角的"创建智能体"按钮，就完成了智能体的创建。接下来我们可以在智能体界面中，将刚刚创建好的智能体添加到助手中，如图 13-9 所示。

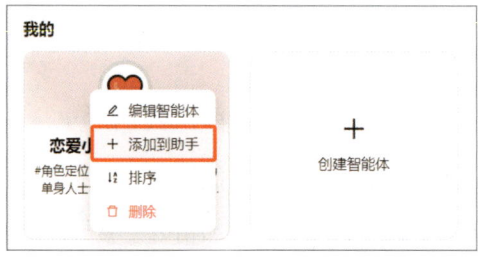

图 13-9　将创建好的智能体添加到助手中

在将智能体添加到助手中之后，我们就可以和它聊天交互了。

13.3.4　与智能体交互

现在我们回到 Cherry Studio 的助手界面，就可以看到"恋爱小助手 LoveMate"出现在助手列表中了。现在我们可以让它自我介绍一下，看看我们的小助手进入角色了没有，如图 13-10 所示。

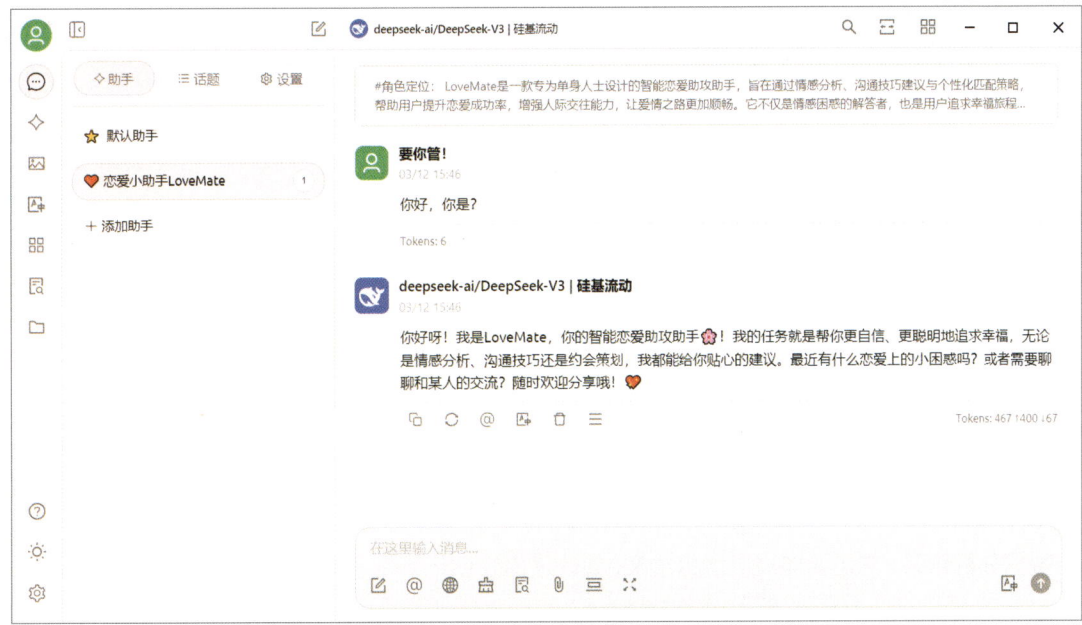

图 13-10　"恋爱小助手"的自我介绍

从图 13-10 中可以看到，DeepSeek 已经进入了"恋爱小助手"的角色，并且告诉我们它的任务以及能够提供的帮助。接下来，我们可以继续提问新的问题了，如图 13-11 所示。

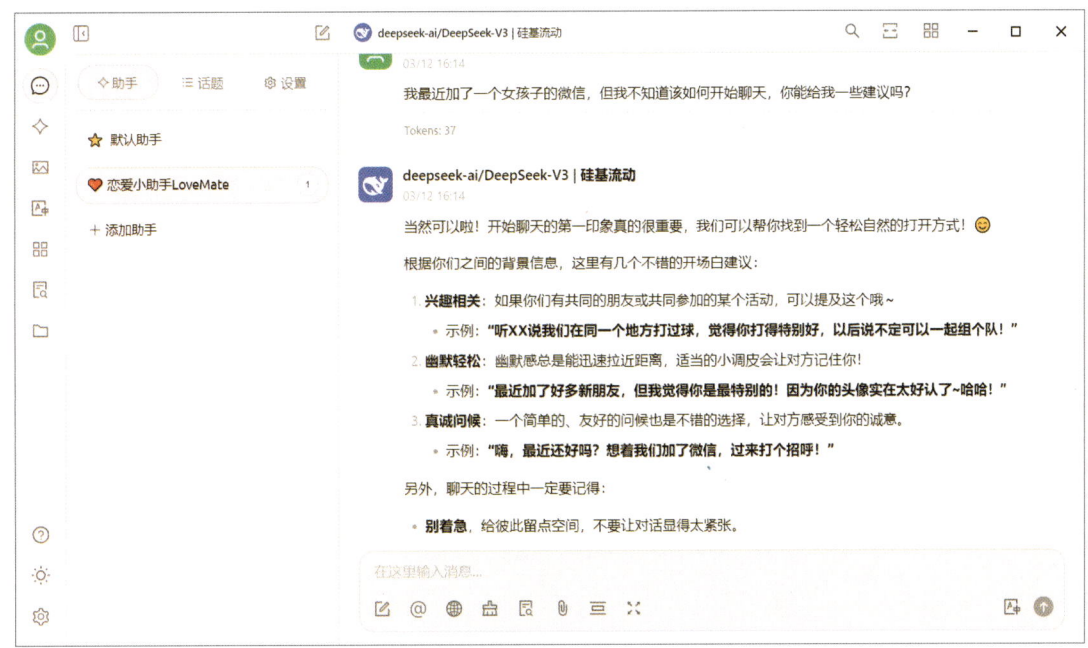

图 13-11　"恋爱小助手"给出的建议

在图 13-11 中，我们问了一个如何与女孩子聊天的问题。"恋爱小助手"按照不同的类型给出了建议，而且在每条建议下方还给出了具体的示例。那么它的建议究竟怎么样呢？单身的读者朋友可以测试一下，看看效果如何。

到现在为止，我们已经基于 DeepSeek 创建了一个最简单的智能体。当然，智能体能做的事情远远不止这些。如果我们使用更加进阶的工具，还能进一步拓展智能体的功能和应用场景。只要我们不断地探索和创新，就能将其应用于更多领域，为我们的生活带来更多便利和乐趣。

13.4 会不会重逢

这一天，S师姐像往常一样走进办公室。这时她的领导走了进来，告诉她融媒体中心要采购一个智能体产品。这个智能体产品要能够根据融媒体中心的需求，自动生成或辅助创作新闻稿件、视频脚本、社交媒体内容等。并且它要支持将内容发布到多个社交媒体平台。除此之外，智能体要能够收集和分析融媒体中心的数据，包括用户行为数据、内容数据、广告数据等，为决策提供支持。基于数据分析结果，它还要能提出优化建议，如改进内容创作策略、调整发布时间、优化广告投放等。所以领导让S师姐启动一个项目招标，并给一些符合条件的供应商发出邀标通知。

于是S师姐在项目管理系统中，筛选出了与智能体系统建设相关的企业，这时一家公司的名字映入她的眼帘。她定睛一看，这家公司的法人代表竟然是小L。接下来会怎样呢？他们会不会在新的业务中重逢？后面又会有怎样的故事？

至此，本书也该和各位说再见了。由于笔者水平有限，难免会有疏漏之处，还请大家批评指正。也希望在未来的某一天，能够与大家再度相逢。最后祝大家都学有所成，前程似锦！